钢琴手册

选购、养护、修理、调音及疑难问题解答（修订版）

【英】约翰·毕肖普（John Bishop） 格雷厄姆·巴克（Graham Barker） 著
上海妙言翻译社 庄平贤 译

Piano
Manual

人 民 邮 电 出 版 社
北 京

图书在版编目（CIP）数据

钢琴手册：选购、养护、修理、调音及疑难问题解答 / （英）约翰·毕肖普（John Bishop），（英）格雷厄姆·巴克（Graham Barker）著；上海妙言翻译社，庄平贤译. -- 2版（修订本）. -- 北京：人民邮电出版社，2017.2（2021.1重印）
ISBN 978-7-115-44483-7

Ⅰ. ①钢… Ⅱ. ①约… ②格… ③上… ④庄… Ⅲ. ①钢琴手册 Ⅳ. ①TS953.35-62

中国版本图书馆CIP数据核字(2016)第317911号

版权声明

内 容 提 要

本书对于曾经接近过钢琴的人都是非常适用的，包括从最初的清洁到基本保养，再到高级维修。如果你热衷于自己动手拆卸钢琴，再自信满满地重新组装各个部件，那么这里有你所需的知识。如果你自己不想动手，而愿意让调琴师或钢琴技师代劳，自己则只是想了解这种奇妙的乐器，以扩展知识面，那么这本书也正合你意。如果你是具有几十年经验的专业钢琴演奏者，这本书仍然能够教给你一些秘诀。

本书将钢琴的每个重要零件都做了图文拆解，并以作者多年维修经验帮助大家认识钢琴的工作原理、维修切入点以及平时需要注意的保养事项，还介绍了二手钢琴与新钢琴的购买对比，为无从下手的钢琴爱好者提供购买思路。

本书适合音乐爱好者及音乐专业人士阅读，也适合作为相关音乐学校的教材使用。

- ◆ 著　　　　[英] 约翰·毕肖普（John Bishop）
　　　　　　格雷厄姆·巴克（Graham Barker）
　　译　　　　上海妙言翻译社　　庄平贤
　　责任编辑　郭发明
　　执行编辑　杜梦萦
　　责任印制　陈　犇
- ◆ 人民邮电出版社出版发行　　北京市丰台区成寿寺路 11 号
　　邮编　100164　　电子邮件　315@ptpress.com.cn
　　网址　http://www.ptpress.com.cn
　　北京虎彩文化传播有限公司印刷
- ◆ 开本：787×1092　1/16
　　印张：14.5　　　　　　　　2017 年 2 月第 2 版
　　字数：619 千字　　　　　　2021 年 1 月北京第 10 次印刷
　　著作权合同登记号　图字：01-2014-4715 号

定价：98.00 元

读者服务热线：(010)81055296　印装质量热线：(010)81055316
反盗版热线：(010)81055315
广告经营许可证：京东市监广登字 20170147 号

目录

前 言

本书是关于……

　　所有钢琴，特别是普通钢琴、工作钢琴：
既包括专业演奏家所使用的钢琴，也包括供初学
者使用的钢琴；既包括安置在赤道地区某一起居
室里的钢琴，也包括寒冷地区教堂里的钢琴；还
包括在学校、酒吧、酒店与俱乐部等公共场合备
受"虐待"的各类钢琴等。这本书主要介绍立式
钢琴，因为这类钢琴从其存在至今已经经历了很
长时间的洗礼，并已经无可争辩地成为最主要的
一类钢琴；但同时，这本书也介绍了较为新型的
钢琴以及卧式钢琴……

本书适用于……

　　任何曾经接近过钢琴的人——当然包括那些勉
强说得上对钢琴感兴趣的人，这些人包括小孩或类
似的初学者等。笔者绞尽脑汁，务求本书精到扼
要、易于阅读、能帮助所有钢琴所有者与演奏者
（从便宜货淘宝族到鉴赏级别的专业人士）节省
金钱。

　　在过去两个世纪里，钢琴没有大的变革（这一
点很值得一提），都在始终如一地为人类提供服
务，但是，大部分钢琴拥有者对于这一乐器所知甚
少。这实乃一大憾事，这也是笔者撰写本书的缘
起。作为一项技术，钢琴非常值得我们去深入地了
解，这一点毋庸置疑。钢琴看起来很复杂，而且不
可否认，它也确实很复杂，但是，并非人们想象的
那么复杂：本质上，它只是巧妙设计与真实材料相
结合的产物。

　　这其中确实有一个令人却步的因素。在大多数
钢琴的内部，你首先看到的是一排排繁杂而令人生
畏的击弦器——这是整部钢琴的主要系统，是钢琴
设计的灵魂所在。然而，一旦认识到这看似复杂的
系统其实只是由88个相同的基础构件组合而成，
你将发现钢琴的内部是如此妙趣横生。如果你不但
拥有一台钢琴，而且还能理解钢琴的制作过程、懂
得如何为钢琴调音，那么，毋庸置疑，你将获得更

多的乐趣，你对音乐的理解将上升到更高的水平，
你甚至因此而能够成为更加出色的演奏者。

本书的内容包括……

- ■　各层次的钢琴维护知识：从清洁与基本保养到
高级维修。如果你热衷于自己动手拆卸钢琴，
再自信满满地重新组装各个部件，那么这里有
你所需的知识。如果你自己不想动手，而愿意
让调琴师或钢琴技师代劳，自己则只是想了解
这种奇妙的乐器，以扩展知识面，那么这本书
也正合你意。如果你是具有几十年经验的专业
钢琴演奏者，那么笔者也敢保证，这本书仍然
能够教给你一些秘诀。

- ■　教你如何为自己的钢琴调音。并非每个人都懂
得调琴，因为这项工作一般都由专业的调琴师

承担。然而，如果你自己能使钢琴的音调始终一致而不会起周期性的变化，那么你将获得更大的满足感；因此，请按笔者所教的程序调几根弦，尝试一下，或许你会有意外的收获。也许你无法完全学会自己独立调琴，但至少你将更懂得欣赏与判别调琴师的技艺，这本来就是一种不菲的回报。

■ 如何明智地购买钢琴，这一点非常重要。因为作为钢琴技师，笔者在英国一个很小的区域内平均每两个礼拜就会发现一台不合格的钢琴。在最近所购买的钢琴中，笔者通常会发现一些钢琴的价格较其本身价值要高出许多倍。现今，由于网络日益发达，无良商贩可较容易通过互联网向警惕性不高的买家出售垃圾产品，因此，根据笔者的个人经验，市面上劣质钢琴的数量正与日俱增。而通常情况下，我们为孩子所购买的第一台钢琴往往是经济型钢琴。这无疑是一个悲剧，因为劣质乐器让孩子们在练习过程饱受折磨，让孩子们无法享受音乐之美妙，是浇灭孩子音乐兴趣之火的罪魁祸首。因此，对于计划为孩子购买钢琴的家长们，这本书是无比珍贵的。如果你期望到了耄耋之年，孩子们仍对你心存感激，不妨阅读本书的第五章，在那里，笔者为你指明了一条保险的途径。

■ 平均律：对于钢琴而言，这是一个不可或缺的调音概念。让许多人（包括许多专业的音乐家）想不到的是，钢琴，即使在经过无可挑剔的调音之后，多半都会稍微走音。众所周知，这其中的原因，很难三言两语就解释清楚。然而，笔者知难而进，试图在第一章和第十章对此进行解释，并希望能够取得成功。

为什么选择钢琴？

钢琴是一种奇妙的乐器。在强大得令人敬畏的技术与工艺基础之上，钢琴的界面却如此轻灵而平易近人，即使是儿童，也能弹奏，这使其成为无数家庭的宠儿——许多家庭为能够拥有一台钢琴而骄傲。钢琴是能够弹奏乐音体系中全部乐音的少数几种乐器之一，它所能够弹奏的音乐曲目远远多于其他乐器。钢琴是可用于音乐创新与实验的优秀乐器，这一点在19世纪的古典音乐和20世纪的爵士乐上得到充分体现。一个人如果经过勤学苦练而掌握了弹奏钢琴的技艺，他必然受到社会人士敬慕与艳羡。

钢琴是久经时间考验的乐器，是流传下来并能在21世纪保持兴盛的最成熟、最复杂的纯机械乐器，是18、19世纪机械工程设计的代表性杰作。一台钢琴大约由1万个零件构成，大部分均由传统材料（木材、铸铁、毛毡、皮革等）制成，而所有这些"老土"的配件相互协调所达到的精确度，令任何现代工业制造者叹为观止。

钢琴是人造产品的极致，其在活力、灵敏性、

情感感染力方面，超越任何其他乐器。电子琴能够产生由数码合成的声音，在功能上对钢琴形成了挑战，但是，笔者怀疑电子琴在情感表达或情绪感染方面的功效。出于好奇心，我们可以在电子琴上弹奏整首肖邦作品，但是这样的努力并不具有艺术上的价值。无论电子琴如何令人信服，但听者仍无法听到真正的声音：来自弹奏者的心声。

为什么钢琴家需要掌握关于钢琴的技术知识？

然而，任何事物都不是永恒的。本书的其中一个理想是让钢琴家获得相关的知识与技能，以有利于钢琴的继续发展，以使得在未来几百年内，钢琴仍然能够存留在这世上。现今，如果钢琴出现问题，许多钢琴家立即束手无策，他们不具备拯救自己钢琴的能力。

一直以来，钢琴演奏者完全无须学习该种乐器的基本保养知识或了解该种乐器的有关技术。这一传统，对于钢琴的发展，是很不正常的。然而，由于某些奇怪的原因，音乐界却忽视了此问题！对于大部分其他乐器而言，演奏者都需要定期对自己的乐器进行调音，有的甚至经常需要在演奏过程中进行调音。这可以培养演奏者的自信心，对于演奏是

颇有裨益的。但是每当钢琴走音或出现其他问题时，却是由其他人（可以是功能管理师，乐团领导，或是调琴师……但一定不是钢琴家）负责维修。

当然，有人会说，钢琴家经常在他自己不熟悉的钢琴上弹奏，但这一理由顶多只是半块遮羞布而已，并不具有充分的说服力。每位调琴师都曾有过类似以下的经历：顶级演奏会主办方打电话来求助，打电话的人语带惊慌，说钢琴出了问题；听众内心烦躁不安，钢琴家更是忧心忡忡；这时，调琴师出场了。

他掀开键盘盖子；在数秒钟之内，取出钢琴内已经钙化变硬的奶酪卷，或是啤酒杯垫，或是由上一位演奏者落下的铅笔，诸如此类；钢琴得救了！调琴师可能会因此获得一轮掌声鼓励，但是，却没有人会大声抗议钢琴师在危机期间所表现出来的软弱无能和束手无策。

本书能否催生更加自信、更有能力、更全面的新一代钢琴家呢？笔者希望能够。音乐的影响正在变得越来越大。钢琴的影响也在变得越来越大。但愿这一趋势持续下去，愿你享受阅读与使用本书的快乐。

第一部分

选择钢琴

　　对于世界上无数的音乐追求者而言，拥有一台钢琴是其音乐旅程中重要的里程碑。然而，由于选用了不适合自己的钢琴或者试图在不适合自己的钢琴上弹奏，许多处于萌芽期的音乐家半途而废。本书的第一部分旨在确保你找到适合自己的钢琴。

　　这也说明了钢琴之所以能够成为一种大气而经久不衰的乐器的原因。这其中必然有一些必要的历史、一些必要的技术、一些必要的音乐理论——但是，一定不允许滥竽充数。

第一章

钢琴溯源

    钢琴的起源大约可以追溯至一千年前。现代钢琴的最终形成是在1850年前后；自那时起，钢琴主体基本保持不变；最近一次重大技术改进发生在1914年前后。而当今钢琴的销售情况，可能比以往任何时候都好。

悠久的历史

单就钢琴的历史，我们可以很容易地写成一本内容充实的书。因此，如此简要地概述其历史，笔者很可能会令一些人不快。在此，笔者只能向那些知道得更多并且能更简要地概括钢琴历史的历史学家们表示诚挚的歉意。更具建设性意义的是，笔者在本书的"参考文献"部分列出了书目，以供有兴趣了解更多信息的朋友进一步阅读。

钢琴其实是以下两种音乐演奏概念相结合的产物：通过键盘间接弹奏的弦乐器。其中键盘概念源自管风琴，管风琴的问世要比钢琴早若干个世纪。

钢琴的键盘是由11世纪（或11世纪前后）用于弹奏教堂管风琴的相关技术演变而来。最初的钢琴键盘与现代钢琴的键盘没有任何相似之处：这些键盘是使用杠杆或滑动器直接作用于琴管，操作这些键盘需要花很大的力量和具备很强的毅力。

中世纪的单声圣歌是一种朴素而简易的音乐形式——全部都是旋律，没有和声——因此，这一阶段只需要一个非常有限的音阶。直到15世纪，才出现了为管风琴服务的"令人眩晕"的三组八度音阶。大约在同一时期，遥控机械化技术开始出现，这一技术解放了演奏者（或者称为"管风琴敲击师"），使他们在演奏过程中不再需要急急忙忙地在琴管之间跑动。在这两项进步的推动下，第一代键盘终于面世，钢琴键盘的雏形真正形成，尽管该键盘还比较粗糙。

弦乐器的历史可以追溯至更遥远的古代。将弦拉紧，固定其两端，再对其进行弹拨，使其发出声音——这一想法很可能在车轮发明之后的一个星期之内就出现了。通常认为，古希腊学者毕达哥拉斯（Pythagoras）是第一个研究弦在紧绷时的表现以及数学与声音之间关系的人（请参考"问题2：平均律调音"）。

遥控演奏

诗琴（或称鲁特琴，英文名称lutes）、六弦提琴（viols）以及吉他似乎都是在中世纪才于欧洲问世。这些乐器的共同特点是通过两个弦桥将琴弦拉紧，其中一个弦桥固定在共鸣箱上；该共鸣箱通常是乐器的主体，其作用在于将声音放大。随着弦的数量的增加，齐特琴（或称扁琴，英文名称为zither）出现了。扬琴（dulcimer）就是由齐特琴演变而来的。扬琴是第一款敲击弦乐器，即其弦是供手握槌敲击，而不是用于弹或拨的。

到了15世纪初期，有人想出了一种非常巧妙的方法，即将管风琴式的键盘应用于扬琴之上，通过按压键盘而间接地敲打琴弦，从而实现遥控演奏。

这是一个勇敢的尝试。手动扬琴的槌子的敲击力度可轻也可重；而且该槌子是双面的，因此能够调转着使用，从而敲出完全不同的音色。毋庸置疑，为了采用遥控机械操作，演奏家们牺牲了许多

用意大利柏木制作的多角小键琴（polygonal virginal）。于1559～1574年，由意大利约瑟夫·沙洛迪恩西斯（Joseph Salodiensis）制作。[弗兰克·B.比米斯基金（Frank B. Bemis Fund）]

用意大利冷杉木制作的击弦古钢琴（clavichord）。[莱斯利·林德赛·梅森收藏品（Leslie Lindsey Mason Collection）]

演奏的表现手法；但是，他们却获得一些令人振奋的革命性的进步，既可同时弹奏许多不同的音符，也可提高弹奏速度。自此，钢琴的雏形已经固定下来。扬琴仍然存在，但已经再也不是一种重要的乐器了。一系列相同类型的乐器因此而诞生了，包括拨弦钢琴（又称大键琴，英文名称为harpsichord）、小键琴、小型竖式钢琴（spinet）及击弦古钢琴（英文名称clavichord，有时简称为clavier）。击弦古钢琴，顾名思义，是以类似于扬琴的方式敲打琴弦作为发音机制的。然而，这些乐器的集体演进是缓慢的，直到19世纪初期，人们仍然利用此文艺复兴前的技术制作乐器。

初期钢琴所面临的三大障碍

　　根据现代标准，所有这些乐器所产生的乐音是苍白而微弱的。其中只有击弦古钢琴是具有发展成具备以下条件的乐器，即其产生的乐音具有相当响度与强度、足以充满整个大房间；或者，在与其他乐器一起演奏时，能够站得住脚根。该乐器的构建品质日益改进，并取得巨大成功，以至于直至19世纪，该乐器的普及程度继续有增无减，即使钢琴早已在1720年前后问世。

　　现代钢琴的形成，远非一日之功。钢琴从其雏形发展到现今我们所使用的钢琴，跨越了三道巨大的障碍，即初期钢琴缺乏真正的表现力；初期钢琴所能够表演的曲目非常有限，因为J·S·巴赫平均律调音系统（JSBach's equal temperament turning system）要在若干年之后才真正形成；在初期钢琴出现时，同时代的材料科学无法解决钢琴设计与生俱来的固有问题，特别是无法满足钢琴对高品质琴弦的需求。

　　让我们看看这些问题是如何被解决的。

法国:以胡桃木制作的拨弦钢琴（harpsichord）。[爱德温·M.律平收藏品（Edwin M. Ripin Collection）、收藏之友基金（Friends of the Collection Fund）]

问题1：表现力

击弦古钢琴的弦槌由金属制成，直到所弹出的乐音消失之前（或者说，在松开按键、结束所弹出的乐音之前），该弦槌始终与琴弦保持接触——这一设计限制琴弦振动的空间。这使得此种钢琴所产生的乐音足够悦耳，但却不够响亮。

一般认为，钢琴是在1700年前后由巴托洛密欧·克里斯托弗利（Bartolomeo Cristofori）（1655～1731年）在意大利发明的。克里斯托弗利发现，如果弦槌的敲击面更柔软，敲击琴弦后能够直接弹回，让琴弦能够继续振动，那么就能够产生更大的音量。这一过程以及促使其发生的机制正是钢琴设计的精髓所在。

克里斯托弗利选择毛毡作为弦槌的材料——这无疑参考了扬弦槌子由毛毡包裹这一设计——这一设计上的改进是如此的巧妙，以至于从此以后，毛毡一直都是钢琴弦槌的常规材料。

要欣赏克里斯托弗利这一创新的巧妙之处，最好的方法是直接打开立式钢琴的顶盖，并往里看。然后：

■ 下按任意琴键，观察哪一支弦槌向前移动；

■ 将一只手指轻轻按在弦槌之上，以在其向前移动过程中抵挡弦槌（而不是预先阻止其移动）；

■ 缓缓地下按琴键；

■ 如果钢琴的设置正确，当弦槌距离对应琴弦刚

克里斯托弗利将自己的发明命名为"arcicembal che fa il piano e il forte"（意大利文）——中文意思是"能够弹奏弱音与强音的拨弦钢琴"——随着时间的流逝，该意大利文名称逐渐演变收缩为"pianoforte"，进而演变为"piano"。

好3.17毫米（1/8英寸）时，钢琴的内部结构会产生一个小、沉、稳的声音；

■ 当听到该声音，你会感觉到弦槌从琴键释放出去。

在正常弹奏过程中，这正是弦槌从机械结构中跳出、在空中移动的一霎那的情形。这一动作在一微秒的时间内完成，弦槌就好像弹弓发出的子弹一样。这一过程称为"发射"（set-off）或"发出"（let-off），而促使此过程发生的机制称为"擒纵"。

克里斯托弗利的"擒纵"机制非常精妙，即使是现今制作的钢琴，仍然沿用该机制很大一部分。笔者将在第二章介绍该机制的更多技术细节。笔者想说的是，这是一种看起来很明显、很简单的机制，但是这一机制的首创，确实是天才才能实现的杰作。

当时，人们认为克里斯托弗利所设计的机制复杂得令人生畏——那时和现在一样，要使钢琴正确运转，机械设计的精确度必须达到毫米水平，而且还要应用木材与毛毡——而一些工匠为了节省成本而制作较粗糙的简化版钢琴，这也影响了早期钢琴的名声。为了克服粗制滥造所致的缺陷和不良影响，较晚期的钢琴制作者往往都重新追溯并采用克里斯托弗利的原创设计！（必须提醒大家的一点是，当时并没有我们现今所用的技术图纸可供参考。克里斯托弗利的设计主要通过文字描述进行传播。而文字方式是不可能一五一十地准确传播这一设计的。因此，从某种意义上说，克里斯托弗利的杰作在其出现之时就已经"失传"了。）

长期以来，在音乐家们将钢琴与击弦古钢琴做优劣比较时，钢琴总是处于下风。击弦古钢琴更容易弹奏，而且一直是人们寻求改进的重心所在。然而，钢琴却最终使击弦古钢琴完全销声匿迹，不再是流行的乐器。为了解释这一现象，笔者需要回到本节的主题"表现力"上。

在击弦古钢琴与拨弦钢琴上，无论使用多大力气按压琴键，琴弦所接受的敲击力量都是很微弱的。即使是弗拉基米尔·霍罗威茨（Vladimir Horowitz）或小理查德（Little Richard）这样的演奏高手在此种乐器（即使是品质一流的乐器）上演奏，也无济于事。相反，钢琴，正如克里斯托弗利为其所起的意大利名称"pianoforte"所表示的，能够弹奏强音，也能弹奏柔和的弱音，还能弹奏强弱音之间的任何音，使得其表现力与人类声音的表现力非常相似。当时的热心音乐家和作曲家就充分利用了钢琴这一优势。随着钢琴的技术效能与其表现潜力日益相匹配，越来越多的音乐家与作曲家皈依钢琴。很快地，钢琴遥遥领先于其他键盘乐器，取得独领风骚的地位。

问题2： 平均律调音

拥有或弹奏钢琴，你并不需知道什么是平均律（equal temperament）。这是幸运的，因为如果不使用技术术语，是很难把平均律解释清楚的。然而，如果没有平均律，就不存在现代钢琴，克里斯托弗利的努力就将成为泡影。因此，我们有必要在此花费一些篇幅，介绍一下平均律。

平均律是为了解决一个问题而发展出来的体系。这一体系并非完美，仅仅是切实可行的解决方案而已——这是因为，正如我们众所周知的，在数学上，要求得完美的解决方案是不可能的。

在现代钢琴上按压任何一组琴键，都可以形成听起来比较"顺耳"的和声；现在看来，这是理所当然的效果。然而，早期的键盘乐器由于在调音过程中存在难以逾越的问题，都无法达到此效果。18世纪初期的击弦古钢琴只能弹奏"一次一个音符"的旋律，除此之外，很少能够弹奏其他曲目。演奏家或作曲家越是在和声上有所追求，键盘乐器所产生的乐音的走音情况就越严重。克里斯托弗利所设计的钢琴也存在这样的缺陷。

在很长一段时间内，人们一直容忍着这些调音上的局限性，因为拨弦钢琴与击弦古钢琴所能够产生的乐音相当微弱，因此所弹奏出的走音与未走音乐音之间的差别甚微。而对于这些需要经过努力才能分辨出来的细微差别，人们并不十分在意。大多数的作曲家也同样是相当软弱的，他们满足于在乐器的局限下进行创作，缺乏变革的勇气。但是，随着技术的不断进步，管风琴、拨弦钢琴以及击弦古钢琴所能够产生的乐音越来越响亮、有力，走音问题再也不容忽视了。此时，音乐天才约翰·塞巴斯蒂安·巴赫（Johann Sebastian Bach）横空出世。巴赫不但是一名多产的作曲家和杰出的演奏家，而且还是一名大师级琴匠与管风琴制作家，他还能够很轻松地将自己的技艺应用于击弦古钢琴之上。在尝试了远较以往任何时候都更具挑战性的和声而受挫之后，他变得不耐烦，大呼"我受够了"，决定进行变革。

他所做的变革永远地改变了键盘的弹奏。颇具讽刺意义的是，他对早期钢琴一点儿都不感兴趣。但不可回避的是，我们现在开始需要认真了解当时的问题所在。事实上，此问题现在依然存在。

毕达哥拉斯（Pythagoras）的解决方法

问题在于如何根据各个音所产生的振动而找出音与音之间的最佳间隔（即"音程"）。同时弹奏相隔八度的两个音（例如C音），可产生一种和谐、悦耳的乐音。较高C音的振动率是较低C音的振动率的两倍。C音和比它高五度的音（即G音）听起来，至少具有某种程度的相关性（如果听起来不是相近的话）。因此任何一个音和比它高五度的音一起发音，形成了音乐和声的基础构成。虽然这些构成相当繁琐，但是却提供了各种各样的伴奏。（类似于风笛发出的连续低沉的嗡鸣声。）

音与音之间的间隔（即"音程"）问题已经存在很长时间。根据传说，古希腊的毕达哥拉斯（他证明了直角三角形斜边的平方等于两条直边的平方之和，即我们所谓的"勾股定理"）是第一位对该问题进行分析的学者，并在公元前500年前后提出了一个解决方法；但是，公元前3500年的巴比伦文献中也清楚地包括了类似的内容。

毕达哥拉斯的首要目标是找出所有的五度。（由于我们所知的关于毕达哥拉斯的信息大部分都不是确切的，因此，为实现此目标而努力的或者另有其人。然而，可以肯定的是，毕达哥拉斯是非常有才华的，因此，这其中也许有他的贡献。）那时没有电子测量仪器，因此他只能借助铁匠的锤子。他发现，两只锤子，如果其中一只的重量是另一只的一半，那么在敲击铁砧时，它们各自所产生的音间隔八度。后来，他还发现，如果再做一对锤子，其各自重量分别是前一对锤子的三分之二，那么，与前一对中对应的锤子相比较，它们各自敲击铁砧所产生的音要高五度。此时，毕达哥拉斯恍然大悟。接下来，他简直成了小型锤子的制作专家，从而根据此三分之二比率，为整个12音符音阶测算出一系列的五度。

理论上，经过12个步骤，毕达哥拉斯是能够回到与起始音相同的音上的（比起始音高八度）。但事实上，他却无法做到。毕达哥拉斯所得到的结果"偏离"了预期。自己动手做（DIY）爱好者绕着房间画一条完全水平的线，尝试着使线的两端最终相遇，但结果如何，大家应该可以想象得到。毕达哥拉斯所得到的结果与此DIY爱好者是很类似的。他所得到的最后一个音非常尖锐，或者说其音高远远要高于起始音。

之所以会出现此"偏离",是因为每隔八度,琴弦的振动频率就增加1倍(用数学语言来说,这形成了一个指数系列),而和声的音乐基础构成却完全以分数构成。那时,甚至是现在,在数学上仍然无法找出完美的方法,使这两种迥然不同的、旨在找出音程的 "自然"方法能够相互一致。

无论毕达哥拉斯是否意识到其中的原因,到了这一阶段,他也多少有点无可奈何;于是,耸耸肩,就走开了。经此一放弃后,钢琴的调音系统一直未能得到完善,一代代的键盘乐器演奏家无法同时弹奏两个以上的琴键,因为这样做无法不令听众觉得很难受。

巴赫的解决方法

在第十章,笔者将就当代专业调音师如何实现平均律调音,解释更多的技术细节。此处主要介绍约翰·塞巴斯蒂安·巴赫是如何极其仔细地完全通过听觉发明平均律系统,消除了各个八度边界之间的"肿块"。在他所设计的系统中,一部经过正确调音的钢琴也含有一部分走音的音程,而且每一个音调都平均地走音。一些人很难理解这一概念,即使时至今日,如果调琴师过于轻率地试图向客户解释此概念,那么他的手艺可能会遭到客户的质疑。(读者可以想象当时的情形:巴赫的朋友有一台击弦古钢琴,热切盼望巴赫能使用该琴弹奏一曲;但一听说巴赫要为该钢琴调音,马上找借口把演奏邀请取消。)

例如,在将转位G、C、E音的C大和弦中,G音相对于C音稍微下降,而E音却非常高——可以说是过高了,这与我们集体文化所熟悉的E音不相符。如果使E音下降,并使G音稍微上升,这一和声听起来就比较悦耳。但是这却在其他情况下引发了另外一个问题:如果我们现在弹奏的是小和弦G、C、E音——即C小和弦——那么E音太低,听起来不悦耳。

换句话说,巴赫所创造的系统是基于巧妙的折中之道,即,虽然每一个音调都有"缺陷",但是各个音调听起来都一样地"坏"。因此,从数学上而言,他只是通过求最佳解的方式解决了该问题。在实践中的关键问题是,在改善任意音调的乐音

时,我们不可能不导致一个或若干个其他音调变得更加难听。因此,如果我们想以任意调子弹奏任意乐曲,或者说,想弹奏已经调节为其他调子的乐曲,而同时又想使用同一乐器,并且无需为该乐器重新调音,那么,除了巴赫的方法,我们别无他选。

这就是简而言之的"平均律"。该系统并不取决于钢琴的设计或制作,而是纯粹取决于我们如何为钢琴调音。如果我们根据平均律对一部钢琴进行正确地调音,那么相对于其"自然"音而言,每一音程(除了八度之外)都稍微走音。那么我们的听觉为什么能够接受这些走音呢?理由很简单:因为长期以来,我们所听到的音乐都是以此方式进行演奏的,所以我们都已经习以为常,认为这才是正确的音调。这是一个"弥天大阴谋",每一位听众从出生之日起就身处其中。

巴赫在《好律键盘曲集》(英语:The Well-Tempered Clavier;德语:Das Wohltemperirte

Clavier）一书中公布了他所创造的体系。该书包括了48首前奏曲与赋格（每一调子中包含大调与小调）。这些曲目，在巴赫所创的调音方法出现之前，是不可能演奏的。然而，平均律要得到广泛地接受，还需要经过漫长的时间。平均律问世之后，也许是为了达到特别的效果，长期以来，一些著名的作曲家仍然顽固地依附于其他体系。例如，人们不得不假设肖邦以Bb小调撰写《葬礼进行曲》（第三乐章里我们熟悉的挽歌采用Db小调）是别有用意的，而非故意提高曲目的演奏难度。

无论如何，学术上有证据显示巴赫的调音系统与我们当代的调音系统还是有所区别的。因此，人们对"好律"（well tempered）调音与"平均律"（equally tempered）调音做了相应的区分。在好律系统中，可以以任何调子弹奏乐曲；但在各个调子中，所弹出的乐曲听起来并不完全相同。在平均律中，以不同调子弹奏的同一乐曲听起来是相同的。如果巴赫有更高的数学造诣，他应当可以直接创造出平均律体系。但这些都不重要了，因为巴赫确实令钢琴突破了发展的瓶颈，为此，我们应当永远地对他心怀感恩。

问题3：琴弦

在阻碍钢琴发展的所有因素中，最顽固的问题莫过于缺少高品质的琴弦。早期钢琴出现时，当时的工业水平还无法提供真正能满足钢琴琴弦要求的材料。越来越多音乐家认识到此新乐器的潜力，但是琴弦问题却深深地困扰着这些人。在一些极端的做法中甚至包括将金属锯成细条，再将其锉圆作为琴弦——此过程耗费了巨大的人力，但是结果却令人非常失望。

在克里斯托弗利与巴赫各自作出贡献之后将近一个世纪，德国的铸造厂开始能够通过尺寸日渐变小的孔将铸钢条拉伸为纤细而坚韧的钢线。1820年之后，技术取得快速发展，使得人们能生产质量稳定、拉伸强度巨大、粗细统一的钢线。制造者还发现，拉伸的过程本身能够使得钢线更坚韧，因此，钢线越细，相对于其横截面而言，其坚韧度就越高。此后，通过穿过宝石上的孔进行拉伸，钢线的品质得到进一步的改善。

　　然而，钢琴的琴弦制造并不完美。困扰现代钢琴制作与调音的其中一个问题是：如果钢琴琴弦的制造上存在缺陷，将会导致"走调"（false-ness）或错拍（false beats）。有时，调琴师因此需要寻找一条能够产生正确音高的琴弦。所产生的音高是一种轻微的不和谐音，通常发生在两根弦相互作用的时候，两根弦的音有点不相互协调。这真的是非常困难的一项任务。最常见的原因是略微椭圆的琴弦。随着琴弦振动平面的变化，很难确定所需琴弦的粗细。较粗的琴弦振动速度较慢，因此和较细琴弦相比，其所产生的乐音较为低沉。当有瑕疵的椭圆形琴弦通过较薄的平面振动时，与通过较厚平面振动相比，其产生的乐音较尖锐。这样，一条弦自身表现得好像两条音调不协调的两根弦！

进一步的发展

　　钢琴琴弦制作问题得到解决后，在整个19世纪里，钢琴得以长足地发展。琴弦变得更长。琴弦强度更大，这意味着它们能够承受更大的拉伸力。所有这些大大地改善了乐音品质。

　　下一个关注的重点是钢琴的框架，即钢琴的主要负载构件。琴弦绷得越紧，意味着框架所承受的来自琴弦的拉力也越大。因此，原本看上去与竖琴非常相似的木质框架再也无法应付日益增加的负荷。全木框架由配有钢铁支撑的（iron-braced）木质框架所代替，进而由铸铁框架替代。

　　1859年，德国钢琴制造商施坦威（Steinway）取得铸铁交叉弦框架（cast iron overstrung frame）与"滚筒式"击弦器（"roller" action）的专利。"滚筒式"击弦器更精确地说应该是双擒纵击弦器（double escapement action），我们将在第二章做更详细的介绍。其他制造商迅速从施坦威那里获得使用该等技术与设计的许可权，还有一些制造商在该等专利到期之后采用了该等技术与设计。自从1859年之后，对钢琴进行的所有改进都属于细枝末节与表面功夫，而不属于真正意义上的革新。因此，可以说，施坦威实际上完成了现代钢琴的发展。后来，人们为立式钢琴设计了交叉弦框架。再后来，又增加了带式抑制下式制音击弦器（tape check underdamper action）。仅此而已。

　　自19世纪下半叶，制作工艺得到很大改善，因此，2000年生产的钢琴可能大大地优于1900年生产的同等出厂钢琴，但是两者之间的差别并不是非常大。这正是钢琴普遍受到欢迎的主要原因之一。一台电子琴开封后5年，即变得过时。然而，钢琴自其从生产线上卸下来后，如果保养得宜，经历50年岁月的洗礼后，仍然可保持其强大的功能。

第二章

钢琴的工作原理

　　本章介绍钢琴的基本技术，以及好钢琴与坏钢琴、现代钢琴与过时钢琴的根本区别。

钢琴零部件名称

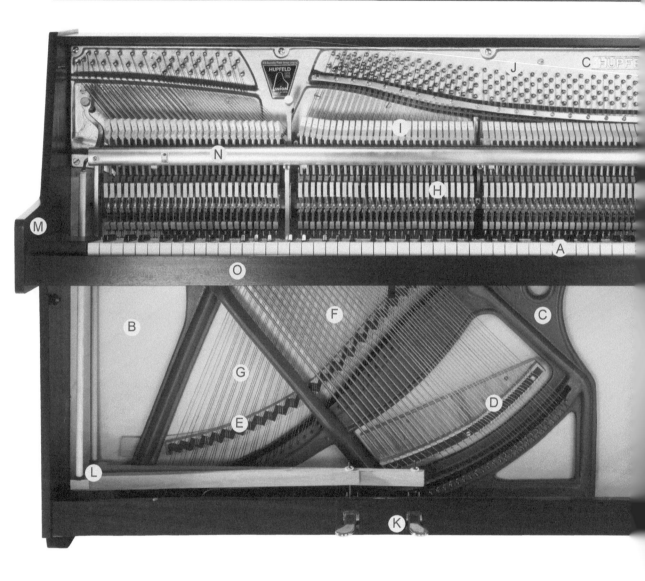

A 键盘(keyboard)

B 音板(soundboard)

C 铸铁交叉弦列框架[cast iron overstrung frame; 美式英语称为金属板（Plate）]

D 低音弦桥(bass bridge)

E 高音弦桥(treble bridge)

F 低音弦(以铜丝缠绕)[bass strings(copper wound)]

G 高音弦(treble strings)

H 击弦器(action)

I 弦槌(hammers)

J 调音弦轴(tuning or wrest pins)

K 踏板(pedals)

L 踏板运作装置(pedal operating mechanism)

M 外壳(case)

N 背档/弦槌停留轨(hammer rest rail)

O 键档(keyslip)

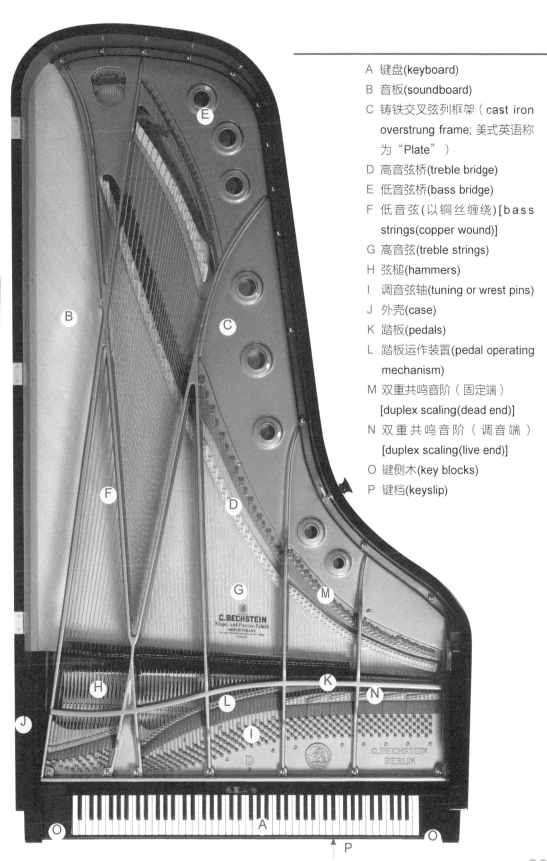

A 键盘(keyboard)

B 音板(soundboard)

C 铸铁交叉弦列框架（cast iron overstrung frame; 美式英语称为"Plate"）

D 高音弦桥(treble bridge)

E 低音弦桥(bass bridge)

F 低音弦(以铜丝缠绕)[bass strings(copper wound)]

G 高音弦(treble strings)

H 弦槌(hammers)

I 调音弦轴(tuning or wrest pins)

J 外壳(case)

K 踏板(pedals)

L 踏板运作装置(pedal operating mechanism)

M 双重共鸣音阶（固定端）[duplex scaling(dead end)]

N 双重共鸣音阶（调音端）[duplex scaling(live end)]

O 键侧木(key blocks)

P 键档(keyslip)

关于"现代"的定义

本章扼要介绍现代钢琴的制作流程和运作机制。由于第五章将向你介绍如何购买二手钢琴，所以，在本章中，笔者还介绍了一些仍然存在于市场上、但在技术上已经过时的钢琴。

我们所需要解决的第一个问题是如何定义此处所谓的"现代"。多年以来，在大多数制造行业里，所有重大技术革新通常都能为整个业界所迅速采用，同时，那些被视为过时的技术也往往同样迅速地被整个业界所摒弃，因此，对于大多数制造业而言，按时期对产品进行分类较为容易，而且各时期之间的界限较为明确。

相比而言，钢琴市场却是一个独特的堡垒，其发展极为缓慢，而且极为不均衡。通常情况下，由某一位顶级卧式钢琴制造者所做出的设计或技术创新往往需要经过长达50年的时间才能渗透到立式钢琴市场的预算终端。一家公司于1900年生产钢琴，从技术上而言，非常可能比另一家公司于1950年所生产的钢琴要先进。像这样的情况在钢琴行业里屡见不鲜。因此，对于钢琴而言，单靠日历日期，是无法给"现代"这一术语下定义的。

一些制造商仍然采用过时的设计与技术，是因为他们没有足够的资源引进新设计与技术；而另一些制造商采仍然用过时的设计与技术，则是由于其生产成本较为低廉，所制造出来的产品较容易销售出去（随着高质量钢琴的价格变得越来越贵）。不管什么原因，在钢琴行业里，必须取得各种资格认证，才能为所生产的钢琴冠以"现代"这一头衔。

对于这一问题，笔者所采取的权宜分类是：在过去20年左右所生产的钢琴的技术与设计较容易描述与辨别，而在稍微较早的时期里所生产的钢琴则是早期钢琴与现代钢琴的生硬结合。笔者将在第四章与第五章对此主题进行进一步介绍。暂时地，每当提及某某技术或设计始于或终止于某一特定日期，笔者只是指该技术或设计大概（有时甚至是非常粗略的估算）始于或终止于该日期。

现代钢琴的设计与构成

框架（frames; 美式英语称为"plates"）

　　框架是钢琴的主要构件，其形状通常类似竖琴，由铸铁材料制造，所有琴弦都经此框架固定并绷紧。（正如第一章所介绍的，早期钢琴的框架是纯木质材料制造的，后来演变为配有钢铁支架的木质框架。纯木质框架，除了展示在博物馆里早期钢琴才使用，现已不再为现代钢琴所采用。因此，本书对其介绍到此为止。）

　　当代制造的所有立式钢琴以及自从大约在1920年之后制造的所有品质过关的立式钢琴，都采用全高、交叉弦框架。因此，关于当前市场流行钢琴的框架，有以下最重要的两点需要了解。

- ■ 四分之三框架（three-quarter frame）与全框架（full frame）的区别。
- ■ 直弦列框架（straight-strung frame）与交叉弦列框架（over-strung frame）的区别。

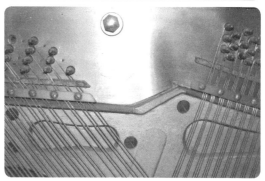

四分之三框架与全框架

　　四分之三框架是铸铁框架的最初形式。顾名思义，此类框架并不覆盖整个钢琴，其覆盖范围只达到钢琴全高的四分之三。现在，四分之三框架这种设计已经完全过时了。此类框架之所以有缺陷，主要是因为在其设计中，高达许多吨的琴弦张力完全由外露的木质扣弦板（英文Wrest Plank，中文又称调音弦轴板板钉板；请参考本章的"扣弦板与调音弦轴"部分）所承受。

　　在1900年，优质的钢琴生产商开始采用一种更加科学合理的全高框架设计（称为"衬套式框架"），笔者将于本书中做进一步介绍（请参考"衬套式框架"）。

　　很遗憾，多年以来，一些较差的钢琴生产商则在钢琴生产中继续采用四分之三框架设计，正因为如此，市场上至今仍然存在带有此类设计的钢琴。对此，笔者只能假设，采用此种设计可降低钢琴生产成本。很可能这是因为任何生产商，如果想要生产全高框架钢琴，都必须向知识产权所有者支付授权费用。不但如此，在充分意识到此类四分之三框架钢琴所存在的缺陷后，许多后来的四分之三框架立式钢琴的生产商使用一些视觉上的花招，迷惑那些容易上当受骗

的消费者，使他们以为自己所购买的是全框架钢琴。这些生产商惯用的伎俩包括：在木质材料上涂上金漆，使其看起来像是金属；或者，额外加上一些显眼但在结构上却毫无实际作用的金属装饰。（请参考"致命的三宗罪"）。

上页上方的两张图片展示了某一钢琴的四分之三框架，其高度仅达调音弦轴的下方。调音弦轴看起来是被钉入结实的金属里。但事实上，该金属只是一层薄的黄铜或锡，除了掩盖纯木质的扣弦板之外，在结构上并不起任何实际作用。看起来像巨型螺栓头的零件其实只是木质螺丝钉，用于将扣弦板与钢琴的木质框架锁定在一起。这其中存在着蓄意的欺诈和误导成分——除此之外，毫无其他理由可以解释。较老的钢琴以及较大型的现代钢琴的铸铁框架后面，还加有臃肿结实的木质框架。上页下方图片展示了该种木质框架的常见形式。

直弦列框架与交叉弦列框架

交叉弦列钢琴不一定是好钢琴，但是直弦列钢琴却一定不是好钢琴。人们停止生产直弦列钢琴至今已经有几十年，因此该类钢琴的数量正急剧下降，但是此类钢琴在市场上仍然为数不少，企图诱骗那些警惕性不高的消费者。许多古旧的直弦列钢琴确实制作精良，至今看起来仍然很精美，但是其产生的乐音确实令人不敢恭维。即使有些直弦列钢琴所产生的乐音尚佳，但是这很可能是因为它们才刚刚经过调音，用不了多久，它们所产生的乐音听起来就不那么悦耳了。

直弦列框架

请注意，直弦列框架通常又称为"垂直弦列"（vertically strung）框架。然而，在美国，"垂直"（vertical）一词泛指各类立式钢琴。因此，为了避免混淆，从此处起，笔者在本书中将统一使用"直弦列"这一称谓。

从概念上而言，直弦列框架是很容易理解的。直弦列框架通常是一个坚固的、竖琴状的铸铁框架——请看上图——通过此框架将所有琴弦从上到下垂直拉伸。拨弦钢琴与击弦古钢琴的琴弦就是通过此种方式拉伸的。因此，理所当然地，现代钢琴的琴弦也沿用此种拉伸方式。

直弦列钢琴曾经广受欢迎，但是当人们认识到交叉弦列设计具有许多优点之后，直弦列钢琴很快就被淘汰了。至1918年前后，所有优质的钢琴制造商已经不再生产直弦列钢琴。

然而，可以确定的是，一直到1960年前后，一些边缘制造商仍然生产直弦列钢琴，以满足最低端市场的需求。可能到了20世纪70年代，仍有人在生产此种钢琴。所有这些钢琴都是来自名不见经传的小品牌的劣质产品，

我们通常无法追溯其来源。这些产品仍然在市场上销售，是因为：（a）与交叉弦列钢琴相比，它们更容易制造，且制造成本更低；（b）市场上仍有足以支持此类产品生存的客户和零售商，而这些客户和零售商并不知道此类产品是何等劣质，或者，并不在意此类产品是何等劣质。此类钢琴在市场上仍存在，且为数不少，因此，请读者提高警惕，确保在购买时小心甄别，以免误购此类钢琴。

自其诞生伊始，直弦列钢琴，特别是直弦列立式钢琴，就存在两个以下所列的根本性问题。

■ 所有琴弦的长度都不能超出钢琴的高度。这意味着如果对低音品质的要求越高，钢琴的高度就必须越高。

■ 钢琴越高，看起来就越像一座庞然怪物，也越容易倒下。

由于所有现存的直弦列钢琴都已经变旧，因此产生了以下所述的第三个问题；与此问题相比，以上两个问题可以说是小巫见大巫。

■ 要保持直弦列钢琴的可弹奏性，需要做大量的维修保养工作，这可以说是必不可少的。然而，此类钢琴的替换零件已经停产。因此，许多维修工作无法进行，或者维修成本远超出乐器的价值。笔者发现，几乎没有一台直弦列钢琴是值得维修的。而且，随着时间的流逝，这种情况将会变得更糟。

关于直弦列钢琴，以上所述几乎涵盖了你所需要知道的所有知识。千万不要购买此类钢琴。它们顶多适合陈列在博物馆里。

交叉弦列框架

交叉弦列是一种更为复杂的设计，几乎从所有方面而言，其技术和其所产生的乐音品质都远胜于直弦列设计（请参考"为直弦列钢琴辩护"）。

在此设计中，琴弦虽然仍然是通过单一框架拉伸，但是却有以下几项显著区别。

■ 琴弦分为两组，一组为低音弦，另一组为高音弦。

■ 在立式钢琴里，低音弦组通过框架拉伸，每根弦均呈倾斜度为40°～60°的斜线。正对着立式钢琴，低音弦是沿左上角到右下角方向拉伸；高音弦是沿着右上角到左下角方向拉伸（严格地说，在弦列的右端，琴弦是垂直排列的；随着往弦列左端走，琴弦逐渐呈扇形散开，成为斜线排列。请参考下文）。

■ 一组里的琴弦一定会与另一组里的琴弦在某点相交，因此这种设计称为"交叉弦列"。打开卧式钢琴的琴盖，这一点是显而易见的；在立式钢琴里，这些交叉大概在键盘后面。框架的岔开设计，使得在弦组交叉区域里，高音弦与低音弦之间有相距大约130毫米（5英寸）的间隙。因此，两组琴弦互不干扰。与直弦列相比，交叉弦列具有两点明显的优势。第一点，在同样大小的框架里，斜线弦要比垂直弦更长。虽然弦的长度差别只有若干英寸，但这足以对乐音品质产生质的区别。第二点优势较为复杂。直弦列钢琴的低音弦桥必须得深扎于钢琴左角接近音板两条边沿之处。然而，通常情况下，弦桥越接近音板的中部，所产生的乐音品质就越好。因此，直弦列钢琴因低音音质不佳而备受诟病，而且音调越低，音质越差。早在1820年，钢琴制作者约翰·布洛德伍德（John Broadwood）就根据科学建议，发明了分离式低音弦桥，将低音弦桥从音板的边沿移至其他位置。这为交叉弦列设计的产生铺就了道路。

交叉弦列设计的好处如下。

■ 与同等大小的直弦列钢琴相比，其低音乐音的品质明显更优胜；或者说，以高度较小的交叉弦列钢琴即可产生同等品质的低音乐音。

■ 琴弦较长，意味着直径较小，因此，所产生乐音中包含的刺耳和声就较少。

在交叉弦列卧式钢琴里，低音弦与高音弦交叉所成的角度仅为20°～30°。此角度越小，意味着交叉弦列卧式钢琴的琴弦与交叉弦列立式钢琴的琴弦的长度差别就越小。但这并不构成问题：因为全尺寸卧式钢琴较全尺寸立式钢琴要长，所以无论如何，其琴弦都更长一些。据说，交叉弦列卧式钢琴的好处在于它使得钢琴具有卓越的负荷结构，并使低音弦桥的位置远离钢琴的边缘。除此之外，与直弦列钢琴相比，它还能节省铸铁的使用量，因此此设计对节省制作成本和提高乐音品质都有好处。

如何判断钢琴是属于直弦列还是交叉弦列？

可供初步肉眼判断的是键盘两端的木块——参考下图。在交叉弦列钢琴中，键盘低音（左）一端的木块的宽度通常较高音（右）一端的木块要宽。然而，这样的判断并非百分之一百准确，因此如果你对此种乐器非常感兴趣，而且非常认真地对待，那么你还得看看钢琴的内部。

如果琴弦分成两组，每一组中的琴弦都以斜线往另一组琴弦所在位置伸展，并最终与另一组琴弦相交，较粗一组琴弦从左到右伸展，较细一组琴弦从右到左伸展，较粗一组琴弦置于较细一组琴弦之上，那么这台钢琴就是交叉弦列钢琴。在高音弦列的右手端，琴弦是垂直排列的；随着往弦列左端走，琴弦逐渐呈扇形散开，成为斜线排列。这就是在前文中，笔者建议特别观察低音弦列，以快速判断钢琴是否是直弦列设计的原因。

要观察钢琴的内部，需要打开钢琴的顶盖（top lid）[注意：这里的顶盖不是指键盘盖（keyboard lid）；其实，键盘盖的正确称谓是"降板"（fallboard）]。如果你是在别人家里做此事，那么你需要请主人移开置于钢琴顶盖之上的装饰品、盆栽、家庭相片等等。切勿自己动手——因为如果弄不好，你可能会损坏某一件主人心目中的无价之宝、刮花钢琴外壳、损害你与朋友间的关系。

打开顶盖之后，你立即可以看到琴弦的顶端。也许手电筒并不是必要的，但是如果你有一只，那么你将能看得更加清楚。请特别注意一下低音弦（左手端）。如果低音弦和其他琴弦都与地面呈90°角，那么此钢琴为直弦列钢琴。千万不要购买，连考虑一下都不需要。下面展示了直弦列的剖面图。

最后，笔者要提一提一种不太常见的直弦列钢琴变体，即斜式钢琴（Oblique）。在此类钢琴中，所有琴弦相互平行，但呈15°~20°角排列，以略微改善琴弦长度。切勿购买此类钢琴。（以下图片展示的是19世纪90年代的希尔德梅儿（Schiedmayer）钢琴，四分之三框架和倾斜弦列设计。此琴于最近获得重修，调音弦轴已经松动；这可是费钱不讨好的翻修工作。此类钢琴在问世几年之后，即被淘汰。）

为直弦列钢琴辩护

从技术上而言，人们在某种程度上夸大了钢琴从直弦列到交叉弦列的这一进步。这并非一项巨大的进步，而更像那种"三步前进中有一步倒退"的曲折性前进。

理论上而言，直弦列钢琴具有某些交叉弦列钢琴所不具备的优点。正因为如此，即使其他优质生产商已经全面转向生产交叉弦列钢琴，一些优良的钢琴制造商——例如，德国的贝希斯坦（Bechstein）和英国的科拉德&科拉德（Collard & Collard）——在一小段时期内，仍然继续生产一定数量的直弦列钢琴。

交叉弦列设计仍然存在一些小的、却不容忽视的缺点。比如，在两组琴弦交叉之处缺乏足够空间容纳全尺寸制音器（damper）（请参考下文）。该交叉区域称为交叉弦列间断区（overstringing break）。此区域的宽度可达150毫米（6英寸），调音弦轴被分开。当你弹奏此区域中的琴弦时，你可毫不费力地感觉到，与在钢琴的其他位置相比，在此区域里，制音器的效果较差。更糟糕的是，在此交叉弦列间断区域上，会出现明显的音色上的差异，特别是当该间断与从素弦（plain strings）过渡至缠弦（wound strings）的点同时发生时，或者当该间断与从三和弦（trichords，每个音三根弦）过渡至双和弦（bichords，每个音两根弦）的点同时发生时。

钢琴的制作越精良，交叉弦列间断就越不明显。一项有效衡量钢琴品质的标准是：熟练的弹奏者能否光凭弹奏就找出交叉弦列间断，而无需查看钢琴的内部结构。

稍微较大的直弦列框架钢琴却不存在上述问题，因而在此方面较交叉弦列钢琴更为优胜。鉴于此，人们有一定的理由为稍微大一点的直弦列钢琴大声辩护。用户们可能会接受更高的钢琴，但是要获得技术的优越，则需要在价格上付出一定的代价，这方面倒是颇具争议的。

在实际中，交叉弦列钢琴迅速在市场上成为品质的同义词，使得直弦列钢琴迅速消失。类似的案例是20世纪80年代，VHS录像制式在市场上战胜了技术较优胜的Betamax录像制式。为了生存，所有专业的钢琴制造商都不得不转而生产交叉弦列，无论他们拥有什么保留意见。

本书从理论上对直弦列钢琴进行辩护到此为止。现实中，在将近一百年以来，直弦列钢琴并未出现过佳品；即使是该类钢琴盛行时期的最精良产品，到了今天，也不再适于实际弹奏之需。然而，很可能仍会有销售者企图说服你购买直弦列钢琴，声称他所销售的直弦列钢琴或斜式钢琴物美价廉，因为其低音弦与和小型现代交叉弦列钢琴的低音弦一样长（或者更长）。以卷尺测量，也许他说的是实情，但是这却无济于事，无法改变直弦列钢琴属于较落后一类这一事实。除非直弦列钢琴是地球上最后一类钢琴而你别无他选，否则，它们无论如何都不值得你拥有。

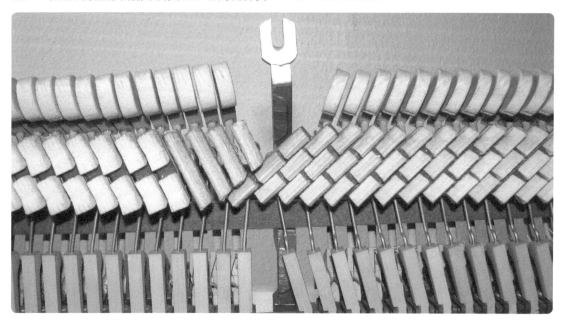

扣弦板与调音弦轴

一台钢琴拥有二百多根琴弦，全靠钢琴框架拉伸绷紧。小型立式钢琴琴弦总拉力超过10吨，而大型演奏厅用的卧式钢琴的琴弦总拉力高达20吨。因此，钢琴框架必须坚硬牢固，才能承受来自琴弦的巨大拉力。总体而言，钢琴框架都是坚硬牢固的。如果保养得宜，铸铁框架可供无限期地使用下去。

但是扣弦板（英国英语为"Wrest Plank"，美式英语为"pin block"，中文又称"调音弦轴板钉板"）则不同。扣弦板是一块夹层木板，厚约50毫米（2英寸）。此板不可避免地会收缩与变质，成为大多数较陈旧钢琴报废的罪魁祸首。

扣弦板的使用寿命有多长，是无法预测的。以往合理的估计通常是60~70年，但是中央供暖系统的使用，大大地缩短了此板的使用寿命。笔者发现越来越多的钢琴在使用30年后就得报废了；在一些较为极端的情况下，甚至只使用20年就得报废。因此，如果你想延长扣弦板的使用寿命、进而延长钢琴的使用寿命，那么，在放置钢琴的地方，请关闭中央供暖系统，或者将中央供暖系统尽可能地调低。（请参考第六章）

扣弦板（wrest plank）的功能

每一根弦都分别缠绕着一根位于框架上方的铸钢调音弦轴上。调音弦轴（tuning pin），顾名思义，是为方便钢琴调音而设计的。然而调音弦轴并非由铸铁框架固定的，而是通过木质扣弦板上的小孔固定。扣弦板的唯一作用是牢牢地固定调音弦轴。在安装调音弦轴时，并没有什么特别的技巧；只需要使用大铁锤用力将调音弦轴钉入扣弦板的小孔中。因此，调音弦轴完全依靠摩擦力被固定在扣弦板的小孔里。而此摩擦力是由于金属栓被钉入（或者说"挤入"）木板的小孔里而产生的。

通过调节各个调音弦轴的松紧程度而对每一根弦进行调音。在英文中，"拧紧"（wrest，请注意扣弦板的英文名称wrest plank）与"手腕"（wrist）这两个词在词源上是相互有关联的，暗示着调音主要是通过强力进行的，而强力对于木材通常都具有损害作用。

在现存的钢琴里，扣弦板有以下三种常见的构成。

■ 暴露式扣弦板

这是一种最古老、最易发生故障以及调琴师最不容易操作的扣弦板设计。顾名思义，此种扣弦板是完全外露的。此种扣弦板完全没有得到铸铁框架的支持；这意味着在钢琴的整个使用寿命中，该扣弦板得一直独自对抗来自琴弦的许多吨拉力；而这些拉力一直在将调音弦轴往下拉，并有将调音弦轴从扣弦板中拔出的倾向。由于调音弦轴独自对抗来自琴弦的所有拉力，整张扣弦板很有可能因此而变形，最终导致整台钢琴结构的弯折和变形。故此，在此种设计中，能够保证所有调音弦轴在琴弦拉力的作用下始终固定在扣弦板中，成为证明钢琴制造者高超技艺的一项指标。

暴露式扣弦板是令调琴师倍感棘手的一种设计，因为在对细小的调音弦轴进行极度细微调节的同时，调琴师不得"动摇"调音弦轴或者不得向调音弦轴施加向下压力。即使调琴师极为小心谨慎，

调音弦轴周围的木头也逐渐会因挤压而变形，使得扣弦板上的调音弦轴固定孔增大。

在若干年后，由于扣弦板的自然收缩、每次调音所导致调音弦轴固定孔周围木头的变形等因素的作用，扣弦板病入膏肓，无可挽救。调音弦轴松动，导致钢琴需要更频繁地调音，而更加频繁地调音，则会导致调音弦轴的松动情况更加恶化，这是一个恶性循环的过程。有时，只有一两个弦轴出现问题，有时是所有弦轴都有问题。钢琴的制作品质越好，弦轴松动情况会较为平均地分布在所有弦轴上，但这对解决此问题并不能起特别大的作用。

迟早，即使是做工最仔细的钢琴，在短短几小时后，也难保不走音——特别当扣弦板已经开始收缩并出现裂缝时；如果所出现的裂缝从一个弦轴固定孔延伸至另一个弦轴固定孔时，则情况会更糟糕。上页图中所展示的裂缝，同时贯穿了同音的三根弦的弦轴固定孔；尽管有人笨拙地尝试填充和涂抹此裂缝，还是无济于事。这些裂缝看上去是细微的，但却足以结束这台钢琴的使用寿命。

即使没有出现裂缝，弦轴松动往往也会给钢琴带来巨大灾难。唯一的补救措施是以尺寸更大的新的调音弦轴【可供选择的替换弦轴中，尺寸增量可小至0.127毫米（五千分之一英寸）】来更换所有原装调音弦轴，以使得弦轴适应已经扩大的固定孔。而且，在此种情况下，琴弦往往也需要更换。然而，这类似于对人体进行大型的整形手术，对于立式钢琴而言，通常是得不偿失的，因为单单是零部件的成本，很可能就已经超出了该重修乐器的价值。

■ 衬套式框架（标志1）

在1900年（顶尖钢琴制作者）至1950年（较落后的钢琴制作者）之间的某段时期，钢琴制作商开始采用一种新的框架设计，通常称为"衬套式框架"（bushed frame）。从机械设计角度而言，有时将这些框架称为"衬套式"并不适当，因此，笔者在此采用一种自创的命名方法，即"标志1"与"标志2"，以区分"衬套式框架"的较早期和较晚期类型。

"标志1"是一种全高铸铁框架，铸铁覆盖在

扣弦板之上，并以巨型螺丝钉固定。这一设计将扣弦板隐藏起来，或者说使得扣弦板不再"裸露"。唯有铸铁技术的进步，才能使得此种设计成为现实，因为实施此种设计，需要铸造大片的、非常薄的金属衬套。

在衬套式框架中，通过钻透金属衬套，为每一调音弦轴设置弦轴固定孔。这些金属衬套上的孔必须刚刚好能够允许弦轴穿过，以固定在木质扣弦板上。较之前的木质扣弦板设计，这似乎没有多大的变化。在衬套式框架中，上文所描述的扣弦板收缩和逐渐迈向死亡的过程同样存在；但是在类似的环境下，与暴露式扣弦板设计相比，该收缩与逐渐死亡的速度大大减慢了，这点很关键。

衬套式框架的优点在于：（a）将木质扣弦板附着于金属框架之上，减缓了扣弦板收缩的速度；（b）弦轴被金属包围，从一定程度上防止那些蹩脚的调琴师挤压弦轴固定孔周围的木头、进而使之变形。在制作最精良的衬套式框架钢琴中，此种框架还有另外一个优点：（c）框架上的铸铁孔与扣弦板上的孔对得非常准，使得调音弦轴的头部能够被安置在铸铁孔的底圈之上。这一设计使得不需要任何额外摩擦力的情况下，即可从一定程度上减轻

弦轴所承受的、来自琴弦的巨大拉力，因为（调音时）铸钢能够在铸铁上面顺畅地转动。

因此，早期的衬套式框架能够大大延长扣弦板的使用寿命，进而延长钢琴的使用寿命。但是，可以改善的地方还有很多。

■ 衬套式框架（标志2）

这是广受认可的一种设计。在此设计中，铸铁框架承受了来自琴弦的大部分拉力。"标志2"衬套式框架最早出现在1920年左右。此设计基本上沿用了"标志1"的设计，只是增加了硬木栓【通常是岩枫木（rock maple）】设计，在将扣弦板插入金属框架之前，将硬木栓插入金属框架上各个调音弦轴固定孔里。硬木栓呈蘑菇状，头部置于固定孔里。弦轴仍旧是穿过框架上的孔，然后插入扣弦板，但是每根弦轴都被硬木圈或硬木"甜甜圈"[技术术语为扣弦板轴衬圈(wrestpin bushing)或调音弦轴衬圈(tuning pin bushing)]牢牢地箍紧。在以上相片里，可以清楚地看到各个弦轴被木质衬圈紧箍着。

非常明显地，与"标志1"框架相比，木质衬圈能够将更大一部分的琴弦向下拉力从调音弦轴上转移到框架上，从而有效地将原来由扣弦板所承受的琴弦拉力负荷转移至框架。

此久违的设计进步，简单，但效果相当显著，其优势是值得注意的。扣弦板负荷的减小，意味着钢琴能够保持音准的时间就越长；弦轴被衬圈稳妥地固定，大大方便了调琴师的工作，调音过程中磨损与破坏扣弦板上弦轴固定孔的可能性几乎被消除了。扣弦板的收缩仍然是不可避免的，但是其收缩速度大大减缓，以至于如果钢琴维护、保养得宜的话，扣弦板是能够满足钢琴整个使用寿命的需求的。

♫ 致命的三宗罪

这些图片展示了同一台直弦列立式钢琴的内部。它们展示了三种典型的设计与制作缺陷，其中任何一种缺陷都令直弦列钢琴雪上加霜，更不值得推荐。

■ 上式制音击弦器（overdamper action）
■ 四分之三框架
■ 暴露式扣弦板

图片C与图片D分别更清楚地显示了琴弦的高音端与低音端。现在看上去更清楚了，真正的铸铁框架是较下面的黑色部分。很明显，这不是全铸铁框架，而只是四分之三框架[美式英语称为"半金属板"（half plate）]。顶端金光闪闪的框架通常称为覆盖片，是用于掩人耳目的虚设装饰，除了增加钢琴的重量，并无其他任何作用。

大多数直弦列钢琴只拥有这些"致命的三宗罪"中的一宗或两宗，因此，现在能够在同一台钢琴上向你展示这所有"三宗罪"——一个过时设计的"盛宴"——倒成了一件令笔者备感荣幸的事情。

图片B显示，在该钢琴中仍可以看到上式制音击弦器（美国的钢琴技师们根据其外形称为"松鼠笼"）。击弦器前方往下走的线操控着制音器（damper）。上式制音器是无法很好地起作用的，即使是新钢琴，随着毛毡的磨损，该种制音器的性能也将迅速恶化。令人震惊的是，在20世纪50年代，仍然有人在制造上式制音式钢琴。这种钢琴设计在当时看来是槽糕透顶的，今天看来更是如此。

请注意上图中看起来闪闪发光的铸铁框架，一直延伸至该钢琴内部的最顶端。再留意那五颗巨大的固定螺栓——看起来很坚固。或者，这只是表象，该框架实际上未必像看上去那么坚固……

正如前文所解释的，四分之三框架是憋足的设计，因为在此种设计中，扣弦板得承受所有来自琴弦的拉力，而铸铁框架完全没有分担琴弦的拉力。祸不单行，这台钢琴同时还有另外一个缺陷：正如图片C与图片D所示，其扣弦板是暴露式的，这意味着弦轴与好几吨的琴弦拉力完全是由木头承担的。（你在图中看到的金漆是该钢琴原来就有的；制作者故意涂上一层漆，以让木质扣弦板看起来像金属；因此，该钢琴包含了用以欺骗用户的双重陷阱。在钢琴行业中，这两种花招是一些不良制作预算方惯用的伎俩。）

该钢琴已经超过80年，弦轴之间可以看见明显的裂缝。这说明扣弦板已经损坏，无法修复，永远无法保持音准了。

外壳

钢琴的外壳（case或者casework）——也就是你站在钢琴前面所看到的外面部分——将一台钢琴的各部件聚拢在一起。外壳对于整台钢琴的美感很重要，而对钢琴所产生的乐音却没有任何影响。很多人也许对这一点感到惊奇，因此需要在此解释一下。

声音源于振动。在弹奏时，钢琴的每一寸部位都在一定程度上有所振动：调琴师甚至能够通过调音弦轴而感受到振动。外壳当然也会振动，但这对于钢琴的音量或乐音没有显著的影响。音板（soundboard，第37页）专门为放大钢琴音量而设计，而且一般也都能很好地实现该设计目的，因此，额外的振动无法产生引人注意的差异。钢琴设计者们确实也在努力地阻止声音能量从音板中"泄露"到外壳，他们这样做，只是因为钢琴外壳的形状会降低声音放大器的效率。

我们得承认，当我们看到古董立式钢琴那硕大、坚固而典雅的红木外壳，我们很难不相信它具有增强音效的作用。然而，笔者在此很遗憾地告诉大家，这只不过是一种浪漫的错觉罢了。事实上，即使该钢琴的外壳是使用旧的木地板装钉而成，它所产生的乐音也可以一样美妙。

"卸除式"外壳

事实上，如果将钢琴的一部分外壳卸除，那么钢琴所产生的乐音听起来可能更响亮、更震撼人心。这可能令钢琴看起来很奇怪，但大多数时候效果都很明显。立式与卧式钢琴的独特设计，使得其所产生的乐音被压缩在一个小而封闭的空间内，在此空间内，反射的乐音会自己消除；一些原始乐音可能会被压抑。大多数演奏者都不喜欢乐音被压抑。因此，在经典图片中，卧式钢琴的顶盖（lid）都是优雅地被打开着。

对于立式钢琴而言，最适合卸除的是钢琴的前板。这使钢琴失去优雅的外观——看起来好像钢琴的维修工作正在进行中——而使用者也因此而失去了谱架。然而，与弹奏卸除外壳的卧式钢琴相比，弹奏卸除外壳的立式钢琴时，弹奏者所能享受到的乐音分贝的增加量更多。将卧式钢琴的顶盖打开后，乐音主要往外向着听众方向反射。而卸除外壳的立式钢琴则不

一样，其所释放出来的乐音首先要经过弹奏者，因此，如果你想真正欣赏钢琴乐音，弹奏"卸除式"立式钢琴绝对是你不二之选，前提是，你不会因此而干扰你的家人与邻居。

作为一种折中的办法，可以将立式钢琴的顶盖打开，以使提高乐音的音量。告诉大家一个鲜为人知的事实：大多立式钢琴的内部配有一根木质的栓柱，使得钢琴顶盖能够保持撑开。

每当笔者向人们展示他们钢琴里这一特别设置时，他们都大感惊讶。尽管他们拥有钢琴已经几十年，但却没想到这里面还有如此窍门。上侧图片展示了现代钢琴里的黄铜栓柱。当钢琴顶盖在支撑物上关阖时，顶盖就会保持一条大约75毫米（3英寸）的缝。

现代钢琴的外壳——搬运时要当心！

较老式钢琴的外壳很结实，为钢琴内的其他部件提供坚实可靠的支持。老式立式钢琴与大型现代立式钢琴的背面都装有硕大的木质框架，并垂直装有四块或五块的粗木条，其外边框的结构也同样是非常结实。从工程设计角度而言，这样的框架设计

框架就被夹在钢琴的中间，接近钢琴的重心；这时，你可以将钢琴向后抬起，直至其与垂线呈20°角，钢琴也不会倒下。但是，如果去除木质框架，使沉重的铸铁框架置于钢琴的背部，其后面只覆盖一层音板，那么，钢琴就很容易倒下——这时，你将钢琴向后抬起，只需抬至钢琴与垂线成5°角时，就可能倒下。（请勿使用笔者所给出的数据做试验。请参考第六章。）

鉴于以上原因，如果你需要移动钢琴，特别是需要将钢琴搬上楼梯或下楼梯时，你必须请专业人士帮忙。即便是有专业人士在场，也常常会遇到以下意外：即，在原地人工处理钢琴时（例如，为钢琴的后背做清洁工作时），钢琴忽然倾倒。最佳的安全防范是注意钢琴四周的情况，这确实很重要——并总是将立式钢琴靠墙放置。

至于卧式钢琴，其外壳确实负载着重荷。因此，即使一些制造商已经顺应减少木材使用量的潮流，不再使用木质框架，但是大多数卧式钢琴仍然装有木质框架；从卧式钢琴的底部往上看，就可以看到木质框架。一些现代卧式钢琴制造商还在外壳的木质边框上装了钢质的"蜘蛛形"拉紧器，以改善钢琴的稳定性。

显得过于累赘，因此大多数现代立式钢琴舍去了此木质框架设计，而完全依靠铸铁框架承受琴弦拉力。如以上图片所示，在现代钢琴中，钢琴的整个背面几乎都用作音板。这有利于节省木材，但搬运钢琴时需要更加小心，因为允许犯错的空间减小了。

如果立式钢琴的背面装有木质框架，那么铸铁

音板与弦桥

音板是一大块颜色苍白的、看上去很平展的木片（通常是云杉木）；立式钢琴的音板位于框架与琴弦之后；卧式钢琴的音板则位于框架与琴弦之下。传统制作音板的方法是：将木片条沿对角斜线摆放，用粘胶粘在一起，然后夹紧，构成音板主体；接着，在音板主体的背面，沿相反方向的对角斜线打上较细的木肋条，以固定音板主体。上图展示了一台立式钢琴的音板。下页两张图片则展示了卧式钢琴音板的底部：木肋条与构成音板主体的木片条呈90°角交叉；装有大"纽扣"（或者称为"外展垫圈"）螺栓，一直钻入位于音较优质的钢琴所采用的音板主体构成木片条是"四分之一"纵切木片，也即，这些木片条是通过顺着原木的纹理，从原木中精选的四分之一部分切割下来而获得的。与简单经济地将原木切断、再不作仔细区分地

将木片条切割出来相比，"四分之一"原木切割方法减少了木片条的产量，然而，这一方法所生产出来的木片条却不那么容易收缩与翘曲变形。

音板远不止表面看起来那么简单。它实际上是一块巨大的隔膜，其功能类似于扩音器里的振盆（vibrating cone）。虽然看起来是平展的，但是实际上它并不是平展的；它的边缘较薄。安装在钢琴里的音板的中部是微微隆起的。当钢琴刚刚在工厂里完成装配时，音板的隆起部分是较为明显的；然而，随着来自琴弦的20吨拉力的作用，音板逐渐变形，直至几乎变成平展状（但是不完全平展）。

琴弦经过固定在音板上的弦桥（请参考第29页右上角的图片）。琴弦看起来也是平展的，但实际上并非完全平展：经过弦桥时，琴弦微微地有所弯折，所形成的折角通常都小于2°。要理解琴弦的工

作机理，我们可以参考一下吉他技术，因为吉他弦桥的一些基本功能与钢琴弦桥的功能是相同的，而吉他弦桥的工作机制比较直观易懂（其实，除了可以参考吉他弦桥，我们也可以参考小提琴弦桥）。

原声吉他的弦桥越高，乐器所能产生的乐音音量就越大，但同时，该乐器的弹奏难度也就越大。例如，姜戈·莱恩哈特(Django Reinhardt)的相片展示了他使用弦桥特别高的吉他进行演奏，这大大提高了演奏的难度，但同时却获得了最大的乐音音量，这在没有扩音器的年代里是何等难等可贵！高弦桥的另外一个特点是：音量较大的乐音消失得较快。这是因为，弦桥越高，琴弦对音板所施加的拉力就越强，音板就越不容易振动；因此，拨动一根琴弦所产生的能量中有更大一部分用于试图使音板振动。乐音的音量越大，使音板振动的所需能量就越大。结果：共鸣时间大大缩短。

这样的机理同样适用于钢琴。琴弦经过弦桥时所形成的折角称为"下承受"（downbearing），"下承受"的角度越大，钢琴所产生的乐音音量就越大。由于钢琴的琴弦相对较长，所形成的角度非常小，因此只能通过特殊仪器跨越弦桥才能测量出来。

由于用于制造音板的材料是自然产品，因此，即使人们尽了最大努力以控制质量，各台钢琴的

"下承受"角度之间还是略微有些差别。钢琴师的组装一旦完成，这样的差异就很难再消除了。即使完全是同一年代、同一品牌与同一类型的若干台钢琴，其各自所产生的乐音都不尽相同，其主要原因就在这里。

粘胶还是螺丝钉？

作为最后的补充，值得一提的是组装音板与弦桥的两种不同方式。在组装音板时，一些钢琴制造商几乎只使用粘胶；他们甚至使用粘胶将弦桥粘贴到音板上；因为他们深信，这样能保证钢琴产生优质的乐音。以下的图片展示了用于将弦桥固定于音板上的螺丝钉，而第36页的图片所显示的现代立式钢琴却很显然是依靠粘胶固定弦桥的。纯粹依靠粘胶会出现什么结果，这不难预料：有时低音弦桥会从音板上脱落。（请参考第八章的D部分。）

而另一些制造商则同时使用粘胶与螺丝钉固定木肋条与弦桥，并坚持认为：从结构上而言，这样的做法更优胜，而且对钢琴所产生的乐音不会造成任何影响。根据经验，笔者更倾向于支持后者。每次为客户重新安装低音弦桥时，除了使用粘胶，笔者同时还会加装三颗螺丝钉，即使钢琴原来是纯粹使用粘胶固定的；但是，笔者从未发现这样做会对钢琴音质有任何影响。

键盘

钢琴键盘由两部分组成——黑白相间的前面部分，这部分我们较为熟悉，可以直接看到，而且弹琴时可直接接触到；以及"幕后部分"，这部分我们不能直接看到，其作用是触动击弦器。

当我们将琴键的前部下压12毫米（7/16英寸），击弦器会将弦槌向前推出26毫米（2英寸）。这样的机制是琴键成为"逆杠杆"（就是我们常说的"费力杠杆"）——即以较小的移动距离

撬动较大的负荷移动——而不是我们更常见的杠杆（以较大的移动距离撬动较小的负荷移动）。因此，从机械学角度看，键盘其实是一组杠杆，占据了中盘托（keybed），置于三条轨道上【该三条轨道合称"键盘框"（keyframe）】（参见上面图片）。

- 中轨，又称平衡轨（middle rail; balance rail），上面装有光亮的钢质销钉，销钉上套有毛毡小垫圈，这些销钉是各个琴键的支点。琴键在这些销钉上前后摇摆。一些销钉可以为较短的黑琴键略微提供长度上的弥补；根据需求，一些销钉还为平衡黑白键的杠杆作用提供弥补。

- 前轨（front rail）由两排销钉组成：较靠前的一排是为白色琴键而设；稍微较靠后的另一排是为较短的黑琴键而设。这些销钉被插入琴键底部的小孔，在琴键上下移动过程中为其提供引导。这些销钉上套有厚厚的毛毡缓冲垫圈，以确保琴键抵达其冲程底端时不会产生噪声。

- 设计时，增加了琴键的重量，以确保琴键处于静止的、可供弹奏的状态。后"轨"（back 'rail'）是一条覆盖键盘框全长的厚厚的毛毡，其作用是确保琴键静止、安静地着陆。

立式钢琴与卧式钢琴都一样，如果按压琴键的前部，琴键的后部就会翘起来。不同之处在于，在立式钢琴中，击弦器另弦槌向前移动；而在卧式钢琴中，击弦器另弦槌向上移动。

那么，击弦器是什么？这一问题可不是三言两语就可以解释清楚的。

琴键的外壳

过去很长一段时间里，白色琴键的外壳一直是由象牙制成，而黑色琴键的外壳材料则是黑檀木。如今，买卖象牙已经属于违法行为，而黑檀木则成了稀有产品，因此，人们已经不再使用这两类材料了。这两种材料通常都由塑料替代，尽管人们曾经使用过赛璐珞（celluloid），而且这种材料现在仍然可供使用。

现存的象牙琴键外壳通常都已经褪色与变黄，看上去就像坏了的牙齿；特别是演奏者的汗水与外壳材料频繁接触的键盘的中间部分，情况更糟。只有最昂贵的钢琴才拥有一片式的象牙琴键外壳：这种外壳大多都由两部分构成——"靴跟"（heel）（前半部分）与"躯干"（stem）。该两部分在各黑色琴键尾端处相接，连接处所形成的缝隙就像用铅笔在白色琴键上划了一条细细的直线。（请参考下图。）

一支象牙只有很小一部分是洁白无瑕而不带纹理的，其他部分都多多少少带有一些斑点（类似人的指甲上的斑点）。因此，只有那些非常昂贵的钢琴才配有无纹理的象牙琴键外壳。次一等钢琴的琴键外壳则由无纹理"靴跟"与带纹理"躯干"构成。再次一等钢琴的琴键外壳则是两部分都使用带纹理的象牙材料。后来，在廉价钢琴中，制造商采用赛璐珞替代象牙；但马上遇到一个问题，即赛璐珞材料令琴键外壳看上去太好、太高档了，以致于与廉价钢琴不搭配、不协调。你猜造商怎么处理这个问题？他们发明了带有纹理的赛璐珞材料，使这种材料不再具有那种天然质朴的白色，看上去不那么像昂贵的象牙！这一做法一定让市场销售人员松了一口气。

现在我们所使用的钢琴，白色琴键一般采用塑料外壳；而根据笔者的观点，塑料绝对是合适的替代品。而一些制造商却对"塑料"这一称谓颇有忌讳，他们更喜欢声称自己所生产的钢琴的琴键外壳采用了某种特殊材料（通常都被冠以一个很精巧、令人联想起象牙的名字），并小题大做地吹嘘这种作为象牙替代品的材料的好处。恕笔者愚钝，既然我们已经不能再使用象牙，笔者并不认为把塑料直接称为"塑料"有什么不妥之处。赛璐珞仍然可供使用，但是该种材料得使用专业设备才能装配，而塑料外壳的装配可以在任何工场里进行。笔者将在第八章介绍如何安装琴键外壳。

击弦器

到目前为止，一台钢琴中最重要的零件是击弦器——一种能将演奏者的指尖运动转化为美妙音符的小装置。

准确地说，击弦器不是一个零件，而是一套组件：由若干个零件组合起来的自成一体的组件，可以作为独立部分安装或拆卸。以下一张图片展示了一台从钢琴上拆卸下来的击弦器的全貌。你可以看到，击弦器其实是由许多个体击弦器构成，每一个音对应一个个体击弦器。

击弦器是一种高度精密复杂机械装置，以至于大多数钢琴制造商都不自己生产此种装置，而是委托专业供应商按照他们给出的具体要求生产制造。多年以来，生产商生产了许多不同版本的击弦器——一些版本较另一些版本更优胜——因此，在市场上很可能遇到不同类型的击弦器。其中，立式钢琴与卧式钢琴的击弦器两者看上去差别最大。尽管在制作细节或材料上千差万别，但是每一台钢琴里击弦器的工作原理是非常相似的。

绝对的天才之作

提到钢琴的击弦器，很容易令人对其肃然起敬。这一装置里包含了许多设计巧妙、匠心独具的构件。毫不夸张地说，这一装置可称得上是机械与乐器设计的天才之作。其原始设计的构思是如此之无懈可击，以至于自从1720年以来，该装置基本上保持其原设计不变；而最近一次的重大改进发生在1849年。

此机械机制非常适合钢琴演奏，使用寿命可达几十年；在无需保养的情况下，能经受得住数以百万计的工作循环。在第八章中，笔者将解释如何修理立式钢琴的击弦器；在第九章中，笔者将解释如何修理卧式钢琴的击弦器。在该两部分中，笔者希望能够引导读者理解击弦器设计的异常精妙之处。

挑战几乎是"不可能的任务"：解析击弦器

以简单的语言介绍钢琴击弦器，或许是笔者撰写本书时所面临的最大挑战。击弦器如此难以理解，主要的原因如下。

- 它与任何其他为大多数人所熟悉的机械装置不同。
- 它的所有动作都是在同一时间内完成的。
- 它有许多零部件，每一个零部件都有自己的古老名称。
- 它可能要比你电脑或汽车引擎中的任何零部件都复杂。

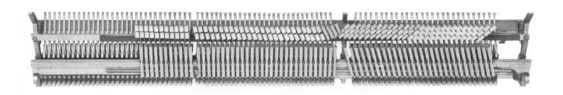

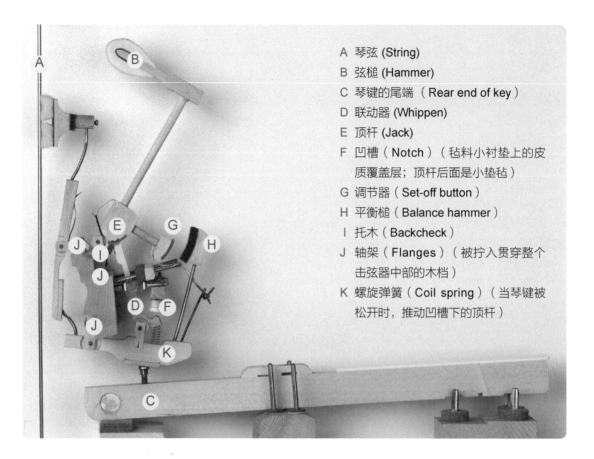

A 琴弦 (String)

B 弦槌 (Hammer)

C 琴键的尾端（Rear end of key）

D 联动器 (Whippen)

E 顶杆 (Jack)

F 凹槽（Notch）（毡料小衬垫上的皮
质覆盖层；顶杆后面是小垫毡）

G 调节器（Set-off button）

H 平衡槌（Balance hammer）

I 托木（Backcheck）

J 轴架（Flanges）（被拧入贯穿整个
击弦器中部的木档）

K 螺旋弹簧（Coil spring）（当琴键被
松开时，推动凹槽下的顶杆）

以下是击弦器的作用。

■ 将较小的琴键向下动作转化成明显更大的弦槌向前动作（在卧式钢琴中，由于弦槌是从下往上扣击琴弦的，因此，击弦器的作用是将较小的琴键向下动作转化为明显更大的弦槌向上动作）。

■ 将从下按琴键与听到乐音之间的间隔时间降低至接近零。

■ 琴键一被松开，它就能立即使乐音消除。

■ 使演奏者能非常迅速且连续地弹奏音键。

■ 使演奏者能控制任何音的长度、表现力以及音量。

■ 能防止所有未被弹奏的琴弦产生任何不必要的共振（sympathetic vibrations）。

现在，我们将更详细地了解这些功能，先从立式钢琴入手，再深入剖析卧式钢琴。

乐音的产生

下两页所展示的击弦器组件是从一台具有30年历史的肯宝（Kemble）牌立式钢琴上拆卸下来的。为了便于理解，笔者舍去了所有非必需的零件，因此，这实际上是一个"简化"版的立式钢琴击弦器。同时，笔者只对那些在本书中提及的零件做了定义。（如果笔者不做任何简化，那么可能有大约80个零件需要定义；但是，笔者怀疑，这样做是吃力不讨好的。）

每当下按琴弦，弦槌就开始向前移动（立式钢琴）或向上移动（卧式钢琴）。然而，如果弦槌一直仅仅依靠下按琴键的力量向前移动，那么当与琴弦碰撞时，顶多只能产生"砰"的一声闷响。为了改善音量与音质，在弦槌撞击琴弦之前，必须有一种零件能使弦槌从琴键的约束中释放出来。这一零件称为"擒纵"或"顶杆"（下一页中两幅琴键被下按的图片里的E部分）。当然，顶杆要起作用，还需要众多辅助零件的支持，但是，真正起主要着用的，还是顶杆。现在，让我们一步一步地分析击弦器的工作原理。

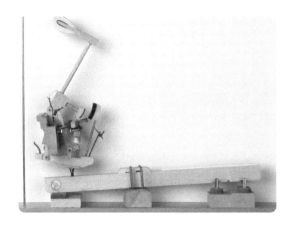

1 击弦器静止时——也就是说，击弦器严阵以待时——距离琴弦26毫米（2英寸）。

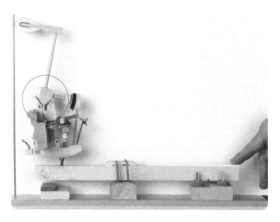

3 弦槌此时仍然在飞速往前运动，并已经接近琴弦。

■ 到目前为止，顶杆的后跟仍然与调节器相接触着。

■ 这使得顶杆从弦槌转击器下脱离出来……

■ 这意味着弦槌不再受推力的作用而向前。事实上，此时弦槌是由惯性作用而飞向琴弦。

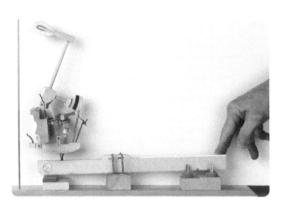

2 当演奏者下按琴键时，琴键的尾部向上抬起。

■ 这使得联动器与顶杆抬起。

■ 顶杆推入弦槌转击器（hammer butt）下的一小块皮革——弦槌凹槽（hammer notch）。

■ 这推动弦槌向前。

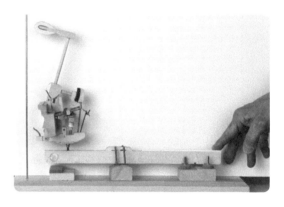

4 此时弦槌是受控制的。它撞击琴弦之后，弹回，停止。

■ 因为覆盖着鹿皮的平衡槌与托木碰撞，所以弦槌在此位置停止（可以通过深色毛毡覆盖物辨认出来）。

■ 如果重新按下琴键但不完全松开，弦槌将再次撞击琴弦。一次又一次，弹奏者可随心所欲地变换频率与速度。与完全松开琴键时弦槌所产生的撞击相比，这些撞击强度较弱，但却能达到理想效果！

请注意：如果是卧式钢琴击弦器（请参考下文），弦槌的"受控制"使得在无需完全松开琴键的情况下能够以完全强度快速地重复击弦。

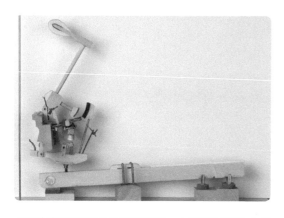

5 演奏者已经完全松开琴键，击弦器回到静止状态。这样，就完成了一次循环，一切又从头开始。在钢琴的使用寿命中，这样的循环将发生几百万次。

消音

刚才我们介绍了击弦器如何使琴弦振动。除此之外，当琴键被松开时，击弦器还必须能够消音。而消音是通过制音机制实现的。

钢琴大约20个最高音产生时，其琴弦是自由振动的，直至乐音自然消失。这些高音琴弦较短、较细，其振动可迅速地消失，因此无需另外的干预。

然而，在六十至七十度音（取决于品牌与钢琴的质量）时，钢琴需要借助制音器机制，以更加迅速地抑止振动。

总体而言，制音器（damper）通常由弹簧构成；当演奏者松开琴键时，该弹簧在一块毡垫上施加压力，进而通过该毡垫按压琴弦。每一根弦都有对应的弹簧与毡垫，因此制音器系统由大量的独立制音器构成。

各个制音器毡垫的形状与大小不尽相同。高音一端击弦器中制音器的毡垫最小，越靠近低音端，琴弦就越粗、越长、力量越大，因此制音器毡垫的尺寸也相应越大。在单和弦部分，制音器毡垫具有特殊的形状，以便于包裹琴弦；在双和弦部分，毡垫呈楔形，以便于切入两弦之间；在较低的三和弦部分，毡垫则呈双楔形。在第39页底部的图片中，可以看到这些不同的毡垫。

随着琴弦所发出的乐音越低，所需弦槌的重量就越重，制音器弹簧力量也因此而逐渐变强。正因为如此，弹奏时按压低音琴键明显地需要更大力气；对于卧式钢琴而言更是如此，因为卧式钢琴的弦槌是横卧于钢琴的背部，而不是像立式钢琴的弦槌那样几乎垂直地立于钢琴内部。

制音器是如何参与到击弦器的循环工作中的？

在步骤1～5中，联动器的前部有一支小钢"勺"。当联动器向上抬起时，在此小钢勺的推动下，制音器离开琴弦。

■ 如左下角的图片所显示，当按压琴键时，制音器脱离琴弦。

■ 如右下角的图片所显示，制音器处于静止位置，毡垫紧贴在琴弦上，使乐音停止。

基本上，以上所介绍的，就是钢琴击弦器如何制造乐音，然后又如何消除声音的过程。

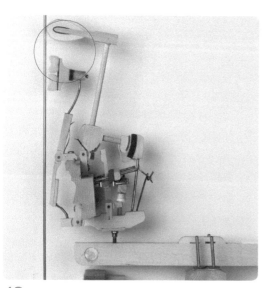

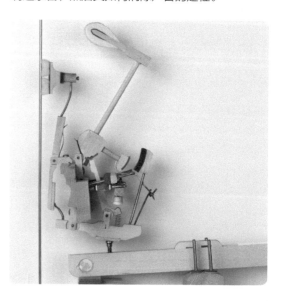

卧式钢琴的击弦器

从演奏者的角度看，卧式钢琴击弦器与立式钢琴击弦器的最主要的区别有两个方面。

■ 在保证音量不减损的情况下，可以实现更快速重复击弦。对于大声与轻柔演奏，这都是一个优势。这使得卧式钢琴对于许多类型的音乐而言都更具灵活性。

■ 然而，具有这一优势同时伴随着代价，即与弹奏立式钢琴相比，弹奏卧式钢琴更加耗费体力。原因有二：第一，卧式钢琴的制音器系统更加沉重；第二，弹奏时，卧式钢琴的弦槌是从水平的静止位置开始向上运动的，而立式钢琴的弦槌则是从几乎垂直的静止位置开始往前运动的，这两者是不同的，前者更加费力。

第一次弹奏卧式钢琴时，许多演奏者都会感到很沮丧，因为他们觉得卧式钢琴更笨重、弹起来更费力，很难弹得轻快。毋庸置疑，要弹好卧式钢琴，你需要具备运动员的某些素质。而且，你越努力用功，钢琴就越听话、越努力地为你服务。

为了解释卧式钢琴击弦器的工作原理，笔者在以下构建了一个包括单一琴键与单一击弦器零件的模型。下页图片步骤1～5分别展示了当下按琴键时，卧式钢琴的击弦器是如何工作的。

由于以下三个主要原因，卧式钢琴击弦器与立式钢琴击弦器看上去差别很大。

■ 制音系统是无法直接看到的——该系统隐藏于钢琴的内部（但在以下模型中是可以看到的）。

■ 击弦器附着在键盘与中盘托上。第191页的图片展示了它们分开时的情形。

■ 弦槌横卧于键盘与中盘托后面。而在立式钢琴中，弦槌是以将近垂直的角度竖立着的。

A 琴弦 (String)
B 弦槌 (Hammer)
C 琴键的尾端（Rear end of key）
D 联动器 (Whippen)
E 顶杆 (Jack)
F 鼓轮（Roller or Knuckle）
G 调节器（Set-off button）
H 托木（Backcheck）
I 轴架（Flanges）
J 震奏杆弹簧（Repetition spring）
K 震奏杆（Repetition lever）
L 回跌调节螺丝（Drop screw）
M 制音器(Damper)

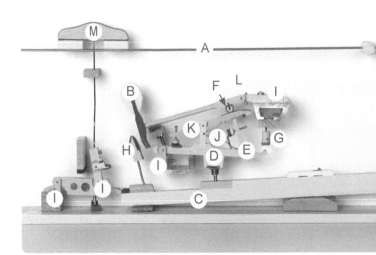

1 击弦器处于静止状态。

4 此时，弦槌已经从琴弦弹回，并停留在托木上，处于受控制状态。

■ 鼓轮在震奏杆上向下推动，使震奏杆弹簧拉开，从而通过弹簧的拉力迫使顶杆上端通过震奏杆小孔伸出的部分重新回到鼓轮之下。

2 演奏者——位于图片右边，不在图片里——开始下按琴键，使琴键尾端（或左手端）抬起。（注意背触（backtouch）上方形木块和绿色毡垫之上的空隙）

■ 制音器开始抬起、离开琴弦，让琴弦可以自由振动。

■ 联动器的右端抬起……

■ 顶杆通过由皮革包裹着的鼓轮将弦槌往上推……

■ 顶杆的后跟向调节器移动……

■ 震奏杆向上翘起，顶住回跌调节螺丝钉。

5 此时，演奏者半松开半下按琴键，想重复弹奏同一音符。

■ 托木与平衡槌稍微一分离，震奏杆弹簧就马上同时轻微地推动震奏杆与弦槌向上移动。这使得顶杆的伸出一端能够顺畅地滑动，并回到鼓轮之下。

■ 这样，就可以在不需完全松开琴键的情况下，重复弹奏该音符，而且所弹奏出来的乐音是足够响亮的。

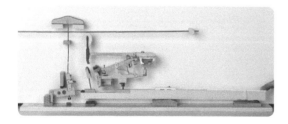

3 在一微秒后，顶杆从震奏杆上的一个小孔中伸出（这不容易看到——请仔细观察鼓轮右边）。震奏杆仍然向上牢牢顶住回跌调节螺丝钉。

■ 随着顶杆的后跟（heel）接触到调节器，顶杆脱离鼓轮。

■ 在空中移动最后1.59毫米（1/16英寸）之后，弦槌击中琴弦。

因此，击弦器的设计使得演奏者能使用多种多样的表现技法。弹奏立式钢琴与卧式钢琴时，越用力按压琴键，所产生的乐音就越响亮。卧式钢琴，尤其适于非常轻且非常快地弹奏。如果击弦器的这些优点还不足够，钢琴踏板还使得演奏者能够使用更多其他的表现技法。

踏板

所有钢琴至少有两个脚踏板，通常有三个。各个脚踏板以不同的方式变化着钢琴所产生的乐音。

延音踏板（右踏板）（"sustain pedal"或"damper pedal"）

此踏板通常错误地被称为"强音踏板"（loud pedal）。笔者已经解释过，当下按琴键时，制音器抬起，直至琴键被松开。类似地，当踩下延音踏板时，所有制音器抬起。这意味着，每一个音都将继续发出，直至延音踏板被松开或者直至琴弦振动自然地逐渐停止。

这还意味着所有的琴弦都能够自由和谐地振动着，产生共鸣。虽然这种效果在较为相似的音程如八度与五度上表现得最为明显；但是无论弹奏哪些音，所有的音都能够融合为一体，成为和谐的连音。（顽皮的孩子们在学钢琴时喜欢恶作剧地利用这一踏板尝试制造各种奇怪的乐音。特别是孩子们利用延音踏板当对双和弦音进行延音时，就特别令人懊恼。其实，如果能够正确地运用延音踏板，是不会发生这些刺耳的乐音的。）

延音踏板大大扩展了演奏者的表现空间，能使旋律有更加完整的伴奏，听起来更优美。许多专业作曲家都会在其乐谱上注上踏板标记，但大多数钢琴家更喜欢自己设计踏板运用方法。

柔音踏板（左踏板）（soft pedal）

柔音踏板的存在历史较延音踏板要长。1720年克里斯托弗利（Cristofori）所制作的钢琴中就有一种以杠杆操控的装置，其功能类似柔音踏板。该装置在意大利语中称为"una corda"（原意为"一根弦"），它将整个中盘托（keybed）稍微向一边移动，使得弦槌只敲击每组双和弦（"bichord"或"two string"）中的其中一根弦（克里斯托弗利所制作的钢琴中，每个音都有两根

弦），从而使得钢琴产生较轻柔的音。然而，这一设计也产生了其他一些微妙的影响，部分是来自另一根弦所产生的共振，部分是由于弦槌的不同部位与琴弦接触。

克里斯托弗利的设计是值得介绍一下的，因为现代卧式钢琴的柔音踏板系统设计与之非常相似，即整个中托盘移动，使得：对于以三根弦发音的音，弦槌只敲击其中的两根弦；对于以两根弦发音的音，弦槌敲击其中的一根弦；而对于只以一根弦发音的音，弦槌还是敲击一根弦。可能是因为在意大利语中没有恰当的相应的术语，所以这三个系统都仍旧都叫作"una corda"。

当你第一次踩踏卧式钢琴的柔音踏板时，你会发现钢琴的整个键盘在你眼前移动，这可能会令你仓皇不安。许多孩子与大人都是在考试时第一次才接触卧式钢琴的，由于之前从未弹奏过卧式钢琴，因此对于键盘移动都会感到惊慌失措。这一经历确实很糟！

现代立式钢琴的柔音踏板系统的设计却颇为不同。在立式钢琴中，通过脚踏板的作用，弦槌的击弦行程被缩短将近一半。由于击弦行程变短，弦槌并没有完全敲击琴弦，其对琴弦所产生的撞击力也被减小，因此所产生的音较柔、较弱、较短促。这一系统称为"半敲击"（half-blow）。虽然能够有效地使乐音变得更柔和，但是这一系统较为粗糙，并会使弦槌转击器的凹槽皮革逐渐损坏。

在较为旧式的立式钢琴上，柔音踏板系统又有所不同：在踏板的作用下，一块毡垫升起来，挡在弦槌之前。弦槌的撞击力经过该毡垫的弱化后传输至琴弦，这能使乐音的音量降低至不经弱化的原来音量的大约三分之一或更低。这一踏板系统在技术上称为"塞莱斯特（celeste）"，这一称谓令这一原本粗糙的系统听起来并不那么粗糙。

中踏板（middle pedal）

许多现代卧式钢琴与立式钢琴都有三个踏板。而卧式钢琴与立式钢琴中踏板的功能却颇为不同。

在卧式钢琴中，中踏板通常也称作"sostenuto"（意大利文，是"延续"的意思）。sostenuto踏板的作用与前面的延音踏板类似，不同的是，利用卧式钢琴的sostenuto踏板，能够进行选择性延音，也即当踩下sostenuto踏板时，可以只延续正在被下按的琴键的音，而踩下sostenuto踏板时未被下按的琴键的音并不能得到延续。操控sostenuto踏板的技术难度非常高，但是却可以增强钢琴演奏的表现力。许多较廉价的卧式钢琴都配有假冒的sostenuto踏板，这些钢琴的中踏板只能为低音部分进行延音；然而，在一定程度上，它们却不失为一种可以为用户接受的替代品。

在现代的立式钢琴上，中踏板一般是练习踏板。踩下中踏板，可使一块毡垫降落在弦槌之前。与以上所描述的"塞莱斯特（celeste）"踏板系统所使用的毡垫相比较，该毡垫通常更柔软，因此它的传音效果较"塞莱斯特"毡垫稍微较弱。然而，与"塞莱斯特"踏板不同的是，练习踏板能够在一侧上锁，因此，用户在弹奏钢琴时无需踩着练习踏板不放。顾名思义，练习踏板是为练习钢琴而设，其优点在于它能够根据实际需要上锁，使在整个练习过程中钢琴的音量大大降低，从而避免对周围的人造成不必要的干扰。

以上介绍的，只是一般情况下的钢琴踏板。在与钢琴（特别是旧式钢琴）打交道的过去几十年中，笔者见识过配有"半敲击"式柔音踏板的卧式钢琴，见过配有sostenuto踏板的立式钢琴，甚至遇到过配有"una corda"系统的立式钢琴。这些五花八门的另类钢琴让笔者觉得，要为钢琴做"一刀切"式的明确分类是不可能的！

下式制音器与上式制音器

下式制音器

所有现代立式钢琴都采用一种称为下式制音器的制音系统。该系统大约于1914年被引入钢琴业界。顾名思义，在该系统中，制音器位于弦槌之下。一般情况下，如果你不拆开钢琴，你是无法直接看到该制音器系统的。下图展示了从位于琴弦的角度望出去所看到的情况，展示了典型的带下式制音器的立式钢琴击弦器的一部分，如图所示，制音器位于弦槌的下面。

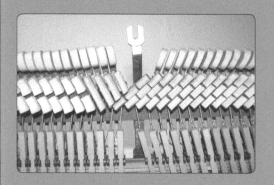

上式制音器

你最不想在自己的钢琴上看到的无过于上式制音器系统了。之所以称为上式制音器，是因为制音毡垫位于弦槌的上面。

如果你确实无法理解，那么，有什么方法可以辨别上式制音击弦器呢？很简单。下式制音器是无法直接看到的，因此，对于一台钢琴，如果你能完全看到其制音器，那么这台钢琴所配的就是上式制音器。右栏的两幅图展示了从位于琴弦的角度望出去所看到的上式制音击弦器（本栏上面一副图则是从位于琴弦的角度展示了下

式制音器；可与右栏的两幅图做比较）。上式制音器距离琴弦的顶部末端过近，很难有效制音；而且，为了以使得制音器能够置于弦槌与琴弦顶部末端之间的有限空间里，必须得确保制音器的尺寸非常小。右栏底部一张图片中的最左边的13个制音器是完全不起作用的。

正如下式制音器系统的发明者所认识到的，遏止琴弦振动的最快途径是控制琴弦的中部，因为琴弦的中部所发生的振动量最大。故此，上式制音器的设计注定了

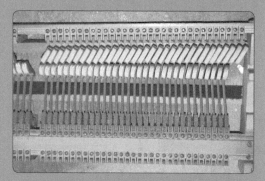

它无法快速地消音。当音符持续的时间太长，导致音符间相互干扰，钢琴所弹出的乐曲听起来就嘈杂而刺耳。更糟糕的是，上式制音器系统磨损更快，使得它的制音效果更差。

买一台性能良好、配有上式制音击弦器的钢琴，其可能性几乎为零。上式制音系统设计上的缺陷非常明显，它们存在即是故障频繁的代名词，这样说一点也不夸张。尽管如此，仍然有人不遗余力地试图将它们销售出去，特别是在拍卖会或是在网上。笔者曾经听到一些推销者大言不惭地声称，尽管绝大多数的上式制音型钢琴确实不可取，但是他们所销售的上式制音型钢琴却是可以接受的，因为它们是德国制造的钢琴，而在1914年之前，德国建造过一些巨型而品质异常卓越的钢琴。确实是，但是这些钢琴毕竟还是上式制音型钢琴，一百年以后的今天，这些钢琴已经变得毫无用处了。

第三章

选择钢琴

　　无论你想购买新钢琴还是二手钢琴，在购买之前，都首先要清楚地理解自己需要什么、不需要什么。即使你发现周围有许多优秀的钢琴可供选择，但是并不是所有的钢琴都适合你，或许，其中只有少数几款适合你。

选择标准

购买钢琴时，冲动是魔鬼。现实中，常常发生这样的事情：你在商店里喜欢上一件衣服，并将其买下，但是一回到家，就发现自己并不喜欢这件衣服，甚至有点讨厌它；然而，购买钢琴与买衣服则完全不同，你可不能犯下同样的错误，因为你所买的可是重达几百磅、只有专业人士才能帮你搬运回来的庞然大物。如果你在想要购买钢琴之前或者在购买钢琴时，考虑以下几点，你更可能从一开始就走上正路。

选择钢琴的重要标准如下。

技术标准

■ 如果是二手钢琴，那么它必须是可以调音的。不管其外表看起来多么漂亮，或者在试弹时听起来多么好听，如果无法为其调音，那么一切都是枉然。购买任何使用年期超过十年的旧钢琴，你都需要借助专业意见。

■ 它必须适合主要使用者（即花最多时间使用该钢琴的人）弹奏。与成年人相比，儿童的手指较短，而且可以触及的范围较小，因此，一台适用于成年人的钢琴，对于孩子而言，用起来可能却颇为别扭。

■ 如果钢琴是为学校、俱乐部、剧院、教堂等场地所设，那么它必须能够轻松地产生足够音量，使乐音充满整个空间。这意味着较大钢琴比较小钢琴更有优势，但要注意，卧式钢琴所产生的音量不一定大于立式钢琴。小型卧式钢琴所产生的音量往往远远不能满足中型礼堂的要求。

美学标准

■ 钢琴必须能够产生悦耳的乐音。在家庭环境里，关于钢琴乐音是否悦耳的判断，不单单取决于主要的演奏者，而且还取决于听到乐音的所有家庭成员。对于不同的人，不同的钢琴所产生的乐音的悦耳程度是不同的。

■ 钢琴的外观必须与其周围环境相协调，特别是当钢琴需要长期放置在你家中的某一位置时。音乐并非生活的全部，因此当你纯粹为了追求最好的音质而准备购买一台巨型的、面貌可憎的或与周围环境格格不入的钢琴时，最好三思

静音练习

孩子们入睡后或者在其他容易对周围环境造成干扰的时间里，要如何练琴？对于这一常见的问题，一般的解决方法是使用练习踏板（参见第二章）。这一方法使得在弹奏钢琴时，音量可降至正常水平的四分之一；这样的音量水平对练习者而言并不理想，但总胜过完全不练习。大多数现代立式钢琴都带有练习踏板，一般是第三踏板或中踏板。踩下练习踏板，往一侧推移，即可将钢琴锁定为静音状态。静音状态时，一块毡垫会被拉下，挡在弦槌之前，将钢琴的乐音弱化、沉闷化。

如果有需要的话，绝大多数的立式钢琴可以经过改造而安装一种功能等同于练习踏板的机械装置。该装置并非通过踏板操控，而是通过隐藏在顶盖之下的一支杠杆进行操控。该装置很难在市面上直接购买到，因此只能通过钢琴销售商寻找。或者，你可以买一台原来就配有该装置的钢琴。我偶尔会遇到一些钢琴，甚至连它们的主人也不知道这些钢琴安装有该种装置；因此，如果

你发现一台自己感兴趣的钢琴不设有练习踏板，那么你不妨尝试找找该钢琴内是否安装有上述的杠杆机械装置。虽然这样的可能性较为渺小，但是不找找看怎么知道没有呢？

而后行。

■ 如果你中意的钢琴与停放房间格格不入，可考虑改变房间的布局或装修以使之与钢琴相协调。这是因为，如果替代方案是以一台更昂贵的钢琴迁就现有的房间，那么对房间做部分变更，是可以降低总体成本的。

钢琴的摆放空间

■ 音量问题。在薄墙壁的小房子里，你可能不需要自然音量足以充满整个市政厅的钢琴（许多二手钢琴确实是来自音乐厅、学校以及其他需要大音量的场所）。另外，钢琴的音量太小，实在令生来就表现欲充沛的演奏者感到沮丧。请参考"静音练习"部分。

■ 你能腾出多少空间？卧式钢琴，即使是迷你型的，也可使得大多数家庭的空间变得局促起来，除非你愿意像传奇爵士音乐家塞隆尼斯•孟克（Thelonious Monk）一样，能够蜗居在摆放钢琴之后的任何有限空间里。

立式钢琴是为供家庭使用而设计的，但是立式钢琴是以旧时代的家庭空间为基础设计的，那时的家庭空间比现代家庭空间要大。现在有许多人宁愿在音质上做一些牺牲，购买体积较小的钢琴，以节省空间。然而，无论是哪一种钢琴，其键盘的体积差不多都是一样的，因此，小型钢琴之"小"只是在于它所占用的墙壁空间较小而已。因此，底座占用空间几乎等同的情况下，可以选择较高、音质明显更好的钢琴，这是有道理的。

■ 放置钢琴的地点是否有利于所有家庭成员？此处笔者不是在谈"风水"，但是钢琴在房间里的摆放位置与座向可以对音质与使用者的演奏满足感产生很大影响。例如，许多钢琴家不喜欢背对着整个房间弹琴。充足的自然光线也很重要。然而，钢琴的放置满足了使用者的要求的同时，却可能让其他人不满，笔者曾经听说钢琴的摆放问题成了一些家庭矛盾的源头。钢琴并不像茶具推车，可

以随意四处移动。在空旷的地方，钢琴可以像推车一样随意移动，但现实生活中，大部分钢琴都是留在原地不动的。

钢琴的外观样式

和其他商品一样，钢琴的外壳装饰也讲究时尚潮流，因此，如果你想要具有某一种特定"外观"的钢琴，那么你的选择范围将很有限。你搜寻的过程将更长，你也许需要借助专业人士的帮助以追寻自己的意中钢琴（或者可接受的替代品）。

在此，笔者将极为简略地介绍一下现代钢琴的（外观）设计历史。

19世纪，钢琴通常都有浓重的镶嵌细工装饰，装饰样式通常是植物花卉。繁杂华丽的漩涡状木纹也颇为流行，特别是胡桃木。接近20世纪，具有简洁外观的钢琴受到用户欢迎，通常以玫瑰木（rosewood）效果作为外观装饰。

1918年之后，桃花心木（mahogany）成为潮流，并且自此之后，一直引领时尚。市场上偶尔会有钢琴以胡桃木（walnut）甚至是柚木（teak）作为外壳，但是基本上，一台钢琴，外壳如果不是桃

花心木材质，那么它是很难被销售出去的。我们在周围还可发现配橡木外壳的钢琴，但这类钢琴主要存在学校、教堂或其他机构里。

我们的周围有许多黑色的钢琴，这是因为该颜色是许多德国钢琴制作者所偏好的一种颜色。确实如此，早在亨利·福特（Henry Ford）时代之前，

对于大部分钢琴而言，黑色是其唯一的色调。也许正是这一原因，英国的钢琴很少是黑色的——至今，笔者只见过一款黑色的英国钢琴。

德国人对于黑色的喜好，几近失去理性。笔者曾经处理过一台被撞伤的黑色里特米勒（Ritmüller）旧立式钢琴，在刮除钢琴表面的法式抛光漆之后，赫然发现里面是精美细腻的玫瑰木。当重新抛光（没有使用黑色漆）后，几乎变成了另外一台钢琴。（该台钢琴上所存在的德国式怪癖的的另一个体现是：钢琴的框架上有精致的手绘瓷漆花饰——这样的装饰，只有调琴师能偶尔享受得到！这让人觉得，为该钢琴调音俨然成为一种特殊的待遇。）

在过去几十年里，闪亮的黑色效果越来越流行，这可能是因为黑色可与任何事物搭配。当然，黑色还可隐藏木质较差的问题。黑色还易于喷漆，而无须手工抛光。

近年来，一些制造商销售旧型号或经典型号钢琴的新版本。例如，贝希斯坦（Bechstein）在20世纪80年代生产的一款立式钢琴，就是对它们1900年前后其中一个型号的翻新版。这是否是市场一时的复古潮流，很难说；但是，如果你对于一款旧时代的钢琴情有独钟的话，或许在市场上就有该款钢琴的新版或近期翻新版，这样的可能性并不是完全没有的。

设计上的灾难

在20世纪40~50年代，兴起了一阵潮流，即令钢琴及其外壳变得更小，在当时，让钢琴与外壳变得较为小巧被视为"现代化"的标志。一些钢琴似乎受到奥迪安连锁影院（Odeon Cinemas）的新艺术运动（art nouveau）的启发。20世纪60~70年代，较小型的钢琴开始演变为侧面扁平状，看上去很像哈蒙德牌电子琴（Hammond organ）。在笔者看来，这个时代的哈蒙德电子琴仍然是经得住时间考验的，但是同时代的钢琴看上去却极为陈旧落后。

20世纪40~70年代家居装饰中，人们普遍热衷于将所有可看到的东西都平整化、方块化（成长于20世纪五六十年代的人都会记得，在那个时代，硬质纤维板和胶合板取代了好品位——镶板门被变成单调的平板门；带纽纹装饰的栏杆支柱被打入冷宫，改用方块式样的栏杆支柱）。这一狂潮也影响了钢琴制造。钢琴界兴起了一阵浪潮——将已存在的成品钢琴进行"现代化改造"。但这期间从未出现成功的个案，对于已存在的成品钢琴而言，这简直是一场灾难。令人不齿的是，一些钢琴零件供应商的供货清单上仍然包括从事该种针对装饰美的极度破坏行为所必需的配件。

最早、最常见的轻微"现代化改造"，是将旧钢琴上的烛台去除。随着煤气或电气照明的普及，去除烛台的用意不言而喻。这样，对钢琴的外壳进行抛光变得更加容易，但是改造后的钢琴上却可能留下不甚雅观的螺丝钉孔或一小块颜色与钢琴整体颜色不甚协调的痕迹。

然而，1950年后的"现代化改造"是如此严重，以至于任何钢琴贸易从业者都能够立即辨别出经改造的钢琴。一般包括以下几个特点。

■ 前面板被去除，由多块胶合板替代。（有几次，笔者曾经在钢琴内发现残留的、精致的原装内置面板，并将其复原，恢复其光彩——也许这是某一位有良心的改造者手下留情所遗留下来的杰作。）

■ 棱角被平滑化，柱槽装饰被去除。

■ 卧式钢琴的造型琴腿（turned legs）被变成改成方形，甚至整个由方形琴腿替代。

■ 而且，最可怕的是，许多卧式钢琴原本由浮雕细工装饰的谱架都被胶合板谱架所替代。

目前市面上仍然存在大量与以上描述相吻合

的钢琴，这些钢琴的价格一般较低。然而，对一台很精美的（或者至少比改造后要好看）钢琴进行上述的"现代化改造"，笔者认为是暴殄天物，是对装饰美的亵渎。因此，是否选择购买此类钢琴，取决于你对于该种改造行为的看法与感受。笔者认为，如果这些钢琴在能够保持良好弹奏性能的前提下，尽量维持其原本所含的富有生命力的各种元素，那么它们将更加珍贵。如果仅仅将它们视作具有弹奏功能的乐器，那么，没有什么东西是值得珍惜的。

卧式钢琴还是立式钢琴

立式钢琴的销售量远远大于卧式钢琴。原因很简单，对于大多数家庭而言，卧式钢琴体积过大。一般来说，立式钢琴是为家庭与较小的演奏场地而设的，而卧式钢琴则是为较大的演奏场地而设的。而较大演奏场地有可能对技术与音乐品质有更高要求。

然而，可以肯定地说，关于立式钢琴与卧式钢琴功能的界限是模糊不清的。这是因为，许多钢琴制造商也生产较小型的卧式钢琴。他们认为，这些小型的卧式钢琴也适用于家用。小型卧式钢琴的功能在一定程度上会打折扣，而且效果上获得完全成功的很少见。

因此，如果你有兴趣考虑购买卧式钢琴，笔者所能给出的第一个忠告就是：卧式钢琴并不一定优于立式钢琴。事实上，许多立式钢琴远较许多卧式钢琴优胜。

那么，真正的卧式钢琴是怎样的？

小型的就不是真正的卧式钢琴

一直令笔者惊奇的是，许多对卧式钢琴感兴趣的人都想要小型的卧式钢琴。笔者怀疑，这些人真正想要的是以最低的成本获得卧式钢琴所代表的身份地位价值。如果你只是想以最低的成本获得社会地位，笔者并无异议。但是，如果你想获得与所花费的金钱相匹配的最佳音质，那么，你可得三思而后行。

正如笔者在其他章节针对立式钢琴所进行的介绍，钢琴的体积越大，其音质就越好。这一正比关系在卧式钢琴上更为明显。

相对于整台钢琴的尺寸，卧式钢琴的音板较全尺寸立式钢琴的音板要小。在立式钢琴里，音板的高度几乎可达钢琴的全高。而在卧式钢琴中，除去键盘与击弦器所占用的空间之后，剩下供音板所用的空间大大减少。

与全尺寸立式钢琴的琴弦相比，卧式钢琴的琴弦也相对较短。在立式钢琴中，琴弦几乎跨越钢琴的全高，再加上因琴弦以对角斜线交叉排列而产生的额外长度。然而，在卧式钢琴里，琴弦远未能到达键盘所在位置，而且与立式钢琴相比，因琴弦以对角斜线交叉排列而产生的额外长度较小。

因此，除非你所想购买的卧式钢琴的长度大于1.68米（5英尺6英寸），否则，卧式钢琴的音质并不明显地比同等品质的立式钢琴要好。

如果卧式钢琴的尺寸达到1.93米（6英尺4英寸），则是另外一个层次了：你体验到的是强劲的技术。笔者认为，至少达到这一尺寸，卧式钢琴才名副其实，其品质才能与立式钢琴产生质的区别。（顺便提一下，卧式钢琴尺寸的测量方法是：从钢琴的最远一端点到键盘边沿的垂线。）

除了尺寸，人们偏向于选择卧式钢琴还有另外三个原因。

■ 首先是双擒纵击弦器（double escapement action）的性能更加优越（请参考第二章）。该种击弦器反应更加灵敏；即使是在小型卧式钢琴（baby grand）上，该种击弦器的性能也胜过立式钢琴的击弦器。该种击弦器可以更快速地重复弹奏同一音符，而且所产生的音量达到最大。

■ 制音器的设置更加优越。卧式钢琴可以为制音器提供更多空间，因此其制音器的尺寸更大。

其制音器更长、更重，而且在制音过程中，还可得到地心引力的帮助。因此，卧式钢琴制音器的制音效果必然更加优胜，尽管从某种程度而言，该种制音器在制音效果上优势有所消减，因为在卧式钢琴（特别是音乐会专用的卧式钢琴）中，需要遏制振动的琴弦的长度更长。此外，在立式钢琴中，弦槌与制音器在琴弦的同一侧起作用，因此，弦槌与制音器只能作用在琴弦的不同位置点上；而在卧式钢琴中，弦槌与制音器在琴弦两侧起作用，因此，弦槌与制音器可以同时作用在琴弦的同一位置点上。这一差异看似细微，但其实意义重大；这使得在弹奏卧式钢琴时，真正可以达到"当松开琴键时，乐音戛然而止"的效果。使用较好的立式钢琴之后，再使用音乐会专用的卧式钢琴，你将发现其中的不同之处。

■ 交叉弦列间断区（overstringing break）的影响较小。这是一个公认的微妙优势，大多数演奏者都无法听出来，然而，它确实存在。以下图片展示了典型的卧式钢琴制音器阵列；其中只有一个制音器被削短以适应交叉弦列间断区。相比之下，第30页的图片在展示了典型的立式钢琴制音器阵列；其中有三块制音器被逐级削短以适应交叉弦列间断区，最短的被削短至大约26毫米（1英寸）。

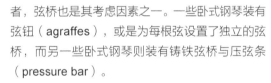

小型卧式钢琴（Baby Grand）

　　小型卧式钢琴颇受欢迎，但是它们到底有哪些优点？以下的说法似乎可以为你提供一点暗示：在钢琴业界，这种钢琴通常被称为"虚荣之琴"（vanity piano）。顾名思义，为了达到其冠冕堂皇的外表，在品质上做了一定的牺牲。

　　然而，许多人对于该种钢琴的第一印象却与上述说法完全相反。由于所有现代卧式钢琴都配有双擒纵击弦器（double escapement action），新的小型卧式钢琴弹奏起来给人的感觉确实要比立式钢琴好，许多购买者因此而被打动。然而，长度小于1.52米（5英尺）的卧式钢琴，其琴弦长度并不足以产生高品质的乐音，而此时，全尺寸的立式钢琴将是更佳的选择，这是不争的事实。

附加值特色

　　由于卧式钢琴占据价格与品质的顶端区间，一些制造商热衷于为其添加一些特别的、立式钢琴不可能具有的"奢豪"特色。虽然某些特色的技术价值尚存争议，但是这些特色可能有助于销售人员获得更加令人瞩目的销售业绩。

　　一些特色现举例如下。

高音区弦桥的特殊设置

　　不同的制造商利用不同的技术为琴弦架设弦桥。弦桥的改进对于音质的改善作用是微妙的，不同的人对其有不同的感受；然而，对于严肃的演奏

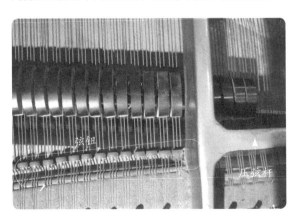

者，弦桥也是其考虑因素之一。一些卧式钢琴装有弦钮（agraffes），或是为每根弦设置了独立的弦桥，而另一些卧式钢琴则装有铸铁弦桥与压弦条（pressure bar）。

　　一些卧式钢琴则在高音弦部分装有一条压弦杆（capo d'astra），各根琴弦通过其各自位于压弦杆下方的专属弦道接到调音弦轴上。压弦杆可能与钢琴框架铸为一体，也可能是拴在框架上。左下角的图片中：左边显示的是弦钮，琴弦从弦钮中间穿过去；右边显示的是压弦杆，琴弦从其下方穿过去。（这台钢琴在压弦杆部分所产生的乐音音量非常微弱。笔者怀疑这是由压弦杆所导致的，但是尚且无法确定。）

双重共鸣音阶（duplex scaling）

　　双重共鸣（duplex）是琴弦的不发音部分即琴弦两端分别经过顶端与底端弦桥后的"多余"部分。在大多数卧式与立式钢琴里，有一条布料垫在琴弦两端或其中一端的不发音部分下面，或者在琴弦两端或其中一端的不发音部分中间，迂回穿插着

一条布料；该布料的颜色通常较为鲜艳；这样的设计是用于防止共振：下方的图片展示了该条布料。在大多数小型现代钢琴里，只有底端弦桥这一端（或曰"固定端"）的琴弦不发音部分才使用上述布料。而在大多数小型现代钢琴里，调音弦轴这一端（或曰"调音端"）的琴弦不发音部分的跨度非常短，不可能发生共振，因此不使用上述布料。

在较大型、较贵的钢琴里，是允许琴弦两端的不发音部分产生共振的；需要对该不发音部分进行计算或测量。正常情况下，该不发音部分与琴弦发音部分之间的距离为一组八度音阶，尽管一些钢琴采用不同的音程。以下小图展示了在卡瓦依（KAWAI）牌现代钢琴中，是如何以毛毡条固定低音琴弦的末端的。大图则显示了：在高音弦部分，琴弦通过一条弦桥到达另一条较短的弦桥，并

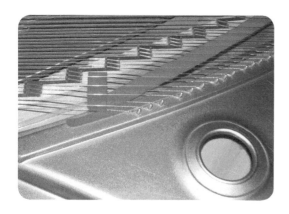

可以自由地共振。在一些牌子的钢琴[如美国制造商梅森·翰姆林（Mason & Hamlin）所生产的音乐会专用卧式钢琴]中，双重共鸣部分是通过在琴弦不发音部分下面来回轻敲一块小楔子（每一个音配有一块楔子）而进行调音的。除非调音正确，否则，该双重共鸣部分是不会振动的。

在许多配有双重共鸣音阶的钢琴中，只计算"固定"或底端弦桥；如果同时也计算"调音"端，那么钢琴就称为"复双重共鸣音阶"（double duplex scaling）。在方框图片中可以看到此"复双重共鸣音阶"，即标有"调音端"的那一段。这是在同一台卡瓦依钢琴上位于压弦杆与琴弦的调音弦轴一端之间的部分，以长度计算，并可自由振动。

共鸣弦系统（Aliquot Stringing）

在19世纪70年代，当博兰斯勒（Blüthner）第一次生产出一台配有共鸣弦系统（aliquot stringing）的卧式钢琴时，对神秘主义的演绎，简直达到了极致。共鸣弦系统的英文是"aliquot stringing"，其中"aliquot"是一个数学术语，表示"约数"或"整除数"，意思是说该数乘若干整数倍数即等于另外一个数；例如，4是16的约数。从中音部以上开始，每个音所对应的三和弦(trichord)都另加一根弦，该弦的音被调至基音上行一个八度。弦槌无法敲击该共鸣弦，但是如果弹奏一个音符，则该种共鸣弦将吸收一部分能量，使得乐音产生变化，音符能更快地停止。

与其说共鸣弦系统对钢琴设计做出了有意义的贡献，不如说该系统的发明意图更多可能是为产品标新立异。博兰斯勒因为该发明而在市场获得了一席之地，这也许不足为奇，但是，笔者认为该发明并没有给钢琴音质带来显著的提升。在笔者所见过的大多数共鸣弦案例中，该种琴弦都被废弃或拆除；笔者更愿意将这种行为视为调琴师或钢琴技师的反叛行为。这一反叛行为其实也是情有可原的，

因为共鸣弦更像是一种装饰，它们增加了调琴师或钢琴技师工作的难度，使他们付出额外的努力（也许是一种得不到酬劳的努力），但却无法明显地改善钢琴的音质。这种徒劳一场所产生的懊恼情绪常常超出了调琴师或钢琴技师所能容忍的程度，因此对于共鸣弦，他们往往选择除之而后快。

▥ "附加值特色"是否真的有价值？

上述几点附加值特色在追求完美方面是否有点过火了？有可能。笔者怀疑，即使是专家端坐在音乐厅的前排仔细倾听，也很难分辨出一台钢琴中是否包括该等"附加值特色"。然而，这些特色象征着无与伦比的品质与工艺，标志着旨在创造精致与"完美"乐器的（令人肃然起敬的）努力。也许最合理的结论是：这些特色在钢琴制作过程中都值得尝试。

当然，这些附加值特色同时也意味着高价位（尽管现在中国与韩国出现了廉价的配有双重共鸣音阶的钢琴）。如果你想购买而且能负担得起带有这些附加值特色的钢琴，那么你最好在尽量多的钢琴上尝试一下，以比较它们各自的优点。

除了对于这些附加值特色之外，笔者在第四章和第五章中列出的测试新或二手立式钢琴的主要方法同样适用于卧式钢琴。特别要注意带嗡鸣声的低音弦与脆弱的高音弦，即使是最昂贵的钢琴也常常会有这一问题。

别忽视了钢琴凳

要想在钢琴弹奏中获得最大的享受——或者说，就算你的目标仅仅是想把钢琴弹好——你需要使自己保持在舒适的状态下。从健康与安全角度而言，在弹奏钢琴时保持正确的坐姿绝对是至关重要的。对于孩子而言，更是如此，因为孩子们正处于体格成长期，长时间以错误姿势坐着，可能损害他们的体形。因此，配备一张合适的钢琴凳，可能比你想象中要重要很多！钢琴凳的价格不菲，这是事实；钢琴凳会占用一定的空间，这也是事实。但是，钢琴凳的最常见的替代物——餐厅或厨房的椅子——对于钢琴弹奏而言，一言以蔽之，就是不够好。

弹琴时，使用合适的钢琴凳，而不是一般的椅子，其主要理由包括如下。

- 所有勤奋认真的音乐家都有患上重复性劳损（RSI, repetitive strain injury）的风险。而因座椅不适所导致的坐姿不当可能使该种疾病的发生时间大大提前。

- 如果你对钢琴是认真的，那么你坐在钢琴凳上（不论你使用什么凳子作为钢琴凳）的时间比在任何其他一种家具上停留的时间都要长。（以在同一位置上所停留的时间进行比较，只有床能胜过钢琴凳。然而，在床上，你是躺着的。）

■ 绝大多数椅子是针对人体放松时的状态而设计的，而在弹奏钢琴时，人体处于高度积极的状态中。一名中等体格的成年人在弹奏几首可耗费大量能量的曲子时，可相当迅速地将一只普通椅子坐坏。因此，弹钢琴时，千万不要使用齐本德尔式（Chippendale）座椅。钢琴专用凳子是专门针对全身心投入弹奏时的动力学而设计的。正因如此，它们看起来并不像普通的椅子。

■ 高度是关键。最邻近而便利的椅子，其高度未必适合你的身体。（在笔者担任酒吧钢琴师的日子里，很难找到适合高度的钢琴凳，因此演奏时，笔者宁可坐在用板条啤酒箱堆叠而成"钢琴凳"上，也不愿坐在椅子上。）

关于钢琴凳的高度，并没有一个一成不变的规则，因为各种钢琴的高度各不相同，而且演奏者的身高也不尽相同；但是，对于大多数成年人以及大多数钢琴而言，座位高度最少应为560毫米（22英寸）。对于儿童而言，座位高度要比这一高度要高出许多。

对于成年人而言，理想的坐姿应该是：

■ 双足平放在地上；
■ 背部挺直；
■ 前臂平放或稍微向下倾斜——绝不要向上倾斜；
■ 手腕水平放置或稍微向下倾斜——绝不要向上倾斜。

以上标准也适用于儿童，然而，如果孩子的腿太短，那么背部挺直这一条标准要比他或她的脚够得着踏板更重要。在市面上可以买到踏板延伸装置，但是或许只有当孩子对弹钢琴非常热衷且真正显示了能够成为钢琴家的迹象时，才值得进行这一投资。在大多数情况下，暂缓几年，等孩子长大再学习踏板技巧，并无大碍。事实上，是否需要及早学习踏板技巧，并非特别重要，无须过于纠结于此问题。

绝对不要使用高度可调的打字员椅子或办公室椅子，除非你想要借此伤害自己或别人。很多人都禁不住会选用这种椅子，因为它们价格低廉，舒适，便于调整至适合的高度。然而，问题是，这种椅子装有轮子，容易晃荡。如果你只想玩玩而已，它们是不二之选，但是如何你对钢琴弹奏的态度是严肃认真的，那么这种椅子是危险的。

迄今为止，最佳的方案就是升降式或高度可调式钢琴凳。这种钢琴凳在一边有一个大的"门手把"，旋动该"手把"，即可调整一个剪刀式装置，将钢琴凳调高或调低。虽然价格不菲，但是对于学校以及其他供多个演奏者共用的场所里，这种钢琴凳是必不可少的。

一种较便宜的钢琴凳带有螺栓紧固凳腿，以扁平箱包装形式出售。根据笔者的经验，这种钢琴凳使用不久后性能就会变坏。那些带有永久性固定凳腿的钢琴凳则更为可取，因为该种钢琴凳做工更实在，且无法用扁平箱包装。

档次最高的升降式钢琴凳是演奏会专用钢琴凳。该种钢琴凳拥有一个宽大而舒适的皮制平顶（通常以钮钉固定），非常适合长时间的演奏之需。尽管该种钢琴凳很昂贵，但是如果你拥有一台卧式钢琴，或许该种钢琴凳就变得必不可少了。

如果你考虑将孩子送到某位钢琴老师那里上课，那么判断该老师是否合适的其中一个标准就是他的课室是否有配备合适的可调式钢琴凳。然而，根据笔者的经验，即使有配备这种钢琴凳，许多钢琴老师并不十分注重学生的坐姿。因此，你要有意识地请老师向孩子展示正确的坐姿。如果老师很明显地不熟悉笔者前面所列之坐姿标准，那么你就可以考虑为孩子另谋更好的去处。

钢琴凳的护理

尽管可调节式钢琴凳通常被设计得很坚固，但是如果能够使之免于遭受不必要的压力，则可以有效地延长可调节式钢琴凳的使用寿命。当成年人坐在钢琴凳上时，应当避免调节钢琴凳。同时，为了确保安全，请不要让孩子在钢琴凳上玩耍嬉戏，也不要让他们自行调节钢琴凳。

传统的不可调式钢琴凳的上盖可以翻起来，下边有一定的空间可供储存乐谱。这一空间应当仅供存放当前正在使用的少数几本乐谱。然而，许多人会将他们的所有乐谱都塞进这一存储空间内，这种做法是错误的。这些琴凳的底部通常是由薄而脆弱的胶合板构成，如果你将乐谱塞满整个空间，那么琴凳的上盖会直接压在乐谱上。当坐上琴凳时，你的臀部会通过叠起来的乐谱向琴凳的底部施加压力。随着使用时间的流逝，木质材料收缩，接口变得松动，所施加的压力可能会使琴凳底部裂开，甚至导致整个琴凳瓦解损毁。

如果有人向你提供一张很讨人喜欢的旧琴凳，你得当心别高兴得忘乎所以。然而，令人惊讶的是，"忘乎所以"这种情况很常见，以至于使得一些本来对自己家居清洁备感自豪的琴主也忽视了这一事实：有些琴凳自使用以来，其座位从来没有被清洁过。因此，你应仔细地检查该旧琴凳的卫生状况。通常情况下，迅速地闻一闻就够了，但是记得不要靠得太近，因为旧琴凳很可能是跳蚤的天堂，特别是，如果琴凳故主家里的猫喜欢蜷伏在琴凳上休息打盹时，更是如此。在接收该旧琴凳后，取下上盖，尽可能地对其表面材料与衬垫进行彻底清洁，或者一不做，二不休，将整个凳面更换掉。

购买钢琴凳

在购买钢琴时，如果钢琴配有琴凳，一定要连同琴凳一起买下，即使你不打算使用该琴凳。原则上讲，配套的物件不应当分开。当你打算将钢琴卖出去时，原装配套琴凳将有助于你以更好的价格成交。

记住，绝大多数新钢琴都有配套琴凳，而且只有与配套琴凳一起才能组成一个完整的主体。因此，如果你购买钢琴时，发现没有原装配套琴凳，那么你应当高调地对此缺失表示遗憾，即使该钢琴已是几经易手，原因有二：第一，因为你得购买替代琴凳，好的琴凳，即使是二手的，也可能价格不菲；第二，无论你购买哪种替代琴凳，都不可能与钢琴完全匹配。你也许很幸运，遇到一名供应商，能够提供被弃置的，并与你钢琴型号相匹配的琴凳；但是，事实上，在你需要时，就有一张完全符合要求的琴凳出现，这种概率是非常低的。

因此，当你向销售商购买新钢琴或优质二手钢琴时，利用琴凳作为讨价还价的筹码是非常合理的。你愿望清单中最优先的选择应当是原装配套的升降式、带有皮座的琴凳。向销售商提出配套这种琴凳的要求。如果销售商无法提供这种琴凳，你可以和他讲价，争取一个大的折扣。最好是在你做势准备付款的时候忽然中止，没有什么能像这样"吊胃口"的动作更能帮助你在讨价还价中争取优势了。

大部分钢琴销售商的库存中都有一系列琴凳供你选择，或者能够为你订购琴凳，有些还提供试用或包退换服务。琴凳价格变化可以很大，但是在这个领域里，通常都是一分钱一分货，因此，在购买之前，如果能够多试用几张不同的琴凳，是有百利而无一害的。如果没有机会试用，那么在互联网上总有大量的新琴凳与二手琴凳在销售。然而，对于网上购物，笔者要照例提醒你需小心谨慎。一般而言，不要对"便宜货"的质量报太大期望。

最后，对于别人向你推荐的琴凳，总是特别要注意检查该琴凳是否是通过将较高琴凳进行改造、使之变矮而得到的产品。这是一个相当常见的问题。维多利亚时代与爱德华时代的钢琴凳其本身是值得收藏的，但是这两类琴凳通常是为放置在大房子的大房间里的大钢琴而设计的。当今的钢琴与家庭空间都变得较小，许多琴主仍保存该种优雅的旧式琴凳，但是，他们总是忍不住要该种琴凳进行改造，将其弄矮（一般弄矮至大约450毫米，约18英寸），使它们的尺寸变得更"便利"。这样，琴凳既低于现代钢琴的键盘，又可以兼做餐椅。除非你的身高达到七英尺，否则这样的琴凳是不适合做工作钢琴凳的，因此，记得带上卷尺，以确保所购买琴凳的高度至少达到560毫米（22英寸）（从地板到座位顶部）。如果是被改造弄矮的升降式琴凳，那么这意味着即使调到最高，该琴凳也无法达到你所需要的最低高度。笔者认为，任何遭到此种破坏性改造的琴凳（即使古董琴凳）都不可能是物美价廉的。

第四章

如何购买新钢琴

如果你能负担得起，就选择新钢琴。但是，并不是同一价格范围内的所有钢琴都是一样的。钢琴与钢琴之间(即使是两台被认为是同样的钢琴之间)，也可以有很多差别。在本章中，笔者将解释如何试弹与检测新钢琴，以使得你能够尽可能地买到适合自己的钢琴。

如果你有条件，就买新的

■ 新钢琴价格的下降已经有一段时间了。在许多国家人民收入水平不断提高的大背景下，与以往任何时候相比，大多数人购买新钢琴的能力都有所增强。

■ 制造商不再生产非常劣质的钢琴，因此买到蹩脚货的概率大大降低。就在不远的过去，市面上仍然有一些诸如林德纳（英文为"Lindner"；在爱尔兰生产；已于1975年停产；笔者在第五章对该品牌进行了简单的介绍）之类的劣质钢琴。如果你购买一台现今生产的钢琴，那么几乎可以肯定，你所购买的钢琴符合所有现代标准，并能够供你得心应手地使用许多年。

但是，这并不是说购买钢琴时可以不进行考虑衡量，也不是说所有新钢琴都一样品质优良。与许多类别的消费产品相似，在钢琴购买中，一般都是一分钱一分货。入门级别钢琴的质量标准相当高，但该标准也较为统一。除此之外，你可以自由选择。购买之前你花费的精力越多，你就越能够更具体地弄清楚，自己花钱后，能够得到怎样的钢琴。然而，即使在一般购买者的价格范围内，可供选择的钢琴也将非常之多——那么，你要如何选择呢？

试弹钢琴

如果你不亲自在几台钢琴上弹奏或倾听几台钢琴所产生的乐音，你将不可能获得充足的信息，以做出理智的选择。因此，如果你懂弹钢琴，务必带上一些乐谱到陈列室，在可供选择的钢琴上试弹一阵，直至你感到哪些钢琴适合你，哪些不适合。

如果你不懂弹钢琴，带上会弹的人。你甚至可以考虑花钱聘请专业人士，或者一名缺钱用的主修音乐的学生，跟你一起去选择钢琴（在钢琴陈列室开放的时段内，现场演出很少，专业人士较为空闲，因此白天的聘请费用较为低廉）。好的钢琴销售商是不会逼你尽快作出购买决定的，因此，尽管慢慢挑选，无须感到尴尬——即使这意味着你可能会第二次或第三次回访销售商的陈列室。

也许在作出最后决定的那一次回访，你还可以考虑聘请一名钢琴技师跟你一起去。这样做的好处是，有专业人士能够帮你听并解释钢琴所发出的所有乐音。毕竟，钢琴是一种机械设备，其许多工作零件会产生某些非音乐的噪声。正常的状况下，这些噪声大部分不都会被人察觉，然而，它们确实存

在。钢琴技师知道应当注意什么，并能够将"正常的"声音与"错误的"声音区分开来。

对于一台刚出厂的新钢琴，如此详细地检查真的必要吗？在此，笔者得首先承认，绝大多数买家的检查详细程度完全没有达到这一水平，但是，如果你继续读下去，就会发现笔者所建议的检查，并不过分。虽然钢琴是在具有严格质量控制标准的生产线上生产

出来的，但是它们是由自然材料构成，而且主要是通过手工组装而成的。因此，产品质量在一定程度上的变化起伏是必不可免的。这并不表示一些新钢琴的质量是好的，而另一些则是坏的，但是这确实意味着如下情况。（a）某些钢琴在细节上不够完善，需要改进。（b）每一台钢琴都有自己的"声音"，这种独特的"声音"是由细微与完全自然的变化累积起来而形成的。钢琴技师能够指导你更好地理解你正在试弹的钢琴，帮助你作出适当的选择。

然而，当试弹钢琴时，要遵守以下这些总的指导方针。

■ 在试弹或倾听时，重点关注钢琴的音质与手感。问自己，这是你想要的钢琴吗？即使是同一款钢琴，其各自的音质与触感特点可能颇为不同。

■ 如果你想购买立式钢琴，让销售商将你最感兴趣的钢琴的前面顶板移除； 如果你足够大胆（提出要求的话），让他们将底板（bottom board）也同时移除。不要擅自移除任何部件——这样做很容易与销售商发生纠纷。接着，再试弹一阵，就像将卧式钢琴的顶盖打开后一样，该钢琴将会焕发生机。（一般地，要想释放立式钢琴的真正潜能，你得将钢琴前面顶板与底板打开，但是这样做需要得到家人与邻居的充分理解。）

■ 越昂贵的钢琴，其乐音听起来可能就越悦耳。这意味着，如果你不愿意为那更好听的乐音付出代价，你得接受乐音音质在某种程度上有所折中。

现在笔者要具体介绍一些小窍门，你可以利用这些小窍门确保自己的选择更加精确。这些测试能够帮助你找到完美的钢琴；更实在地说，应该是帮助你在预算范围内找到最能体现价值的、令自己满意的钢琴。

找出间断区

在交叉弦列间断区对应的音阶上弹奏。正如笔者在第二章所解释的那样，这是交叉弦列钢琴上的设计缺陷，而所有新生产的钢琴都采取交叉弦列设计。在该间断区上弹奏时，你能否听到任何音色变化？弹奏单个音符，然后再以双手同时弹。如果单靠听力（也就是说，无需观察钢琴内部）就可以找出间断区，那么可以说，该钢琴的设计师或制作者的工作不算合格。

在此间断区中，制音器的长度较其他区域要短。使用跳音法（staccato）弹奏各个音阶。注意分辨，与其他区域的音符相比，在间断区中是否有音符的消失时间比较缓慢？如果能够分辨出来，那么这可能是造成将来使用过程中你对该钢琴越来越不满意的根源所在。

发现琴弦变化

下一个测试是检查你是否能够单凭听觉，就能分辨出琴弦变化的点（尽管在交叉弦列间断区的边界总会发生琴弦变化，这已经不是秘密）。

如果你无需作弊，即观察钢琴的内部，就能听出乐音音色的变化，这台钢琴的质量是否可靠就存在疑问了。有两种关键的琴弦变化（请看下图）。

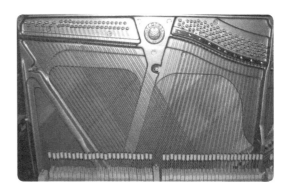

■ 从三和弦（trichord,每个音三根弦）过渡至双和弦（bichord,每个音两根弦）
■ 从素弦（plain strings）过渡至铜丝缠弦（copper-wound strings）

进入低音区时，即当弦列从双和弦过渡至单和弦（monochord）过程中，还会出现第三种变化。然而，在大多数钢琴中，能够清晰地听到这一变化，这一点很正常。确实如此，往往音色的改善是如此明显，以至于对于许多钢琴而言，增加单和弦的数量可能是有益的。在某些情况下，低音单和弦具有双重铜丝缠绕。例如，右图中所示的查伦（Challen）小型卧式钢琴的最下方六根低音弦就具有双重铜丝缠绕。你能听出这一点吗？

找出不可用的音

衡量钢琴品质的另一个标准是：在哪一点上，钢琴的音开始变得不可用？因此，务必在各个音阶上弹奏，一直弹到低音区，以找出不可用音的起始点。即使是顶级的演奏会专用卧式钢琴，其最低的几个音往往也会发出低沉的"轰轰"声，这一问题是如此严重，以至于许多演奏者将这些音视为不可用的音。进行即席演奏通常意味着要往上或往下移一个八度。

即使你现在不需要钢琴具有完全音域（"compass"，即钢琴的所有音），但是这并不意味着你将来也不需要。你真正需要的是一台直到低音C都有完美无瑕表现的钢琴。如果低音C的轰鸣声很严重，这台钢琴不适合你。在一些贝森朵夫（Bösendorfer）钢琴上，低音一端的键侧木其实是一个小盖子，翻开就可以看到更多琴键，一直延续到F音。20世纪60年代，爵士乐钢琴家奥斯卡•彼得森（Oscar Peterson）在鲁尼•司各特爵士乐俱乐部（Ronnie Scott's Club）展示这些琴键，堪为经典，电视就曾经播放该过程。只有八度快速地弹奏，这些音才可使用。

仔细聆听低音区嗡鸣声

在检查低音区一端时，要非常仔细地聆听每一个低音。根据笔者的经验，大约四台钢琴中就有一

台，其低音弦（至少有一根）的铜丝缠绕不牢固，可以听到其发出金属嗡鸣声。

虽然这是一个很常见的问题，但是大多数人并没有意识到，也不会仔细聆听——至少在销售商的钢琴陈列室里不会仔细聆听。如果你确实听到嗡鸣声，应当毫不客气地提出来，并细心关注该问题会如何得到解决。由于很少有人会提及此问题，因此销售人员往往会将其视作可以通过调音进行补救的小问题，对其不予理会。在这里，笔者要很肯定地说，通过调音是无法补救该问题的。花再多时间调音，也无法修正该问题。这一无理的要求，常常是置调琴师于尴尬境地的根源，特别是当调琴师受雇为新钢琴购买者提供售后调音服务时。

在第七章中，笔者将介绍如何处理产生嗡鸣声的琴弦，然而，很明显，对于使用者而言，最好是在购买钢琴时就避免此问题。如果钢琴销售人员企图以上述方式误导你，你可以让他明白，至少对于钢琴这一方面的知识，你比他了解得更多，或者，你也可以选择光顾其他琴行。

找出音量微弱的音

接下来要对高音区一端进行测试。在许多钢琴上，高音区的音消逝速度非常快，因此，最高音八度，甚至是第二高音八度的音量可能非常低。琴弦的发音部分（speaking length）很短，其所发出的音量很低，因此弹奏时的机械噪声盖过所要产生的

乐音。这一问题的症状就是最高几个音所发出的低沉的"砰砰"声。（当你听到时就会明白。）

产生这一问题的原因是下承受（琴弦经过弦桥时所形成的折角，请参考第二章的解释）的角度太小。与理想的下承受角度差别太大时，在高音区特别容易听出来。

即使两台在其他各方面都完全同样的钢琴，其下承受也可能有所差别，如果你试弹的钢琴的高音是可以接受的，你得证实这是你真正想购买的钢琴（假如该钢琴通过了所有其他测试），或者，你得确保自己在决定购买此钢琴之前有机会测试和确认其他可作为替代品的钢琴。

如果下承受有问题，那么，除了拆开钢琴修理之外，没有其他方法能够进行补救，因此，如果一台钢琴的高音一端音量较弱，就不要购买它。如果有人说服你这是高音一端的自然音，不要相信他。虽然在一些钢琴上，要为最高的几个音进行调音几乎是不可能的，这是事实；但是在其他许多钢琴上，最高几个音的表现非常完美。

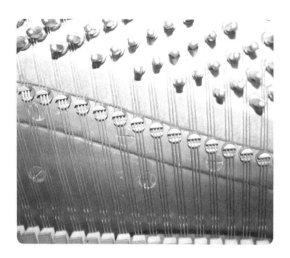

弦钮（agraffes）

大多数钢琴都设有铸铁顶端弦桥（cast iron top bridge）并以压弦条（pressure bar）将琴弦固定在该弦桥上。在低音部分，琴弦通过缠绕在弦桥的弦轴上拉紧。

而一些钢琴则设置了一系列的弦钮（agraffes）。本页右侧顶部的图片展示了较为老式的钢琴的弦钮，而下面的图片则展示了较为现代化的钢琴的弦钮。弦钮实际上就是各琴弦的独立弦桥。一般认为，弦钮系统明显更加优越，但也较为昂贵，因为与修理和安装压弦条与低音弦桥上的弦轴相比，修理和安装弦钮更花费时间，更考验技术。尽管如此，一些东欧品牌钢琴（如佩卓夫（Petrof））却设有弦钮系统。如果你遇到一台自己能够支付得起的设有弦钮系统的钢琴，不妨试弹一下，看看你能否听出"较圆润"的音质（一些演奏者对此种音质情有独钟）。如果你能听得出，那么这也许是你考虑购买的因素之一。

第八章的B部分）。然而，笔者得提醒你，虽然这是惯常的做法，但这需要高超的技术，因此，最好还是请钢琴技师而不是调琴师进行操作。如果针刺做得不好，不同音的音质会变得参差不齐。

乐音太刺耳？

也许会有这样一台钢琴，你喜欢它的方方面面，除了其所产生的乐音稍微刺耳或尖锐之外。如果这是购买该钢琴的唯一障碍，你可以请销售商对弦槌进行针刺（请参考

钢琴制造业一瞥

自从1900年起，世界钢琴制造的中心已经从传统制造中心转移至遥远的地方。1900年之前，主要的钢琴制造国是德国、英国与美国，每个国家都有许多制造商。然而在整个20世纪，随着一些公司或被合并，或被收购，或悄悄地倒闭，厂家数量不断减少。特别是较小型的制造商，他们无法生产足够数量的钢琴，以实现经济规模效应，因此，其生产的钢琴在价格上没有竞争优势。大品牌最终也屈服于形势：如20世纪80年代的本特利（Bentley），20世纪90年代的布洛德伍德（Broadwood）。（"布洛德伍德"牌钢琴继续在英国生产，该品牌已经由一家伯明翰公司烈德布鲁克斯（Ladbrookes）所拥有；但是他们也已于2007年关门。）

与日本的汽车征服世界的方式颇为相似，日本钢琴也横扫四方，所向披靡。现今，两大日本品牌卡瓦依（Kawai）与雅马哈（Yamaha）比翼齐飞，凌驾于其他所有品牌之上。虽然笔者并不想将这两个品牌的产品置于其他公司的产品之上，但是如果笔者不特别地指出这两个品牌，就好像进入钢琴陈列室而视眼前的两大钢琴巨人而不见。然而，它们的市场主导地位可能也只是暂时性的。

2005年4月2日，市场传来新消息：施坦威（Steinway）旗下美国公司波士顿（Boston）的艾塞克斯（Essex）系列钢琴将由中国的珠江钢琴厂生产。（很明显，在美国，"艾塞克斯"钢琴一直享有很高的声誉。）在钢琴制造业里，因循守旧的厂商已经站不稳脚跟。浏览一下现今美国钢琴生产商的清单，就可以发现全球化的程度：几乎所有厂商都不是美国公司，而只是隶属于美国公司的分支机构。本土公司能够延续下来的，少之又少。

未来几年内可能发生的情况是：中国将是大多流行类钢琴的主要批量生产基地，只有少数钢琴会由来自其他国家的、规模要小得多的生产商制造。例如，现今市场上仍然可以购买到由波兰与捷克生产的品质优良、价格适中的钢琴，但是这些小众厂商的产品能否与价格更加低廉的远东舶来品竞争，或者说它们能否与远东舶来品竞争多久，这些都还是一个未知数。

"盲婚哑嫁式"购买

对于钢琴，笔者一直都建议你试过后并觉得满意再购买。笔者已经向各位读者证实了（笔者希望已经做到这一点）事实上没有任何两台钢琴是完全相同的，故此，笔者在此还是极力劝导你只购买自己已经试过并觉得满意的那台钢琴，而不是仓库里仍然包装在板条箱内的另一台同一型号的钢琴，不管有人在不断试图说服你，仓库里的那台是"完全一样的"。

基于以上的看法，笔者很难建议你到网上购买新钢琴，尽管许多信誉卓著的销售商现在也在网上销售。如果销售商的报价很有吸引力，而他也有陈列室，直接到陈列室去，按照上述步骤对钢琴进行彻底检验。很可能陈列室的钢琴价格比网上的价格要高。然而，如果对自己亲自检测过的钢琴满意的话，你可以尝试在陈列室（通过讨价还价）以较低价格完成交易。讨价还价可能成功，也可能不成功，但是最重要的原则是：只购买你亲自测试过的那台钢琴。

现在网上销售的新钢琴越来越多，购买前要想试弹或检测它们是不可能的。虽然笔者绝不会网购钢琴，但是广告上所大肆宣传的低价格，确实让越来越多的购买者怦然心动，很可能这些人本来就喜欢冒险。举一个例子，笔者的某一客户在一家大型拍卖网站上购买了一台新钢琴。钢琴从中国出发，经由波兰，千里迢迢，终于到达目的地。送货司机及其助手都不会说英语，他们只愿意将钢琴装卸到买方住所外的路边（当时正下着雨）。幸亏买方的运气好，能够召来足够的朋友，将钢琴搬进屋里。钢琴没有配琴凳，当然也不提供首次落地调琴服务（这种情况下，绝对需要这种的服务）。钢琴本身是一个好牌子，从许多方面来看，堪称优秀的乐器，但是买家后来承认，如果他有机会进行试弹或检测，那么这将不会是他的首选钢琴。网购有风险，买者须自慎！

完成交易

如果你已找到自己中意的钢琴，是时候议价了。关于讨价还价，很难给出详细的建议，因为适用于一种情况的建议，对于另 种情况有时却有反作用。然而，在此给出几个一般指导方针却也无甚大碍。

■ 几乎所有新钢琴都配有琴凳以及免费的首次落地调琴、优质送货上门等服务。如果没有的话，你应当坚持要求这些配套项目，因为这些项目虽说是"免费"的，但是羊毛出在羊身上，你购买钢琴的价格里一定涵盖了这些项目的费用。关于琴凳的详情以及需要提什么关于琴凳的问题，请参考第三章。

■ 不要马上作出购买决定。否则，有一句谚语叫"匆忙行事，时时后悔"，可能会完全得到应验。与宠物一样，钢琴并非圣诞礼物。与大多数宠物又有所不同，钢琴不但体积比你还庞大，而且音量也很大。如果所购买的钢琴与摆放房间格格不入，或者其所产生的乐音并不是你所中意的，那么你将很快就理解"买者的懊悔"（buyer's remorse）的真正含义。因此，确保离开并冷却一阵，在花钱之前应三思再三思。

■ 你甚至可以一直等到销售商给你打追踪电话（他一定会打电话的）的时候，因为如果在这时你能够做到听上去还是犹豫不决时，你会发现钢琴的价格会突然大幅下降。如果销售商告诉你"你所获得的报价是优惠价，这是最后一台以这样价格销售的钢琴"，那么他在采取相反的销售策略。

■ 无论如何令人心力交瘁，如果你对钢琴有任何疑问，都千万不要听信销售人员的游说之言，轻易作出购买决定。与其购买你没有十足把握的钢琴，不如等待，一直到你完全了解有关信息再做定夺。你试弹过越多钢琴，就可能越能够凭直觉知道自己已经找到合适的钢琴。好的钢琴销售商是能够理解这一过程并具有足够的耐心的，因为他们知道，对他们而言，心满意足的客户要比愤愤不平的客户更具价值。

■ 不要对销售商纠缠不休，迫使他们不断地让步，将他们逼至无利可图的境地。绝大多数销售商都是本着善意提供服务的，他们一般都会为客户竭尽所能，因此，如果你做得太过分，可能会失去你本来已经建立起来的友善关系。

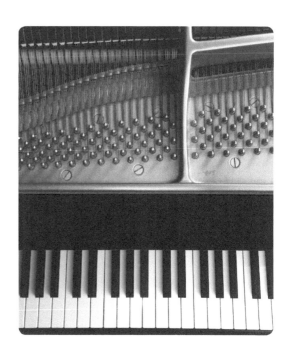

第五章

如何购买二手钢琴

虽然你可能买到一台令你心满意足的二手钢琴，但是购买二手钢琴始终都是有风险的。本章介绍了你所需要知道的二手钢琴的信息以及二手钢琴的销售方式，使你能够避过许多陷阱。

由于钢琴购买的情况包罗万象，笔者在此仅针对世界上最常见的情况进行介绍：对钢琴所知甚少或者完全不了解的父母想要为自己的孩子购买入门级别的乐器。

在此情况下，通常有两个影响力很强的、通常是不言而喻的因素在起作用。

- 即使孩子看起来对于弹奏钢琴充满热情（这种情况是很少见的），明智的家长也不会预期孩子的热情能够长久地持续下去而孤注一掷。

- 因此，大部分父母都不愿意花费大笔金钱购买一台几周后可能被遗弃于家中一角仅供收集灰尘、涂鸦与刮痕的钢琴。他们的折中立场通常是：我们想要购买一台廉价的钢琴。

通常情况下，这意味着家长们会听从劝告，注重价格之低廉甚于注重品质之精良。家长的理由是："我们先购买一台入门级别的钢琴，看看情况如何。我们以后可以再进行升级。"这样的态度往往降低了家长对钢琴品质的要求。一些巧舌如簧的销售商因此而更加肆无忌惮，将与带爆缸引擎（blown engine）小汽车同等级别的钢琴描述为"入门者最适宜的钢琴"，并轻而易举地蒙混过关。

三十年以来，笔者大约每两个礼拜就被请出去一次，以"医治"刚刚购买的、不可调音的廉价钢琴，因此，笔者给出以下结论也许并不为过：购买品质不良钢琴所带来的风险无异于购买一辆"廉价"二手车所带来的风险。

如果用户陷入上述困境，笔者认为，他们真正损失的不是金钱，因为大部分品质不良的钢琴都是以相对较低的价格易手的（即使它们的价格总是远远高于这些乐器的交易价值）。任何人（特别是孩子）可能都很难（也许不可能）在使用劣质钢琴弹奏中获得任何乐趣。买了一辆垃圾级别的小汽车，应当无损你的驾驶能力。但是购买一台垃圾级别的钢琴，你可能就切断了本来可以与你终身相伴的快乐之源，你精彩的音乐生涯可能在还没开始之前就被断送。

折价钢琴（Bargain pianos）

"折价"对于不同的人可以表示不同的意思，但是对于大多数人而言，它意味着便宜。利用本书所给出的公式，笔者对于折价钢琴所给出的定义是：定价达到同等新钢琴的价格的25%～30%的钢琴。

如果你肯花时间并遵守笔者的建议，应当可以找到值得一弹的折价钢琴，足以帮助练习者达到5～6级钢琴水平。（如果学生的钢琴水平达到6级，那么，是时候考虑正式投资购买一台高品质的钢琴了。）

然而，毫无疑问，折价钢琴这一领域中，劣质钢琴的数量要比优质钢琴的数量多很多，因此"投资有风险，买家需谨慎"。笔者以上述价位偶尔可以买到品质相当好的钢琴；但同时，对于非专业人士而言，有许多钢琴，无论是看上去还是听上去，都与好琴没有差别，对于这种钢琴，笔者得给予谴责。家长购买折价钢琴，多数是为了供孩子练琴之需。几乎可以肯定地说，所有这些钢琴都定价过高。

因此，你越是想在购买钢琴上节省开销，你越需要专业人士的指导！

如果情况不算特别糟糕，孩子可能也不会意识到问题所在，因此，当钢琴练习没多久就被放弃了，父母还会暗自庆幸当初没有花太多钱购买钢琴，是孩子自己决定放弃练习，与父母或钢琴经销商无关。当然，他们也不能责怪孩子，因此，基本上，在这件事上，任何人都没有过错。

如何判断购买二手钢琴是否值得进行

许多购买了二手钢琴的用户对于新钢琴的价格并不了解。他们只是想当然地认为购买新钢琴成本高得离谱，特别是所购买的钢琴只是供孩子练习之用时。于是他们选择购买二手钢琴。然而，这些二手钢琴的定价过高，以至于他们最终的花费（当将拆卸、调音与修理费用一起计算时）与购买新钢琴的花销不相上下。在许多情况下，当二手钢琴需要经过大量的修理工作之后才能弹奏时，相对而言，新钢琴要便宜很多。

因此，第一步，你需要做一些功课。到钢琴陈列室走走，了解一下新钢琴及其价格，和销售人员聊一聊，阅读本书第四章。（第四章的许多内容，特别是关于测试钢琴那一部分，同样适用于二手钢琴，除非你接受比新钢琴低的测试标准。）在你能够将二手钢琴的价格与大致同类型的新钢琴的价格联系起来做比较之前，不要采取下一步行动。

第二步（如果你未能说服自己购买新钢琴），为购买二手钢琴的费用建立合理的预算。这样可以利用相关的逻辑或信息指导自己，但很少人会这样做。许多人只是考虑以很低的价格买到一台钢琴。实际操作中，主要有四个方面费用需要考虑。

■ 协定的钢琴价格。

■ 搬运钢琴与调音费用（如果交易中未包括这两项费用的话）。打电话到几位调琴师那里咨询一下，应当就可以准确地估算出此两项的当地费用。

■ 主要维修或翻新费用。没有专家的帮助，是不可能估算这一费用的。大多数二手钢琴都需要一些维修工作，因此维修费用超出钢琴的价格是很常见的事。因此，笔者所提出的最后一项是最为重要的。

■ 专业咨询费。对于所有你可能购买的钢琴，请钢琴技师做详细检查，或者请他帮你收集一系列可供选择的适合你需求的钢琴。这项费用是可以预知的

（尽管问一问）。这项服务将能有效地防止你将来遭受更大笔的花销。

将所有这些附加费用考虑在内，如果一台二手钢琴的费用高于对等新钢琴的一半，那么购买该台二手钢琴的意义不大。因此，你应当寻找的二手钢琴应当是与你看过并喜欢的新钢琴相似的，而且是你很乐意将其放置在家里的，而且其定价应当低于该新钢琴所有费用的50%。

当然"低于50%"确实是比较宽泛的说法，让你有很大的回旋空间。事实上，该"低于50%"的说法甚至还包括完全免费的钢琴（见本页"免费钢琴"）。你所得到的价格比该"50%"低多少才算合理？正如我们将能看到的，这某种程度上要看运气，但主要还是取决于你是否有良好的判断力。

为了将费用控制在一定范围内，你还应当请钢琴技师帮忙确认你所要购买的钢琴是物有所值的。专业的意见是帮助你降低总体成本与风险的必要手段，因此，你不应当将之视为额外的开销负担。

二手钢琴上哪儿找

当地报纸上的小广告、琴店布告牌等

在这些地方可以找到一些货真价实的折价钢琴。这些钢琴通常是由私人卖家提供，该等卖家通常想迅速将钢琴卖出去，而不是想从中赚取高额利润。如果运气好，你可以找到一台保养得宜且经常被使用的钢琴，而且琴主想要为该钢琴寻找好的归宿。如果是这样，你可以很容易觉察出来。

然而，更常见的情况是，你遇到的钢琴已经被弃置多年，且没有"服务历史"。这意味着，除了搬运与重新调音的费用（假如该钢琴的状况基本良好），你可能还得花钱维修或翻新，让该钢琴重焕生机。需要怎么做？请参考本书第六章至第八章。

额外工作所涉及的费用往往会超出钢琴本身的报价，因此，明智的做法是，在决定支付之前，就钢琴的状况向专业人士寻求意见。你也许还需要讨价还价，或者，花多一点钱购买另一台需要较少额外工作的钢琴可能会更好。

需要避免或谨慎接触的小广告有以下两种。

免费钢琴

许多钢琴都会以礼物形式赠送出去，但是请注意——世上没有免费的钢琴。许多受到笔者谴责的钢琴都被当成礼物赠送出去，赠送的原因有很多，从琴主逝世到家中重新装修都有。然而，通常情况下，捐献者尽管很慷慨，也不会为搬运钢琴或者为检查钢琴是否值得拥有而支付费用。不排除有时候，受赠者很幸运，可获得一台珍贵如宝石的钢琴，但是，通常情况下，他所得到的是：将一台无用的钢琴搬运回来，后来再丢弃掉，其中白白地浪费了许多时间与金钱。

有人怀疑，一些捐献者很狡猾，他们很清楚自己在做什么。他们很可能听说过"钢琴交易的第一法则"，有时又称"不对称法则"。该法则说起来也很简单明了：获得钢琴远比舍弃钢琴要容易得多（这有点类似中国的俗语"请神容易，送神难"。——译者注）。

根据当前的市价，本地搬运钢琴需要大约150英镑；如果发现获赠之钢琴是无用之物，那么，还得再花大约100英镑将它处理掉。（废物搬运较为便宜，因为即使中途不慎坠地，也没有关系。）因此，如果有人向你提供"免费"钢琴，你得保持冷静，并得立场坚定地要求对该钢琴进行检查。如果被逼得"走投无路"，没有办法拒绝别人的馈赠，你可以多跑跑腿，找一位钢琴专家。在为钢琴做了适当检查之后，该钢琴专家得能够为你提供两种交易选择：一种是搬运钢琴并为其重新调音；另一种是为钢琴安排一个体面的搬运，然后立即将其丢弃（如果该台钢琴是只能当柴烧的废物的话）。

■ 假冒私人卖家的钢琴销售商

各类商品的不法销售商喜欢利用小广告进行销

售，因为通过伪装成私人卖家，他们可以逃避合法交易中所应尽的法律责任（例如，当货物有瑕疵时，进行退换或退款）。根据笔者的经验，在笔者所回复过的关于"钢琴出售"的小广告中，有超过一半是来自销售商的。因此，在初期的研究工作中，应当花几个礼拜时间观察，在描述不同钢琴的小广告中，同一电话号码出现的次数。（如果发现这种滥用现象，你可以考虑将自己的发现向当地贸易部门汇报。）

地下销售商一般在家里经营（虽然不总是在他们自己家里），而且一次只销售一台钢琴，这使我们很难捕获他们欺诈行为的蛛丝马迹。其中一条线索是，他们愿意提供钢琴送货上门服务。搬运钢琴可是一项"大工程"，因此，很少有私人卖家愿意和有能力提供钢琴搬运服务。对于销售商而言，送货上门服务是迅速赚取你金钱所必不可少的工具。另外一条线索是，卖方正好有其他配件在销售，例如一两张"多余"的钢琴凳等。

搬运钢琴

搬运钢琴看上去像是类似于搬运建筑碎石或花园垃圾一样的粗重体力活。确实是，这需要一定的体力，但是，它更需要高超的技巧。许多人试图自己搬运钢琴，他们相信几条孔武有力的壮汉加上一辆货车或拖车，就可以轻易完成此任务。然而，他们最终会发现，钢琴、货车和壮汉们三败俱伤，全都在自己身上留下了永久的伤痕。

何时购买

在寻找钢琴时，先考虑在何时购买。在英国，九月至圣诞节之间通常是钢琴的销售旺季。此周期是由学校的上课年度所决定的，因为许多钢琴老师也是根据学校的上课年度安排教学进度。孩子们九月开始到学校上学或到私人教师那里上课；不久后，如果看起来一切进展顺利，家长们就开始为孩子寻找钢琴了。人们往往慢慢才发现购买钢琴是如此之复杂冗长的一件事，因此，完成购买时，几乎快到圣诞节了，而新购的钢琴则成了节日礼物。

一年中的其余时间，钢琴市场颇为波澜不惊。这意味着，如果能选择在一月至八月这段时间购买钢琴，那么你应当有更多机会买到廉价钢琴或者至少买到性价比很高的钢琴。另外一个好处是，在这段冷清的时期里，许多无良销售商相对来说不是那么活跃。这时，他们通常都在西班牙海滩上度假晒太阳。

你所承受的风险是非常高的，因为通过此种途径所购买的任何钢琴的性价比都是非常低的，即使你已经进行了一番讨价还价。如果出现任何问题（向地下销售商购买的钢琴确实常常会出问题），你将没有任何合法的挽救渠道。例如，一些无良商贩会销售一些已经失去维修价值的钢琴，并以他刚刚学会的技术术语试图说服第一次购买钢琴的买家，说他们所遇到的是一台"具有潜力"的钢琴。

如果你怀疑自己遇到的私人卖家是一个销售

商，告诉他，在没有得到专业意见以及你自己聘请的专家未有给出评估结论之前，你是不会做决定的。如果销售商接着又说了一些企图劝阻你的话（如降价以鼓励你立即购买），你的疑虑就得到印证了，你应当马上离开，不要购买这台钢琴。

■ 对钢琴价值没有概念的私人卖家

这种卖家往往会认为，钢琴就像房子或伦勃朗的画作一样，是会升值的资产，而不是像汽车或洗衣机一样会贬值。有人认为使用寿命长的乐器应当是价格不菲的，这样的观点是有一定依据的，但是并不能为以下观点（笔者常常听到这一观点）提供足够的理由："三十年前，这台钢琴值1200英镑，现在它至少值2000英镑。"不，这台钢琴没有升值。你可以用远低于2000英镑的钱买到一台新钢琴。此时，对方通常会说："也许你可以买到新钢琴，但是新钢琴的品质没有这台这么好。"然而，笔者更倾向于同意：现代新钢琴的品质要远远好于与其对等的三十年前制造的新钢琴。

该卖家的钢琴也许是值得拥有的，但是要达成一个现实可接受的价格也许很难。要解决这一问题，卖家和买家可以同意接受一个独立的评估，然而，如果真的到了这一步，你得问问自己，这样大费周章，是否值得。

钢琴销售商

好的销售商

绝大多数市镇至少有一家二手钢琴销售商。一些二手钢琴销售商也销售新钢琴，还提供其他诸如运输、调琴、再抛光与维修等之类的服务。通常，这些都是建立已久且信誉良好的销售商，和他们进行交易是一件愉快的事情。他们兢兢业业，恪尽职守，他们的专业精神闪烁着耀眼的光辉。一踏进陈列室，开始和他们交谈之后，你会立刻感受到这一点。

其中一个很大的优势就是你能够坐下来，在所陈列的钢琴上试弹很久。陈列室通常是一个能产生和谐音响效果的空间。在这里，你试弹的钢琴越多，你所作出的决定可能就越明智。在私人卖家的家里，你试弹的机会一般很有限。末流销售商则可能会想尽办法阻止你试弹，因为他/她怕你发现他们的钢琴有多么的劣质。（正是这个原因，最受他们欢迎的客户就是那些想为自己刚入门的孩子买琴的完全不懂弹钢琴的家长。）

和好的钢琴销售商进行交易，令人放心，但与其他生意一样，他们的日常成本费用也会反映在他们钢琴报价上。他们销售的每一台二手钢琴都得经过购入、运送至其营业场所、维修与翻新等必要的程序，以使得该钢琴达到可供陈列的状态（即使是保养得宜的钢琴，也需要至少一天的维护工作），然后再运送给客户。这意味着，即使是最便宜的二手钢琴，其销售价格也很可能接近其对等新钢琴价格的50%这一理论上限。

品质良好（但不是优秀）的翻新钢琴的价格确实通常都非常接近一台新钢琴的价格。然而，高品质的二手钢琴在审美上要更胜于廉价的新钢琴，因此，销售高价位的二手钢琴绝对不是徒劳无获的生意。

总而言之，在有信誉的销售商那里，你可以得到好的建议、优质的服务以及愉快的购物体验，但是你得承受更高的价格。然而，如果愿意投入更多时间与精力（当然，还要在本书的帮助下）以及承担更多风险，你基本上也一定能够以明显更低廉的价位买到自己心头好，其品质能与正规销售商所提供的"50%折价"钢琴媲美。

无良而可恶的销售商

二手钢琴市场边缘的销售商构成了一个鱼龙混杂的混合体。少数值得尊敬的销售商本身是钢琴技师，他们的生意规模非常小或者只是属于兼职性质。他们渴望证明自己是货真价实的。然而，大体上，这是一个避之则吉的群体，除非你有足够的信心能够迅速辨认出劣质钢琴——因为在这里你将会遇到大量劣质钢琴。

末流销售商几乎不销售新钢琴。而一些买家并不了解新钢琴便宜程度，因此那些忌惮较少的销售商常常会利用买家的无知，将劣质钢琴的价格定得过高。一些销售商其实是房子清空服务提供商，他们偶尔获得可以调音或不可调音的钢琴（他们不太可能知道这一点）。少数销售商简直就是彻彻底底的骗子，他们销售的所谓"翻新"钢琴，其实只是做了一点清洁工作和马马虎虎地擦亮了一下，除此之外，没有进行任何维修，因为他们一心只想把钢琴卖出去。这些钢琴大部分都属于垃圾级别。这些钢琴十分可能并不是销售商花钱买来的，而是有人出钱请他们把这些钢琴丢弃掉——如果不幸买到这种钢琴，你就成为供他们处理废物的收容站。

笔者想再一次提醒你：如果你非得在这鱼龙混杂的圈子里买钢琴，你得请专家；在决定支付现金（毫不夸张地说，在这里，支票或信用卡很少会被接受）之前，务必先寻求专业意见。不要期望任何保证或售后承诺会有任何价值（即使卖方已向你保证或作出承诺）。

拍卖

拍卖行

在伦敦有许多专业拍卖行，定期举行钢琴专场拍卖会，或乐器专场拍卖会。一些地区性的拍卖商也会销售钢琴，只是拍卖并非定期举行的。

对于所有拍卖，都需要谨慎对待。

小心"合围垄断"（ringing）

当一家拍卖行（特别是小型拍卖行）在拍卖几台钢琴时，通常会有人在进行"合围垄断"行动。在该种行动中，一伙暗自相互串通的经销商会出席拍卖会，其中只有一人会出价。通过排除相互之间的竞争，这一群经销商人为地将拍卖价格压低。拍卖之后，他们会聚集在一起，进行一轮"淘汰"，以瓜分所投得的钢琴——实质上是在瓜分原本应该由拍卖行所得的利润。"合围垄断"是非法行为，但据笔者所知，针对此种行为（涉及贵重值美术作品）的检控中，只有一宗成功的案例。

如果一台钢琴看似很便宜……

如果拍卖的目的是卸载垃圾产品时，那么这些

拍卖会比"汽车行李箱集市"好不到哪里去。笔者曾经受雇为一台奈特K10（Knight K10）进行调音，以使其准备就绪，以供拍卖。正常情况下，K10都是品质卓越的钢琴，但是由于其特殊设计，这种钢琴很容易向后倾斜。（这种钢琴最好是靠墙放置！）笔者进行调音的这台钢琴可能在之前太过频繁地向后倾斜，以致于其铸铁框架已经裂开。要维修这台钢琴，需要花很多钱。在经过持续四天的"艰苦奋斗"之后，笔者终于使该钢琴大致恢复音准了。但是任何内行人一听其产生的乐音就能够马上知道，这台钢琴不值得购买。但是，这台钢琴还是以高价卖出去了。买家是一位女士，很显然，她不是内行人。她如获至宝，欣喜若狂，因为有人曾向她建议出更高的价格（是成交价的两倍）购买此钢琴。那一刻，笔者肃然陷入深思。但是，笔者几乎可以肯定地说，当把钢琴搬回家使用后，那位女士一定像被当头泼了一盆冷水一样。这个案例除了给一位曾经过度热情而轻易地被骗子利用的年轻钢琴技师上了宝贵的一课外，还为买家们提供了一条教训：看似便宜的钢琴，它可能会让你付出沉重的代价。

拍卖网站

在笔者写这本书时，有关专业钢琴或乐器的拍卖网站还很少，笔者所知道的一些网站除了拍卖顶级品质和高价位钢琴之外，很少拍卖其他类别的钢琴。然

而，这种网站有可能使得拍卖更加公平，因为网上买家众多，形成了许多竞争，使得上述的"合围垄断"行为无法进行。你可以利用网页浏览器，输入"钢琴拍卖"（piano auction），搜寻一下。

较一般的拍卖网站（即非专门的钢琴拍卖网站）在任何时间点都会有许许多多钢琴仕拍卖中。单从描述看，大多数在售的很明显都属于垃圾级别的钢琴。许多卖家声称出卖自己的钢琴，实属忍痛割爱，并提供看似可信的理由，而且还说"消费者很幸运"，遇到他这样能够提供搬运服务的卖家。许多卖家还销售其他配套产品，如提供若干张琴凳

供你选择。所有这些，听起来是不是很熟悉？是的，这些都是末流或地下销售商。因此，笔者认为，在一般拍卖网站上购买钢琴，风险是很高的。

如果卖家离你所在之处较近，向他提出实地看琴，这不失为一个很好的测试。笔者曾经向少数几个这样的卖家提出此要求，但大约有一半拒绝了笔者的要求，他们的理由是，竞投的激烈情况已经超出预期，他们为什么还要为笔者所提出的要求而自寻麻烦？从这样的回复，笔者就可以了解到卖家是何方"神圣"了。

关于二手钢琴的技术标准

钢琴是否值得一看

钢琴必须装有交叉弦列和下式制音击弦器（underdamper action）（请参考第二章）。任何装有直弦列框架或上式制音击弦器的钢琴都应当被否决。在任何情况下，如果发现钢琴带有此两种设计，都应果断拒绝，没有任何回旋的余地。按理说，所有带有这些设计的钢琴早应该在市场上消失，但是，仍然有许多这种类型的钢琴在流通。

钢琴是否可以调音

即使有一根弦是不可调音的，都会导致需要对钢琴进行维修。如果同时需要对几条不可调音的弦进行专业维修，则其费用可能超出钢琴本身的价值（请参考第八章的C部分）。唯一保险的方法是用调音杠杆在各个调音弦轴上试试看是否可以调音。如果某根调音弦轴很容易被旋转，代表它已经松动，可能不可调音。然而，这样的测试有两个问题。

- 只有专业调琴师或钢琴技师能够判断出调音弦轴的松紧状况，并在检查后让其停留在正确的位置上。
- 如果你不是专业人士，卖家未必肯让你这样做。因为如果由非专业人士操作，琴弦很容易被弄断。

那么，还有哪些线索可以帮助你判断钢琴是否可以调音？

钢琴的音高（pitch）是否正确

所有现代乐器的音高都根据A 440（标准音高）进行调整。也就是说，如果调音正确，那么当乐器被敲击时，中央C（middle C）上行的A音符每秒振动440次。其频率低于440则说明该乐器音高偏低（flat），或者说低于标准音高；其频率高于440则说明该乐器音高偏高（sharp），或者说高于标准音高。

你的任务是辨别中央C上行A音符的频率与那个奇妙的标准（"每秒440次振动"）的接近程度。要进行这一辨别工作，你最佳的助手是一个训练有素的演奏者（除了鼓之外任何其他乐器的演奏者都行）。他能将准确的判断结果告诉你。

第二最佳助手是电子调音器（请参考第十章）。这种仪器能够马上告诉你所听到的是什么音，该音是否是升音或降音。现在的电子调音器已经比较便宜，而且极度精准。虽然许多专业调琴师不使用电子调音器也能辨音，但是现在他们大多数还是会随身携带一台，因为许多专业的客户会利用电子调音器检查调音师人工辨音的准确性！

如果你比较喜欢传统的方式，你也可以使用调音叉（tuning fork）或调音管（pitch pipe）测试任何音，当然，测试中央C音是最方便的，因为中央C音是最常用的音叉或音管的音高。操作也非常简单，但是你首先得自信拥有很好的乐音分辨能力。（年幼孩子的辨音能力通常要胜过成年人，这点你要知道。）以下是辨音的步骤。

- 首先买或借来一支调音叉（或者调音管）。
- 找到中央C音——要确信自己能够找到，才开始辨音。
- 敲击调音叉（或吹调音管），同时弹奏C音。
- 两个音听上去完全一样吗？
- 如果不完全一样，那么如果你弹奏相邻的一个或几个音时，有没有音更接近调音叉（或调音管）的音？

如果你得往上两个键以上才能找到准确对应的音，这台钢琴降音或低于标准音高的情况很严重。对于这台钢琴而言，这是不祥之兆；也警告你，在咨询调琴师（不要咨询那些由卖家推荐的调琴师）之前，你不应当购买此钢琴。好的钢琴，即使多年未有调音，也不会这么严重地走音。笔者的工作室里曾经维修过一台贝希斯坦（Bechstein）钢琴。该钢琴曾经停放在养鸽子的仓房中长达几十年，极度的肮脏污秽，所有弦槌都折断了。在给它换上新弦槌之后，笔者正准备调音，却惊奇地发现，该钢琴的音准仍然保持得很好，近乎完美无缺。

"酒吧钢琴"（honky-tonk）音测试

正如笔者在第二章中所解释的，钢琴的一些音由一根琴弦产生，一些音由两根琴弦同时作用而产生（双和弦，英文是"bichord"），还有一些音则由三根弦同时作用而产生（三和弦，英文是"trichord"）。如果三和弦音所对应的琴弦相互之间稍微走音，那么它们就会产生一种大家都很熟悉的、尖细刺耳的"酒吧钢琴"音，即使对音高没有什么辨别能力的人也能听出来。如果一台钢琴明显带有"酒吧钢琴"音，那么很可能钢琴的一些调音弦轴已经松动，已经完全无法调音，或者很可能使用不久后将无法调音。

其他注意事项

甚至即使某台钢琴能大致达到标准音高，而且能保持合理的音准，这也并不能保证这台钢琴是值得购买的。其他很容易辨认的判别钢琴品质的标准包括如下。

■ 调音弦轴上有积尘

这可能表示这台钢琴已经许多年没有经过调音。如果近期内有经过调音，积尘会被清除，弦轴上也会留有印记。如果钢琴看上去好像近期有经过调音，但是乐音听上去仍然不太好，那么你得提高警惕。

■ 琴弦腐蚀

即使生锈得相当厉害，高音弦仍然可以起作用；但是低音弦一旦生锈，其产生的乐音听上去就比较沉闷和"呆板"。请参考第八章的C部分。下页图片展示的一台钢琴上因生锈而黯然失色的低音弦，这样的琴弦所产生的乐音和琴弦外表看上去一样差劲。

■ 音板有裂缝

　　如果较缓和地弹奏钢琴时，你能听到从钢琴深处传出来的轰鸣声与咯咯声，这说明钢琴音板可能有裂缝。这一问题只在弹奏某些音时才能听出来。轰鸣声是裂缝边沿在某一振动率（vibration rate）下相互接触而产生。随着时间的流逝，音板的构成木片会收缩，进而木片之间会产生裂缝，这是音板裂缝产生的最常见原因。如果钢琴旁边放着长期使用着的散热器，则会加速上述产生裂缝的过程。可以采取权宜的处理方式缓解这一问题，但是如果要针对此问题进行彻底维修，得将钢琴拆开。要想获得更多信息，请参考第八章的D部分。同时，你也可向有关专业人士进行咨询。

■ 弦桥有裂缝

　　如果一个音所对应的琴弦经过弦桥的末端部

分，而当你弹奏此音时，可听到咯咯声，那么这说明弦桥有裂缝。要想获得更多信息，请参考第八章的D部分。与遇到音板裂缝问题时一样，你也可向有关专业人士进行咨询。

酒吧钢琴（Honky-tonk）

　　一些音乐家常常会故意使用"酒吧钢琴"音来创造特殊的音乐效果。在这方面创作中，最著名的也许是在二十世纪五六十年代大受欢迎的威妮弗雷德·阿特韦尔（Winifred Atwell）。然而，甚具讽刺意味的是，虽然人们想复制这种由残破的、不可调音的钢琴所产生的悦耳乐音，但是每当钢琴家试图在一台真正残破的、不可调音的钢琴上演奏时，他的弹奏经历却并远非那么愉悦了。

　　为了进行专业的"酒吧钢琴"表演，需要对具有正常音准的钢琴进行特别调音处理，使得在各三和弦音所对应的琴弦中，一根琴弦所产生的音高稍稍降低，另一根所产生的音高稍稍升高。例如，凯斯·爱默生（Keith Emerson）专辑"Honky Tonk Train Blues"的原装唱片套筒上就展示了一台被撞击过的配有上式制音击弦器的旧式直列钢琴，这无疑让为其音乐营造了一种真正的酒吧音乐气氛。但在录音室里，凯斯·爱默生弹奏的却是一台经过特别调音的施坦威（Steinway）卧式钢琴。

　　现在，我们用数码处理器就可以制造"酒吧钢琴"效果。在电子钢琴上常常有一个"酒吧钢琴"选项；任何钢琴都可以通过"法兰"（flange）音响效果或者慢速莱思丽扬声器效果（slow Leslie speaker effects）制造这种"酒吧钢琴"效果。（有一种离经叛道的著名莱思丽扬声器，具有旋转喇叭，能够产生很棒的震撼音质。）

　　但是，任何现代技术所产生的"酒吧钢琴"音效，都比不上由真正钢琴所产生的该种音效。然而，调琴师对这种音效的感想是复杂而矛盾的：对钢琴进行特殊调音是一个令人生畏的任务，要求调琴师具备高超的技艺，还需要耗费大量时间——这颇类似请米开朗基罗（Michelangelo）为你多余的卧室上漆那样奢侈——然而，经过这种特殊调音处理，钢琴确实能够产生如此独特、充满个性的乐音。

小型钢琴

长期以来，对小型钢琴的需求一直很大，如此现成的大市场，使得简直不适于使用的二手小型钢琴也可以混杂其中，蒙蔽消费者。如果你必须拥有一台小型钢琴，而且想要享受弹奏小型钢琴的快乐，那么请向专业人士寻求意见，因为市场上品质过关的二手小型钢琴的确非常少。

从20世纪40年代（大概从那时起，新建房子里的房间天花板变得较低、面积变得较小）到现在，许多制造商一直倾向于将钢琴进行压缩，将它们制作得越来越小。结果，从20世纪40~80年代期间制造的许多钢琴都被过度地压缩，因此不适于初学者使用，应当避之则吉。在笔者看来，本特利（Bentley）钢琴，已算是成功的压缩型【高度为1米（39英寸）】钢琴的巅峰之作了。该种钢琴的击弦器下装有扭曲键，弹奏起来较为单调平庸，但是所有音听上去都尚算响亮与清晰，有值得赞赏之处。

那些一开始就注定失败的压缩设计包括滴管式击弦器（dropper actions）。在这种设计中，击弦器位于键盘之下，每一琴键通过一根钢条与击弦器相连接。无论是听觉上还是感觉上，这种设计都令人难受。这一设计是一场无可救药的灾难。

钢琴压缩中的最大罪恶可能都是由伊斯朵夫

（Eavestaff）公司所犯下的（该公司现在已经倒闭，虽然该品牌仍然出现在一些由中国制造的传统型立式钢琴上）。其所生产的大部分迷你钢琴都只有六组八度音阶（73个键），其中一两种变体只有五组八度音阶，这样的设计很容易成为人们嘲笑的对象。这些钢琴小巧可人，但只能当作玩具，并非真正意义上的乐器。本页上方的图片展示了典型的伊斯朵夫钢琴：如果不打开，这台钢琴看上去就像一张桌子。较靠下的图片展示了将每个琴键与击弦器连接起来的滴管杆。短小的琴键和沉重的滴管杆使得弹琴成为一种很累人的事情，而且该种钢琴所发出的乐音也糟糕透顶。已经收缩的扣弦板（wrest plank）很快就变得干硬。任何这种现存的钢琴都不太可能拥有紧固的调音弦轴。无论从哪方面看，这种钢琴都是非常蹩脚的。

告诉你一个入门级的小窍门

尽管这与技术细节没有什么关系，但是观察钢琴的键侧木（"key block"，分别位于键盘两端的一块方木）却不失为了解该台钢琴历史的一条线索。键侧木上是否带有难看的黑色疤痕？如果是，那么，很显然，这是弹奏者常常将点着的香烟放在键侧木上所留下的印记。（高音一段的键侧木通常是重灾区，因为多数吸烟人士都是使用右手持烟。）

通过这一印记，也可合理地推断，该台钢琴至少在酒吧或俱乐部里服务了一段时间，被许多演奏者弹奏过，而所有这些演奏者都不是该琴的主人；很可能就算琴主，也懒得在乎该台钢琴遭到怎样的虐待。这种对钢琴的不敬行为也往往会殃及钢琴的内部，因此，如果你发现键侧木上有烧焦疤痕，记得对整台钢琴做彻底的检查。

对钢琴的各种随意冒犯行为中，以上行为是最为罪大恶极的，因为其所留下的疤痕通常是不可能消除的。上页左图所显示的钢琴原来是上了白色油漆的，后来白色漆料以及原本的法国抛光漆脱落，然而，钢琴上仍然存在证明这一极为恼人的做法的证据。

卧式钢琴

首先请参考笔者在本书第三章中关于卧式钢琴的一般论述。关于音质方面，主要一点在于：卧式钢琴的长度至少得达到1.52米（5英尺）长，最好是超过1.83米（6英尺），其音质才可能明显地超越同等品质的立式钢琴。但这意味着，钢琴的体积要大很多，而且很可能价格更昂贵。

笔者还指出了卧式钢琴的一个无可置疑的优势，也就是它的双擒纵击弦器（double escapement action），尽管这可能会误导一些买家，使得他们相信：即使是小型卧式钢琴（baby grand），只要其键盘手感更好，那么其整台钢琴的品质也较立式钢琴更胜一筹。

在二手钢琴市场里仍然存在一些未设有双擒纵击弦器的较廉价小型卧式钢琴。这种钢琴的典型产于20世纪50年代。一些钢琴只有1.22米（4英尺）长。这类钢琴属于钢琴中的昔德兰矮种马，因其怪异的击

弦器（弦槌拐了个90°角）而饱受诟病。这种击弦器有时被称作单式击弦器（simplex action）。这类钢琴堪称是最极端的"虚荣之琴"（"vanity piano"），因为无论其外表是多么的冠冕堂皇，但是无论从哪个方面看，它们的内在都远远未能具备真正卧式钢琴之实。无论其价格多么便宜，你都得避之则吉。更不要买一台这样的钢琴做礼物，除非你想专门用它们来养花养草。

单单是体积这一因素，就让许多家庭用户对卧式钢琴望而却步。然而，一些较大的二手卧式钢琴

水货（Grey imports）

水货是指未经原厂或原厂代理商授权或许可而进口的新钢琴或二手钢琴；在拍卖网站上，这一类别的钢琴数量很多，而且看上去价格似乎很低。水货主要来源于东南亚地区，因为该区域的学校与大学的音乐部门通常需要定期更换钢琴。

一些专家质疑这些乐器对于气候变化与中央供暖系统的耐受性，基于这些以及其他原因，原制造商可能会拒绝提供任何技术支援或拒绝承担任何保修义务。

笔者认为，只要你能够事先试弹并对钢琴进行检查，而且钢琴的状况良好，那么水货钢琴同样也能够为你提供足够的使用年限。然而，笔者并不推荐从网上购买水货钢琴。

如果你对某台水货钢琴感兴趣，你务必去询问它的历史和来源，这是购买水货的通常做法。如果很明显地，钢琴相当新，而买家态度暧昧，对于其来源含糊其辞，那么该台钢琴很有可能就是水货。但是，如果该销售行为是合法的，那么是否在意钢琴是水货，就完全取决于你自己的判断了。

确实是好琴，通常能带来更上乘的弹奏体验与乐音品质；而且，只要购买时小心谨慎，是有机会买到优质的折价卧式钢琴的；因此，（如果你家有足够空间）在购买时都不应当完全忽视卧式钢琴。此外，考虑到大多数演奏者都有可能（至少偶尔）会在卧式钢琴上练习或表演，因此熟悉一下这方面的知识，可能大有裨益。

20世纪大部分时期里，德国与奥地利的卧式钢琴都主导着世界市场。顶级品牌有贝森朵夫（Bösendorfer）与施坦威（Steinway）；贝希斯坦（Bechstein）与博兰斯勒（Blüthner）次之；再接下来是戈特里安-史坦威（Grotrian-Steinweg）、伊巴赫（Ibach）、利普（Lipp）、卡普斯（Kaps）、穆勒（Müller）、里特米勒（Ritmüller）、隆尼施（Rönisch）与希尔德梅儿（Schiedmayer）钢琴等品牌。[相比而言，以往以及现在一直都在制造优质钢琴的顶级英国品牌布洛德伍德（Broadwood）则位列于以上所列品牌之后。]

在若干年前，在任何情况下，顶级德国卧式钢琴都能在拍卖会上以几千英镑的价格销售出去。人们愿意把钢琴买下，再将其进行翻新，认为翻新的钢琴要比任何现成的新钢琴要好。（在那时，这种观点也许是正确的。与欧洲汽车工业一样，在20世纪60年代及之后，钢琴制造业饱受质量问题的困扰。）

自从那时起，日本的卧式钢琴（主要是雅马哈与卡瓦依两个牌子）越来越受到人们的青睐，导致市场上所有牌子（除了少数几个德国品牌之外）的二手卧式钢琴的价格都翻筋斗似地节节下降。因此，所有其他牌子二手钢琴的价格都在买家可以轻松承受的范围之内。从以往成功拍卖的价格上来看，较为残破但依然可供弹奏的卧式钢琴一般都以远低于笔者之前所给出的"新钢琴费用的50%"这一价格标准售出。还有一些二手卧式钢琴只需经过相对较简单的维护即可供弹奏，因此，总体而言，在市场上以较为低廉的价格买到一台大牌子的二手卧式钢琴是完全有可能的。

然而，有一点是非常肯定的，你需要专业意见的指导。而且卧式钢琴的搬运费用至少比立式钢琴要贵一倍。如果你在未得到专业人士协助的情况下就购买二手卧式钢琴，无论是在老牌钢琴销售商那

里还是在一位独立技师那里购买，笔者都认为这是一种愚蠢的行为。

卧式钢琴检查

检查卧式钢琴过程中有一点很棒，就是与立式钢琴相比较，卧式钢琴的许多关键部分更加显而易见。

在试弹一阵并觉得钢琴令你满意，你就可以做一些在检查立式钢琴时所无法做的事情：请销售人员将击弦器移除。或者，你可以带上一名钢琴技师替你移除（也许他需要你的帮忙，因为移除击弦器最好是由两人协作完成）。或者，你可以自己动手移除，但首先你得阅读本书第九章。

检查扣弦板（wrest plank）

移除击弦器的目的是让你能够将头伸进钢琴内部，借助灯光或手电筒，用肉眼检查扣弦板的状况。对于立式钢琴，即使将击弦器移除后，也是无法这样做的。查看扣弦板上是否有裂缝，特别是查看是否有裂缝贯穿于两个弦轴之间。如果你发现任何裂缝，弹奏有裂缝处所对应的音符：几乎可以肯定地说，这些音都会严重地跑调。对于具有此种瑕疵的钢琴，应当拒绝购买。维修此种钢琴的费用将超出钢琴本身的价值。（当然，你有权自行决定是否将所发现的情况告诉销售者。）

▥▥ 小心林德纳牌钢琴

从大约1964年至大约1975年期间，一家名为利鹏（Rippen）的公司在爱尔兰生产钢琴。其生产的大部分钢琴都冠以林德纳（Lindner）这一品牌，只有少数以利鹏这一品牌进行销售。这些是现代（确切地说，对当时而言是现代的）小型钢琴，具有交叉弦列、下式制音等一切你所需要的系统。它们的音质也不算太差，因为其音板与框架的设计颇为合理。然而，这些钢琴的其他一些非同寻常的特点则让它们成为反面教材中的经典了。

第一，林德纳钢琴的框架是以普通工业用的方形断面铝管焊接而成的，请看以下图片。这一创新是为了降低生产成本、减轻钢琴的重量，其出发点是好的。但是，不管其出于什么目的，这一创新自其诞生之后就从来没有其他厂家效仿过。

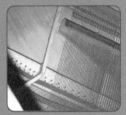

第二，这些钢琴采用四分之三框架（three-quarter frame），一种明显的开倒车做法。（在本页右上方的图片中，外露的黑色木头是扣弦板。）采用这一设计，可能是因为常用于扣弦板上的薄金属片着铸上，这使得利用现成的铝管制作框架这一简便而廉价的方案无法应用。即使采用全框架，也毫无意义，因为与铸铁相比，铝材的承受力远远不足，能够为扣弦板提供的支持力度很有限。

第三，也是最糟糕的一点，这些钢琴的琴键纯粹是塑料的。一般现代钢琴的琴键均是以塑料包裹实木而构成的，而这些钢琴琴键几乎是中空的，其内部只有截面呈三角形的塑料楔块，请看本页右下角的图片。这些劣质脆弱的琴键一旦破损，基本上是无法修复的。键盘配有一根塑料法兰将其与击弦器相连，然而该法兰也很容易断裂——通常是因为钢琴技师们并未意识到这一点而从尾部开始解开紧固装置所导致。

大约在新钢琴投入市场十年后，其致命性缺陷逐一呈现，有关负面评论在行内开始流传开来，林德纳的名声一落千丈。20世纪70年代有流言说某些人能够为该类钢琴配置传统键盘，但笔者从未能确认此消息的真实性。然而，即使这一传言可能是真实的，但无论如何，从经济上而言，为该类钢琴重新配置键盘也是不划算的。

尽管笔者对林德纳钢琴颇为反感，但是它们却值得笔者在此花费一些笔墨提一提，因为这类钢琴包含了一些好的萌芽创意。当时，电子钢琴刚开始出现，远未成熟，而这类钢琴比传统小型立式钢琴要明显轻盈许多。如果林德纳在品质方面能够做得更好的话，它有可能成为颇受欢迎的品牌之一，因为它们的重量与哈蒙德牌电子琴（Hammond organ）差不多，方便携带，当然，如果你至少有两名巡回乐队管理员帮忙的话。

然而，事实却很遗憾，这类钢琴糟糕透顶，因此，你应当毫不犹豫地拒绝它们。在一些美国网站上，有人正推销各种服务，他们声称能够维修带有塑料零件的钢琴，然而，可以肯定的是，林德纳钢琴是不值得修理的。

利鹏/林德纳也生产卧式钢琴，同样也是采用铝材与塑料。笔者只曾经"见识"过一台，但是这已经足够让笔者对其进行否定了。其卧式钢琴之所以少见，很可能是因为销售量很少，能存留下来的更少。

二十分钟检查清单

如果想找到一台优质的二手钢琴，你得有心理准备，你必须查看许多钢琴，并淘汰掉你所查看的大部分钢琴。根据你现在的知识水平，以下列出了快速检查钢琴的例行事项；无论你在何处看到钢琴，此检查清单都适用。

执行这整个过程，不会超过20分钟，但是它却可以帮助你节省时间，使你不会将太多时间浪费在不适合你的钢琴之上，或者，使你不会将时间浪费在实际价值远低于销售商预期的钢琴之上。

要真正达到高效和震慑人心的效果，你可以在一台钢琴上不断地实际操作这一流程，直至你能够一口气将整个检查过程做完，达到让人觉得你对任何钢琴都了如指掌的程度。

五分钟检查清单
外部检查

- ■ 钢琴的外壳和总体外观让你留下好印象？你能接受钢琴的外表吗？
- ■ 键盘的外观与手感如何？键盘状况不良并非致命的缺点，但是因此所导致的一些维修工作，例如，更换象牙或赛璐珞（celluloid）外壳，其费用是很高的。
- ■ 检查钢琴的牌子。不要被降板（fallboard）上的转印标志或是捏造出来的标志（如"Steinbeck"）所蒙骗。出于善意，销售钢琴的地方都同时出售钢琴品牌的全名贴纸或字母转印条。顶级品牌的标志要么以黄铜形式镶嵌在降板上，要么铸在紧靠最高音一端的框架上，当你打开琴盖，就能看见。在卧式钢琴里，音板上通常都有转印标志。

- ■ 键盘是否平坦？跪下仔细检查。键盘中部下沉是中盘托（keybed）磨损的迹象；琴键高低不平则说明可能有蛀损。

内部（打开盖子）快速检查

- ■ 你需要的是交叉弦列框架。如果钢琴是直弦列设计的，合上盖子，立即离开。
- ■ 你需要的是下式制音击弦器。如果钢琴所配置的是上式制音器或"松鼠笼"击弦器，你可以不假思索地否决它。
- ■ 检查框架的顶端部分是不是装有用以掩人耳目的覆盖层。如果是，那么这是一台四分之三框架钢琴。这样的钢琴，即使作为礼物送给你，也不要接受。
- ■ 调音弦轴周围的扣弦板是否暴露在外？如果是，那么，你得彻底地检查扣弦板上是否有裂缝，特别是弦轴之间的扣弦板更需仔细检查。如果发现任何裂缝，你应当立即否决该钢琴。即使你没发现裂缝，该钢琴也很可能不是上佳之选。
- ■ 查看调音弦轴周围是否有粉笔记号？在发现弦轴松动时，许多调琴师都会以粉笔做记号。这是迅速判断钢琴状况的直接线索——越多弦轴有粉笔记号，说明钢琴的状况越差。（当然，没有粉笔记号并不一定代表完全没有松动的弦轴！）
- ■ 钢琴的内部是否很脏？这是一个很重要的问题。钢琴内部是否有异味，如腐臭味？这是一个更加重要的问题。

检查之前所要提出的问题

■ 钢琴是什么牌子的？如果是林德纳，马上离开。如果是诸如伊斯朵夫（Eavestaff）之类将击弦器置于键盘之下的迷你型钢琴，同样也可以马上离开。（如果有疑问，你可以问一问钢琴的全高以及琴键的数量。如果钢琴的高度低于965毫米（38英寸），或者琴键数量少于88个（也即，少于完整键盘上琴键的数量），那么，你应当"敬而远之"。）

■ 钢琴的使用年期是多少？

■ 钢琴的总体状况及其归属历史如何？

■ 最近一次调琴是什么时候？

■ 钢琴的序列号是多少？这一点很重要，因为如果知道厂商以及系列号，你就能够自己确定钢琴的相关年期。

小品牌钢琴并不一定不好；更重要的是卖方了解答问题时的方式。自称为私人卖家的人很可能实际上是一家地下销售商，所以如果所谓的"私人卖家"在回答问题时含糊其辞，或有诸多托辞，或者其所报的钢琴年期与实际年期有巨大差距的，你必须得提高警惕。

如果你乐意亲自去检查钢琴，你得带上电子调音器或调音叉以及能够提供充足光线的手电筒。事先告诉卖家，你可能会查看钢琴的内部；请他们确保钢琴上没有装饰物覆盖；确保他们允许你打开上盖、移除前板，以便总体查看裸琴。你也许还想要将钢琴从墙边移出来。所有这些做法都将能节省你的时间，而且让卖家知道，你是严肃的买家。一些琴主把钢琴当作心肝宝贝，因此看到你开始动手检查时，心中会难过；而如果你能事先将检查的方法告诉她/他，则有助于缓解她/他的低落情绪。

如果卖方没有能力做体力活，那么在你自己动手前，要征得他/她的同意。如果你想带上帮手，也得事先告诉他/她。这并非一般礼节行为，因为如果琴主是老人家或独居者，这也为他/她提供向别人获得帮助的机会。

【如果你自己想出售家中一台钢琴（或其他价值不菲的物品），但又感觉自己不是很安全，那么当潜在买家要过来看琴时，你最好不要独自一人接待他/她。】

现在，可以对钢琴进行基本检查，以确定该钢琴是否值得你逗留二十分钟时间。

卧式钢琴快速检查

和检查立式钢琴一样，但是有以下几点额外注意事项。

■ 检查踏板组件。看一眼就知道踏板座斜杆（lyre rod）是否还在。如果斜杆已经缺失，钻到钢琴底下，检查踏板座固定螺栓周围木质构件的状况。往前后轻轻地扳动一下踏板座，如果踏板座能移动（约25毫米），并咯吱作响，这说明踏板座斜杆可能丢失了较长一段时间了。如果是这样，那么踏板座固定螺栓周围的木质构件非常可能已经损坏，而且维修费用会很高。如果损坏尚未发生，重新安装斜杆可以使得该台钢琴免此一劫。

■ 请卖家移除谱架，并抬起顶盖。（安全第一：如果卖家

请你自己动手操作，请仔细检查以确保铰链销（"hinge pin"，即"合页轴"）是安装妥当到位的，并将顶盖的前半部分折起放在后半部分之上，然后再将整个顶盖掀起。

你需要的是双擒纵击弦器（double escapement action）或者"鼓轮式"击弦器（"roller" action）。而卧式钢琴的击弦器只能在将降板移除之后才能看到。沿着整个键盘仔细查看。如果看到的是单式击弦器（simplex action），那么你得选择走为上策。基本上可以说，这种击弦器充其量只是平放着的立式钢琴击弦器。如果你看到的击弦器带有一排很特别的"棉线轴"绞盘（如下图所示），那么你可以停下来继续以下步骤。

乐音快速检查

- 钢琴所产生的乐音是否低于标准音高？用电子调音器或调音叉检查一下。
- "酒吧钢琴"音问题是否很严重？如果是，而且钢琴所产生的乐音低于标准音高，你可以否决该钢琴，因为这样的钢琴是不可能保持音准的，你也无法对其进行调音。

卖家的可信度

- 如果钢琴是以私人销售方式供应的，你是否能够相信供应方是一名真正的私人卖家，或者你怀疑他是一个不法销售商？
- 如果钢琴是由销售商供应的，那么你能否很容易看出，该销售商很专业地、很用心地在经营钢琴事业？

如果种种迹象都很靠谱，足以让你对产品及服务产生兴趣，那么你可以进行下一阶段的检查工作了。

十五分钟检查清单
环境

- 如果你能够确定，钢琴停放于当前位置已经有一段时间了，那么该停放位置周围环境如何？热？冷？潮湿？还是恶劣？
- 你将用来停放钢琴的环境与当前停放环境是否有显著差异（例如，当前环境冷而潮湿，而未来环境热而干燥）？如果是，这一巨大差异对钢琴系统的影响可能意味着你在几周之内就得对钢琴进行许多维修补救工作。

进一步内部检查

- 请卖家将前板移除，或者请他允许你将前板移除。如果出于某些原因，你无法移除前板进行查看，选择离开。
- 找到并检查序列号。钢琴上的序列号与卖家在电话里报给你序列号相同吗？
- 高音琴弦是否生锈？如果是，生锈是否影响所产生的乐音？高音琴弦承受腐蚀的能力高得令我们惊奇，但是其承受能力也是有限度的。一般而言，高音琴弦上腐蚀物太多不是好的迹象。

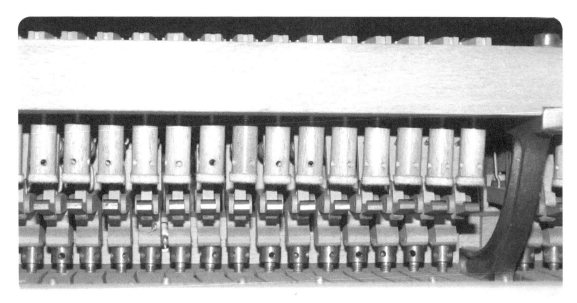

■ 低音琴弦上的腐蚀物就另当别论了。你能否在铜丝缠弦（copper-wound strings）上发现深色的沉积物（带一点蓝色的）？如果有，那么该琴弦所对应的低音听上去怎么样？如果听上去很沉闷或很"钝"，该琴弦的问题很严重。

■ 仔细查看音板。上面是否有裂缝，或者是否有可疑的掩盖裂缝的迹象？

■ 从钢琴的后部往里看。（请卖方将覆盖在钢琴后部的所有遮尘布取下。）现在你应该能够看到大片的音板了。查看音板是否有裂缝，或者其构成木片条之间是否有相互分裂现象。如果你发现任何音板裂缝或构成木片条分裂，立即否决该钢琴。如果音板构成木片条之间有明显裂缝，那么几乎可以肯定地说，该台钢琴已经报废了。

■ 移除底板（bottom board），查看弦桥上是否有裂缝（如右图）。如果你发现有裂缝，否决此钢琴，因为这是致命性的缺陷。

■ 使用手电筒四周仔细照照，看看是否有木蛀虫的踪迹。查看是否有新鲜、细腻的木屑，以及一簇簇大约1.5毫米（约为1/16英寸）的圆孔。仔细检查中盘托（keybed）底下，外壳的各个部分，以及钢琴的里里外外。木蛀虫是可以消灭掉的，但是不能在你家里进行处理。这是因为市面上所销售的家用杀虫剂是不能起作用的，而商用杀虫剂在挥发过程中会散发出有毒气体。

■ 检查钢琴上所有毛毡以及其他类似毛毡的材料，看是否有被蛾虫（moth）侵咬的迹象，或者是否有人试图以笨拙的方式掩盖蛾虫侵咬痕迹。检查钢琴的名称牌条，该牌条位于键盘上面的横木之上，能够立即看见。所有遭蛾虫严重咀嚼侵咬的痕迹都是显而易见的，一处发生侵咬，则侵咬很可能扩散至整台钢琴——因此，如果名称牌条看上去是崭新的，那么你得提高警惕。蛾虫同样是能够被消灭的，但是要对被侵咬构件进行维修，所需费用与工作量是很大的，因此购买这样的钢琴可能不划算。

卧式钢琴的变体

以上所有项目（只适用于立式钢琴的项目除外）都适用于检查卧式钢琴的变体。除此之外，还得执行以下项目。

■ 在较旧的卧式钢琴里，音板上可能有太多积尘，无法查看到潜在裂缝；因此你得钻到钢琴底下往上看，就可以看到一大片干净的音板。首先，查看拼接成音板的构成木片条之间是否有分裂现象。然后，如果有可能的话，在钢琴上方放置一盏灯；掀开顶盖，看看有没有光线穿透音板；有光线穿透的地方，就有裂缝。（你可能会发现有一些大螺栓穿过音板，并被紧固在框架上。音板上螺栓孔的边沿一圈可能会漏光，但是这是可以接受的。）

击弦器

击弦器严重磨损能够立即使一台廉价钢琴变得昂贵起来，因此务必仔细检查是否存在以下问题。

■ 弦槌是否已经严重地被琴弦切损，或已经变平。（在卧式钢琴里，只有将谱架移除，再从框架上往下看，才能看到弦槌。这一过程还得借助手电筒照明。）

■ 对平衡槌（balance hammer）进行检查。将前板卸下后，很容易看到平衡槌。皮质覆盖层是否已经损坏？（将常用平衡槌的皮质覆盖层与位于钢琴两端、使用较少的皮质覆盖层相比较。）如果出现严重磨损，这说明钢琴曾经在潮湿环境中使用了很长时间。

■ 检查击弦器带子（action tape）。是否有脱落或损毁现象？一套新击弦器带子价格不算贵，但是专业安装费用却是高昂的。

■ 在弹奏时或者当稍微往侧边下按琴键时，有没有弦槌会左右摇摆？

■ 当松开琴键时，听听是否有噼啪声，特别对于有蛾虫侵咬迹象的钢琴更要仔细进行此检查。如果有异响，则说明了毡垫（藏在钢琴内部，是看不到的）已经被蛾虫咬坏或者已经脱落。

■ 在松开琴键后，与琴键对应的音是否还在继续响？如果是，这说明制音器与弹簧可能有问题。制音器与琴弦是否对齐，特别是在卧式钢琴里？

演奏性能

■ 主观地感受一下，钢琴的反应状况是否符合你的弹奏方式？

■ 当你的弹奏力度达到fff（极强）和ppp（极弱）时，钢琴的反应是否良好？

■ 钢琴是否让你感觉良好？从身体和精神上而言，这台钢琴真正让你觉得舒适吗？

■ 如果你想为自己换一台钢琴，那么这台钢琴比起你原来的钢琴是否有很大的改善？

如果一台钢琴通过了所有这些测试，换言之，如果你喜欢这台钢琴，而且没有迹象显示需要对该钢琴进行大修，而且与同等的新钢琴相比，其价格要便宜一半以上，那么这台二手钢琴也许是值得购买的。

专业意见

如果你喜欢某一台钢琴，并希望听一听其他人的意见，那么你可以和钢琴技师一起再次去看琴。其他只有钢琴技师能够进行（或者能够迅速进行）的测试包括：

■ 调音弦轴的拉力。

■ 中盘托毛毡的磨损情况。

■ 琴键衬套磨损情况（前轨和平衡轨）。

■ 对嗡鸣低音弦所产生的噪声、因弦桥与音板有裂缝而产生的噪声进行解释（即使在这些导致噪声的故障看上去还不明显的情况下）。

■ 乐器是否货真价实（主要是发现各种假货）。

■ 拆卸击弦器与卧式钢琴的键盘框（keyframe），以检查其磨损状况。

■ 检查卧式钢琴上的凹槽或"鼓轮"。

如果钢琴没有致命的缺陷，但是有必要进行一些维修工作，那么请钢琴技师进行维修报价，该报价需要包括搬运钢琴的费用（也许要计双程费用，即来回钢琴技师工作室的搬运费用）。将这一报价连同大约10%的用于处理意外事件的额外费用一起加到钢琴价格上，就可以得到购买该台二手钢琴的真正费用。

问问你自己，现在看起来，与新钢琴相比，购买该台二手钢琴还是一件有吸引力的事情吗？如果只有将二手钢琴的价格大大降低才划算，那么鼓起勇气回敬一个更低的价格，并咬住不放。如果卖方不肯讲价，没关系，别处还有其他钢琴供你选择，还有其他更乐于为你服务的卖家。

那台钢琴几岁了

序列号

绝大多数钢琴内部的某一处都有标有一个序列号。序列号可能很难找到，但是其最经常见于钢琴的最高音一端，你也许得移除前板后，才能看到它。如果钢琴制造商在业界较为出名（大部分制造商在业界都享有较好名声的），那么其钢琴的序列号通常能与一个序列号数据库里的生产年期对上号。这是你所能获得的、关于一台钢琴真正年龄的最佳证据；在未经你自己查证的情况下，你不能轻信私人卖家所估计的钢琴年龄。一个缺乏专业知识或有关经验的人，如果只通过看一看，是很难估计出钢琴的年龄的（即使是大致年龄也很难估计得出）；而许多卖家却敢大言不惭地对天发誓，他们的钢琴比实际年龄要年轻30～50岁。

已经发表的著作中，《皮尔斯钢琴大典》包括了最全面的钢琴序列号数据资料。该书列出了世界上7000多个钢琴品牌，书中的条目包含了一个多世纪之前的数据。（例如，该书列出了布洛德伍德（Broadwood）自1820年之后产品。）如果该著作的新书价格令你吃不消，市面上有许多较早版本的二手书可供购买。还有一些只覆盖英国、美国等国家的区域性数据库，许多数据库已经登录互联网。

因为现今钢琴制造商的数量已经大大减少，所以几乎所有1970年后的钢琴都列入有关数据库里。因此，如果发现某一制造商未被列入有关数据库里，你可以立即知道，自己所遇到的，或者是一台很老的、由较为次要的钢琴制造商生产的钢琴，或

者是一台由极度鲜为人知的制造商所生产的现代钢琴——这很可能说明这台钢琴的质量是值得怀疑的。

关于钢琴年龄的其他证据

尽管前述的二十分钟检查清单的做法有所不同，但是通过搜寻钢琴的内部与外部线索而辨别出钢琴的年龄，确实是一件令人产生满足感的事情。许多钢琴技师能通过此途径辨别出钢琴的年龄，其准确程度，令人惊叹。

■ 用铅笔在一些琴键的侧面写下钢琴的生产日期——最常见的是在A1键上注明，这曾经是（现在还是）钢琴业界的惯常做法。

■ 通常在最低音几个琴键下，能找到制造商的标签，上面有各种信息，通常包括钢琴的生产日期。

■ "大牌子"会例行地在全国性与国际性竞赛中获得大奖，而制造商通常都会骄傲地将这些荣誉标记在其钢琴的框架上，以作纪念。最近一次大奖的年期可能表示生产日期。（如果不是的话，那么该公司可能已经破产或被收购，或

不再继续赢得大奖）。在上页下方的图片里，铸在钢琴框架上的最后一个奖项是1906年的，所以皮尔斯认为该钢琴是在1906年生产的。（这是笔者所见过的装饰得最复杂的立式钢琴框架——其装饰之细致程度，令人窒息！突出地显示了制造者在该行业中的地位。）

■ 通过设计风格也可很好地判断出一些钢琴的年期。例如，前部呈斜坡状是20世纪40年代和50年代立式钢琴的一大特点。

然而，一些信息却具有误导性，如下所示。

■ 前部呈斜坡状是20世纪40年代与50年代立式钢琴的特点。一些更早期的钢琴在该年代里被"现代化"了，因此也具有这一特点。

■ 铁框架上可能铸有铸造数据，但是这些数据所显示的日期和数字可能与钢琴本身并没有关系。

■ 其他具有误导性的数字包括销售商的货物编号。这些编号通常印在乐器一端内侧的木板上。

第二部分

钢琴的保养与维修

虽然在过去150多年里，钢琴一直是一种非常流行的乐器，但是以下观点也许还是第一次提出：可以现实地说，一般琴主就能够对钢琴进行颇为高级的保养、维修与调音工作。

以下的章节将向你解释如何才能使你的钢琴保持在巅峰状态，如何将钢琴的工作寿命延长几十年。也许你的钢琴蕴藏着超乎你想象的巨大潜能，正等着你去开发。

第六章

简单保养与维修

　　本章介绍钢琴所需的常规保养以及你必须采取的安全预防措施。你的钢琴的基本需求是少而简单的。满足这些基本需求能够显著地延长钢琴的工作寿命，大大地提升你从钢琴中所获得的乐趣。

健康与安全

一切钢琴都如此庞大、沉重，却又有变化着的状态。正因为如此，你应当马上行动起来，重视钢琴的保养与维修工作。笔者工作室里所进行的许多费用高昂的维修工作都是由一些本应能够轻易避免的意外故障所导致的。平时过于随意终究是要付出代价的，不是不报，只是时候未到，而且代价通常都很惨重。

立式钢琴

- 一些立式钢琴可能会翻倒，其翻倒方向通常是向后。因此，立式钢琴应当尽可能靠墙放置。
- 在没有大人看管的儿童自由活动区域，千万不能离墙放置立式钢琴。
- 如果立式钢琴无法靠墙放置，其尾部（如下图所示）应当装有专门设计的角形托座（angle bracket）。这样，脚轮（castor）就可以从钢琴主体上被移至角形托座的末端。这可以有效地拓宽钢琴的脚轮轴距，大大降低了钢琴被推到的危险性（参考第本书24页）。
- 如果需要经常移动立式钢琴，则应当为其安装与其重量相匹配的巨型脚轮，或者，如果能为钢琴配套专门设计的钢琴脚架，那就更好了。钢琴技师应当能够为你找到和安装这些装置。
- 千万不要在钢琴的后部别上一块装饰布，除非你能绝对确保该装饰布不会滑落并在地上被拖行。如果该装饰布真的滑落下来，那么当你往后推钢琴时，该装饰布的尾部会卷入钢琴脚轮里，使得钢琴在没有任何预兆的情况下突然翻到。（这听上去似乎不可能，但是这样的事情确实发生过。）

最令人担忧的是，笔者发现，在学校里，以上的安全指导方针是最经常被忽视的。尽管外表看上去十分稳固，但是一台立式钢琴稍有倾斜（仅需偏移垂直水平5°），就很有可能翻倒。特别是当有人以"摔跤手法用力地扳"钢琴，想移动它时，那么只需移动几英尺，钢琴常常就会翻倒。如果小孩爬上钢琴，或者仅仅是倚靠在钢琴上，也可能使钢琴失去平衡。立式钢琴重达数百磅，如果向后翻倒，轻则会使孩子严重受伤，重则会夺去孩子的生命。就算站在钢琴后面是其他任何东西，在钢琴翻倒时，也将是凶多吉少。

况且，钢琴翻倒一次，就很可能导致铸铁框架

简易拆卸

前板（Front Board）

前板通常由两端各一个扣件固定。在较老式的钢琴里，这些扣件是装有弹簧的金属夹子。当扣子被挤压并关上，这些扣件向内拉紧，就可以防止前板发出咯咯声（请参考以下图片）。在较为现代的钢琴里，前板是通过以下方式固定的：一个塑料闩或木质闩以一根销柱为轴心旋转，或用一根销柱紧紧地插入一个塑料承槽中。要打开和重新扣上扣件是需要一定的力量的，但是这完全是正常的。前板的底部要么是销柱固定，要么是安置于一条凹槽之上；在两种情况下，你都得先将前板垂直提起，然后才能将其从钢琴上拆卸下来。

将前板平放于铺在地板上的一张旧毛毯（或类似的铺垫物）上。小心不要碰坏前板上的精细部件；在较老式钢琴的前板上有时会有纤薄而凸起的装饰线条，很容易折断。

降板（Fallboard）

将键盘盖（keyboard lid）阖上。将一只手伸入钢琴的内部，抓住降板的后中部。[请小心你的指关节，别擦伤击弦器带子箍圈（action tape stirrup）]将另一只手放在降板前中部。向上提，然后向外用力——另一种钢琴降板的拆卸方法将在下文介绍。将卸下的降板稳妥地放在地上，就像放置前板一样小心。在一些钢琴里，琴键条木（key strip）是独立的，并由两根螺丝固定（请参考右下方的图片）；笔者认为，这是上乘的设计。

在一些立式钢琴中，前板与降板是一体式的。这样

的一体式构件是很沉重的，因此拆卸时如果有人帮忙，会较方便。这种一体式构件需要在键盘盖打开时才能拆卸：一只手抓住降板的前半部分边沿，另一只手抓住前板的顶部内侧。

将两块板装回钢琴上与拆卸的过程是相反的，但是将它们装回原位时，需要非常小心。许多人会倾向认为这一工作需要两人完成，但是根据笔者的经验，如果由一个人来操作，刮伤钢琴的风险会更小；因为这一操作过程需要手眼密切协调，两个人操作时，很难协调得好。

破裂，从而使整台乐器报废。

■ 如果你的卧式钢琴没有安装脚架，那么请尽量少去移动它。任何移动，即使是很短距离的，都应当至少由三人协作完成，而且钢琴的重量应当尽可能由移动者承担，以尽量减少脚轮在移动过程中的负荷。脚轮的作用仅此而已。除非钢琴至少被半抬起来，否则，由于其放置于地毯上，或者由于起始角度错误，或由于肮脏与腐蚀等原因所产生的阻力，都可能使琴腿折断，进而使钢琴倾倒，造成严重的伤害或损毁。

■ 向前与向后移动一般较向侧面移动容易。

■ 千万不要在没有检查确认铰链（"hinge"，即"合叶"）安装妥当到位的情况下掀起盖子。盖子可能有两个或三个铰链。每一个铰链有两部分，由一根黄铜杆组合在一起，黄铜杆通常带有一个呈70°或80°角的弯头伸出合叶之外，弯头长约13毫米，以方便将黄铜杆拔出。有时，这些铰链销（"hinge pin"，

即"合叶轴"）很容易脱落。而有时你得使用钳子小心翼翼地将它们夹出来。（小心法国抛光漆！你看看图片中钢琴的破损地方。）此处问题的关键在于，铰链销完全是通过摩擦力固定铰链组合的。而对于充满好奇心的孩子而

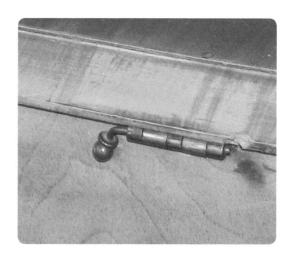

言，铰链销具有磁铁般的吸引力。因此，笔者在许多学校里看到钢琴的铰链销要么不翼而飞，要么处于几乎被拔出来的状态。如果琴盖频繁地被抬起和降低，铰链销也会松动。琴盖的重量可达27千克（60磅）或更重，因此，你不能突然将它从钢琴上掀起，特别是当有人就站在琴盖之后时。

■ 卧式钢琴的顶盖由两部分构成。千万不要在没有将顶盖前半部分折起放置于后半部分之上时掀起整个顶盖。如果你这样做的话，那么顶盖前半部分的重量（相当重的）将完全只由长长的黄铜铰链（该铰链将顶盖前后半部分连接起来）里的细小螺丝钉所承受。如果经常这样做，很快地，顶盖前半部分将会脱落。这种意外脱落可能导致人员受伤；钢琴也一定会被砸坏，你因此得承担昂贵的维修费用。

环境

通常，绝大多数人体感觉舒适的环境，对于钢琴而言，也是适合的。但是你得做如下事情。

■ 关闭中央供暖系统

一些人所需的供暖水平超出了钢琴所需的舒适度。中央供暖会加快木材自然收缩的速度，也会加快陈胶的恶化速度。如果你能够使放置钢琴的空间的温度低于房子的总体温度，那么钢琴的寿命将会显著延长。如果钢琴放置在专门用于练琴的房间里，那么可以为散热器上加装一台温度调节阀，使得其散热水平始终保持在最低，或者，当房间里没有人时，将散热器关闭。

■ 避免阳光直射

阳光直射重则能够损坏钢琴的外壳，轻则能令钢琴外壳褪色，还会导致外壳出现裂纹。阳光直射还可能使钢琴的内部温度过高。用于给法国抛光漆（较旧式钢琴都是用法国抛光漆抛光的）上色的化学物质是硝酸盐，因此对阳光很敏感。长期放置于强烈太阳光之下的钢琴通常都会褪色，表面颜色变得斑驳不均。一些现代的抛光技术抵御紫外线的能力更强，但即使如此，也难免不受影响。

■ 避免潮湿环境

寒冷不会对钢琴造成任何损害，但是长期置于潮湿环境下却会损害钢琴。首当其冲的受害零件可能是中心销钉（centre pin）——击弦器里的连接点。潮湿环境会令这些中心销钉腐蚀失灵，其更换费用是非常昂贵的。（如何处理此问题，请参考第八章的B部分。）检查一下你放置钢琴的空间。如果你发现附近有物品受到潮湿影响的迹象，那么钢琴同样也会受到影响。

潮湿环境还会导致琴弦腐蚀。令人吃惊的是，即使生锈得非常厉害，高音琴弦仍然能够起作用。但是铜丝缠绕低音琴弦的生锈耐受能力就没有这么强了，生锈的低音弦所产生的乐音会变"钝"，听上去非常沉闷。想寻求可能有效的补救措施，请参考第八章的C部分。

当一台长期放置于潮湿而寒冷环境中的钢琴被迁移至较干燥而炎热的环境中时，钢琴的健康可能会发生警报。笔者曾经为一台被捐献给敬老院的钢琴提供搬运与翻新服务。这是一台优雅的斯泰克（Steck）立式钢琴，产于20世纪20年代初期。我们将这台钢琴从一座废弃房子的前厅（不设暖气）搬迁至干热的环境中（28°C或85°F；与之前的环境相比，简直是火坑式的地狱）；遗憾的是，几个月后，粘胶接头裂开，使得这台优雅的钢琴沦为一堆旧铁。

清洁你的钢琴

将钢琴的外壳清洁工作列为常规家务事项，但得小心，喷雾式光亮剂的状态是压缩气体（而不是普通的抛光剂），直接喷在钢琴外壳上，可能会溶解漆面。因此，首先将光亮剂喷到抹布上，再用抹布拭擦钢琴外壳。

不时地清洁钢琴的键盘。如果你有足够的信心，可先将前板、降板拆下来（请参考本章的"简易拆卸"部分）；琴键条木如果是独立的（可能是由两粒螺丝钉固定的），也可拆出来。这样，你就可以直接清洁到琴键的末端，不受名称牌条（"nameboard tape"，铺设于钢琴外壳与琴键之间毡垫条）的阻碍。

有一种颇负盛名而用途广泛的清洁剂与润滑剂，可用于除去琴键上的顽固污垢——那就是唾液。尽管这一方法并未得到人们的特别推荐，但是已经被世世代代所沿用，成为一种传统智慧。用稍微湿润的、不带线头的软布（基本上，任何不会产生小颗粒的布料都行）蘸上唾液，就可以进行清洁了。

如果不使用以上方法，那么也可以使用少量的窗户清洁剂，即可去除顽固污迹。但不要直接将清洁剂喷涂于琴键上，而是先将其喷在软布上，再进行擦拭。不要使用高浓度的玻璃清洁剂，而要使用较稀薄的、喷雾式的玻璃清洁剂。不要让任何液体流入琴键的两侧。擦干擦亮时，使用另外一条布。

如果琴键条木已被拆除，那么你可以将各个琴键抬起，使其比相邻琴键高出2.5厘米左右，以对其进行更加彻底的清洁。然而，除非你将整个键盘拆下来，否则你是无法对琴键的侧面进行清洁的。而较老的或者使用较频繁的钢琴，其琴键侧面是非常肮脏的。本页下方的图片所展示的，是笔者所见过的最肮脏的琴键侧面之一；注意赛璐珞（celluloid）外壳是如何包裹形状奇怪的琴键前部结构的，每一琴键的前部都有两颗铆钉。

这是使钢琴热带化（"tropicalisation"，即采用特殊设计，使钢琴能够适应炎热气候）的证据。即使粘胶退化，琴键的外壳也不会脱落。似乎有人对黑

色琴键进行了"翻新",但是其所使用的材料如此不具耐久性,以至于一些黑色物质经弹奏者的手指转移到白色琴键的侧面之上。

在第七章中,笔者将介绍如何拆卸键盘。键盘拆下来之后,就可以对琴键的侧面进行适当的清洁。这一努力当然会得到回报。想想看你所能看到的琴键侧面是多么小的一部分,因此,对其进行清洁,对于键盘的整体外观有着意想不到的效果。

名称牌条(nameboard tape)

沿着紧贴琴键上方的横木上,有一条彩色毡垫。如果钢琴有独立的琴键条木,则该条毡垫位于琴键条木之上或者沿着降板的边沿上。这就是名称牌条(nameboard tape)。名称牌条的作用是防止在激烈演奏时,琴键弹起来后会碰撞其上方横木。在较陈旧的钢琴上,名称牌条通常是肮脏而褪色的。在检查是否有蛾虫侵咬时,通常首先检查名称牌条。

为旧钢琴更换新的名称牌条,能够大大改善键盘的外观。更换费用不高,而且操作起来也较容易,尽管要使名称牌条伸出部分的宽度恰到好处并完全呈一条直线还是需要一点技巧的。更换时,注意旧牌条伸出部分的宽度,并判断一下这样的宽度是否适当。用小刀将旧牌条刮去,小心不要刮花了钢琴的抛光漆面。使用粘胶贴上新牌条。最后,按照所需长度进行剪裁:钢琴上通常有两个铅笔记号,显示原装牌条的长度。

▥▥▥ 调音

每年至少为钢琴进行一次调音。(绝大部分调琴师都会说每年至少两次。)每台钢琴今天的音准都比昨天的音准逊色;但是各台钢琴的音高损耗率却不尽相同,甚至各根琴弦的音高损耗率都不尽相同。一年调音一次,对于任何钢琴都是大有裨益的。如果钢琴的使用率很高,那么调音的频繁度也应该相应较高。最实际的法则是:当在另一名演奏者听起来,钢琴已经走音了,那么,是时候为钢琴调音了。

调音的最佳时间是秋季,因为通常情况下,与冬季相比,夏季气候会导致更多音高损耗。因此,一般而言,在秋季对钢琴进行调音,钢琴的正常状态能保持得更久。

对于公众演出专用钢琴,通常在每次活动之前都需要对其进行调音。对于一个重要演出系列,需要对每天都对钢琴进行调音;甚至需要有调琴师随时奉陪,以在有必要时,在幕间休息期间对钢琴进行调音。当然,最重要的一点是,提前与调琴师预约!

第七章

中级保养与维修

　　新钢琴落地之后的五至三十年间的某一时刻开始（这取决于环境、制作品质以及使用频率等因素），绝大多数钢琴不仅仅需要调音，还开始需要其他保养与维修工作，才能保持良好的性能。幸运的是，许多保养与维修工作都是简单易行的，而且费用不高。如果琴主愿意花费一些精力，他们完全可以自己进行这些维修保养工作。

工具、材料与人工

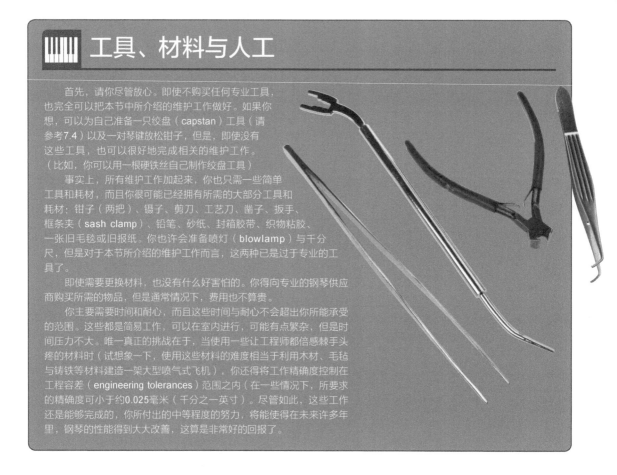

首先，请你尽管放心。即使不购买任何专业工具，也完全可以把本节中所介绍的维护工作做好。如果你想，可以为自己准备一只绞盘（capstan）工具（请参考7.4）以及一对琴键放松钳子，但是，即使没有这些工具，也可以很好地完成相关的维护工作。（比如，你可以用一根硬铁丝自己制作绞盘工具）

事实上，所有维护工作加起来，你也只需一些简单工具和耗材，而且你很可能已经拥有所需的大部分工具和耗材：钳子（两把）、镊子、剪刀、工艺刀、凿子、扳手、框条夹（sash clamp）、铅笔、砂纸、封箱胶带、织物粘胶、一张旧毛毯或旧报纸。你也许会准备喷灯（blowlamp）与千分尺，但是对于本节所介绍的维护工作而言，这两种已是过于专业的工具了。

即使需要更换材料，也没有什么好害怕的。你得向专业的钢琴供应商购买所需的物品，但是通常情况下，费用也不算贵。

你主要需要时间和耐心，而且这些时间与耐心不会超出你所能承受的范围。这些都是简易工作，可以在室内进行，可能有点繁杂，但是时间压力不大。唯一真正的挑战在于，当使用一些让工程师都倍感棘手头疼的材料时（试想象一下，使用这些材料的难度相当于利用木材、毛毡与铸铁等材料建造一架大型喷气式飞机），你还得将工作精确度控制在工程容差（engineering tolerances）范围之内（在一些情况下，所要求的精确度可小于约0.025毫米（千分之一英寸）。尽管如此，这些工作还是能够完成的，你所付出的中等程度的努力，将能使得在未来许多年里，钢琴的性能得到大大改善，这算是非常好的回报了。

失位（Lost motion）

最常见的钢琴早期故障合称为"失位"——键盘与击弦器之间反应逐渐变得迟钝。这与自行车制动装置逐渐失灵的情况相类似。一些本应当立即发生的动作，却需要更长时间才能发生。弦槌移动不到位，力量不足，大大损伤了钢琴的活力。

一开始，钢琴的音量会变弱。接着，随着问题日益严重，你无法在钢琴上快速重复弹奏。最终，弦槌将不受"控制"，

弹回到顶杆（jack）上。在这种情况下，通常能听到一个相当"清脆"的声音，一些音符还可能发声两次。

发生失位主要有两个主要原因。

- 背触（backtouch）压损或收缩（LM1）。

- 平衡轨（middle rail; balance rail）垫圈（washer）压损（LM2）。

要纠正这些问题，并不是特别困难，只要你能严格按照笔者给出的检查顺序和程序进行检查——先检查LM1，再检查LM2。这一顺序和程序非常重要，因为键盘与击弦器的相互依赖是如此紧密，以至于我们只有唯一一个诊断的顺序。如果不遵守此顺序和程序，你可能在原有问题的基础上，引发更多新问题。

同样问题出现在卧式钢琴和立式钢琴上，其纠正措施是不同的。在本章中，笔者将只介绍如何处理立式钢琴的问题；关于如何处理卧式钢琴的击弦器和键盘问题，将在第九章中进行介绍。

LM1：背触压损或收缩

背触（backtouch）是排列在中盘托（keybed）（图7.1）后部的厚毡垫。当琴键静止时，就停留在该毡垫上面。随着背触或者逐渐被压损或者逐渐收缩，失位问题就开始出现。压损一般是由频繁弹奏所致，而收缩则是时间过长所致。击弦器的一些零件也会被压损或收缩，这使得问题恶化。

以下步骤用于检查钢琴的背触是否有问题。

1 拆除前板与降板（请参考第六章）。

2 按下键盘中部的任何琴键，动作要非常慢，同时观察击弦器。

3 托木（check）——图7.2中配有绿色毡垫的木质构件——将立即开始动作，因为它停留在琴键上。

4 如果在弦槌开始动作之前，可以看到托木稍微动作[移动距离大约为1.5毫米（约1/16英寸]，那么你的钢琴有失位问题。使诊断进一步精确化。

5 在整个键盘上，每隔一个或两个琴键，执行以上"失位测试"。

6 如果与高音、低音端相比较，在键盘中部（中部的琴键被弹奏次数最频繁）失位问题更加明显，那么失位的原因是压损。每一受影响的琴键都需要分别进行调整。你可以开始进行纠正压损问题步骤（参考下文）。

7 如果失位问题较为均匀地出现在键盘各琴键上，那么失位的原因是收缩。在这种情况下，你可以开始进行纠正收缩问题步骤（第108页）。

纠正压损问题

每台钢琴内部都有其自身失位调节器装置。一般来说，有四种基本类型的装置，因此，你首先得确定钢琴的失位调节器属于哪种装置。

装置1（图7.3）

大多数现代钢琴配置了这种装置。（第63页）调节时，环状绞盘（capstan）逆时针旋转以缩小顶杆（jack）与凹槽（notch）之间的间隙。

根据钢琴的高度不同，绞盘杆可长可短。此处的绞盘杆是长的，因为此大钢琴的键盘远位于弦槌击弦点的下方。旋转绞盘时，需要用钳子夹住长的绞盘杆，以避免把杆子弄弯。

注意，在绞盘的顶部有少许黑铅（black lead）。工业用黑铅是高效且耐用的干式润滑剂，能够防止零件发出吱吱声以及反应迟钝。即使是被使用了几十年的钢琴，也很少是需要添加黑铅的。然而，笔者手头通常储存一些黑铅，以备不时之需。

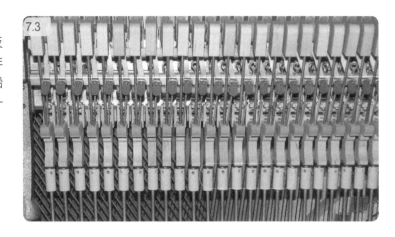

如果钢琴相对较新（使用年期达到15年左右），对其绞盘进行调节是比较容易的。

1 将绞盘工具（图7.4）的尖头一端插入孔中。（你不需要特地买一只这样的工具，完全可以临时用铁线做一只，很容易的。铁线应当足够粗，能够插入孔中，而且得和孔的直径比较贴合。）

7.4

2 利用绞盘工具或铁线作为把手，将装置旋开（通常所需旋转幅度不大于四分之一转），纠正失位问题。

3 如果弦槌较其相邻弦槌向前突出，那么说明你旋转过头了，必须将绞盘稍微往回旋转。（如果过分旋转的程度极为轻微，那么钢琴的反应将变得迟钝。快速弹奏将成问题，因为顶杆回到凹槽的速度太慢。）

对使用年期超过15年的钢琴进行调节可就得费一点工夫了。因为在15年左右，金属螺丝钉开始锈蚀，逐渐与绞盘粘成一块。

（这是绞盘木料中的酸性物质所致。）如果绞盘被生锈的金属缠住，则需要更大力气才能转动，然而如果力度过大，则绞盘很可能会被折断。通常情况下，有一只绞盘生锈的金属缠住，很可能所有绞盘都有同样的问题。

要对这些有问题的绞盘进行调节，你得将对应的琴键拆下来，再用一把大的钳子一个一个地轮流夹住绞盘，然后才能进行调节。如果钢琴很珍贵，那么钳子的夹嘴应当贴上毡垫。当转动时，金属锈从木料上脱落，常常使得绞盘发出噼啪声。这声音令人不安，但是是正常的。

如果钢琴超过50岁，即使是由经验丰富的钢琴技师对失位调节器进行调节，被金属锈缠住的绞盘断裂的概率也很高。这时候，你可以考虑购买一台更新的钢琴了，但是如果你真的下定决心一定要调节该钢琴，那么可以用喷灯对绞盘杆进行预热几秒钟。这种方法可能足以令螺丝钉松动，但也有可能也不管用。笔者建议你先数数看总共有多少绞盘是可以转动的，然后再决定是否开始对绞盘一个一个地进行调

节(这一过程是十分繁琐的)。

装置2（图7.5）

一些钢琴采用的是这一种装置。要旋转这种装置，得使用绞盘工具带叉嘴的一端。除此之外，这种装置的调节方法与装置1是完全一样的将该装置的螺丝钉以不大于四分之一的幅度旋开。

装置3（图7.6与图7.7）

这种装置只有在最廉价的新钢琴和最基础型的钢琴上才能看到。该种装置的构成很简单：由木质螺栓安装到琴键上，再在上面铺上一层薄薄的毛毡（作此用途时，这种毛毡称为"水手呢"（pilot cloth））。很快地，毛毡磨损后，螺丝钉头不可避免地会

穿透该层毛毡。向上调节螺丝钉是不可能的。幸运的是，更换整条毛毡并不算困难。

7.6

7.7

1 从供应商那里购买一条毛毡。向供应商提供钢琴的原装毛毡，以便确保所需新毛毡的厚度准确。或者，用千分尺非常精确地测量所需毛毡的厚度。

2 将键盘拆除（请参考第八章），将其一部分一部分地转移到一张长凳或桌子上，确保琴键可能紧密地放在一起。

3 用封箱胶带或者框条夹（sash clamp）将琴键牢牢地夹在一起。将旧毛毡与粘胶刮去。

4 使用诸如高贝（Copydex）之类的织物粘胶，沿着琴键块涂上一行粘胶，再将新毛毡贴上去。

5 不要将毛毡贴在螺丝钉上。螺丝钉之上那一小片毛毡应当是一端固定；另一端可自由掀起的平片，这样可方便对螺丝订进行调整。

6 当粘胶干燥后，在各琴键之间用手术刀或薄而锋利的刀片划一下，以将琴键分开。更换键盘。

7 如有必要，向上调节螺丝钉。所有弦槌都得相互对齐，不允许有弦槌较其他弦槌往前突出。所有弦槌都必须刚刚好接触到停留轨（rest rail，或称"背挡"）。

8 将一只手指伸入停留轨靠近钢琴中部的部分，再将停留轨稍微往与弦槌相反方向推一推。如果弦槌不会随着停留轨往后移动，那么你所进行的调节就是正确的。

装置4（图7.8）

但愿老天保佑，你不会拥有这种类型的装置。这种装置只在非常旧式的钢琴[如图7.8所示的贝希斯坦型号10（Bechstein model 10）]上才能看到。这种装置主要构成是一条带有两根螺丝钉的木块。较为接近键盘的螺丝钉是固定螺丝钉；另外一根是调节螺丝钉。对这一装置进行调整，得经过以下步骤。

1 松开固定螺丝钉。将调节螺丝钉向上拧紧。你将看到后部上升，占据空隙（free play）。

2 当没有更多空隙，重新将固定螺丝钉拧紧。

3 但是拧紧固定螺丝钉会移动调节器，因此你得重新从头再做一遍。

请注意：要调整得正确，需要经过重重挫折，你需要有圣人般的耐心。这一过程包括两个步骤向前，一个步骤向后。试想一下，调节一辆旧式汽车或摩托车的引擎挺杆时，稍微锁定调节器就会改变挺杆的设定。调节这种装置和调节引擎挺杆类似，也是一件非常令人抓狂的事情。（一些贝希斯坦（Bechstein）较旧式的卧式钢琴，例如B型，就具有这种装置，但是对其进行调节是一件更加令人懊恼的经历，因为该装置的螺丝头是完全被击弦器遮盖住的。）

更糟糕的是，这一贝希斯坦钢琴的每一琴键均设有"连接杆"（sticker），用于将各琴键与联动器（"whippen"，击弦器的底部零件）连接起来，如图7.9所示。只有特别高的钢琴需要配置此种连接杆。由于现在每一琴键都与击弦器零件连接起来，因此，钢琴技师无法像调节大多数钢琴那样只需10秒，而是需要先花费数小时以将击弦器拆除。这确实是贝希斯坦型号10不那么讨人喜欢的特点之一。

纠正收缩问题

如果失位问题是由背触毡垫收缩而引起，那么利用钢琴内部的键盘调节装置进行调节是无效的。这是因为这种收缩对所有琴键的影响程度通常是相同的。在这种情况下，与其将每一琴键进

7.8

7.9

行同等程度的调节，还不如直接将背触毡垫更换或抬高。这样，可以通过一次性操作，解决所有88个琴键上的问题。

然而，你得做如下事情。

1 按第八章所演示的步骤，移除前板、降板与琴键条木。

2 如果你的钢琴上装有练习踏板装置，必须将其移除，因为这一装置会妨碍你接近调音弦轴与击弦器。如图7.10所示，钢琴的前板和降板已经被移除，但练习踏板装置仍然保持在原位。该装置的末端是金属栓，插入一个凹槽

中。光是将该装置靠近低音一端拔出来，是无法将该装置拆卸出来的。在护垫的靠近低音弦一端有一颗螺丝钉，将护垫与练习踏板装置末端锁在一起。你得先将此螺丝钉拧开，并将该护垫从低音一端拆卸下来（请参考图7.11与图7.12）。这样，才能进一步将高音一端拆卸下来（请参考图7.13）。拆卸时，要注意方法：因为这个构件的边沿很锋利，要将其拆出来很讲究技巧。和往常一样，某些练习踏板装置与上述的不尽相同，你得有所准备。例如，在一些钢琴里，无需拆卸，即可将护垫移除，然而这些护垫安装得非常紧。

7.10

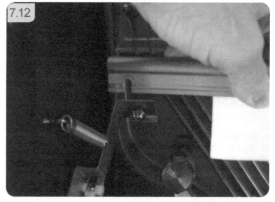

7.12

7.11

7.13

拆卸击弦器

移除击弦器应当只花费你几分钟时间。先准备一个工作平台，注意其表面应该是不容易被刮花的，因为击弦器柱子的钢质底部可能很锋利。（在图7.14中，为了快速进行调节，笔者铤而走险！）不要让孩子和宠物在周围停留。

击弦器一般由两个或三个螺栓进行固定；这些螺栓将钢琴框架和击弦器柱子锁在一起。大多数现代钢琴有两根击弦器柱子（两端各一根），而一些钢琴则有三根击弦器柱子。图7.15展示了强大的施坦威（Steinway）1915钢琴；该钢琴拥有四根击弦器柱子；你看看那巨型的压弦条（pressure bar），就可以领略其气势！

1 将击弦器螺栓上的滚纹螺母拧开。如果该螺母长时间没有被拧开过，你可能需要使用钳子将其拧开。（当重新装上该螺母时，只需用手指拧紧。）

2 检查低音一端的踏板装置。是否有任何其他零件使得你无法直接将击弦器拔出？在大多数钢琴里，直接将击弦器拔出是没有问题的；踏板杆（pedal rod）一直延伸至击弦器末端的杠杆上，当移除击弦器时，这些踏板杆自动脱落让位。

3 然而，如果踏板装置如图7.16所示，则必须先将该装置拆离，才能移除击弦器。将控制杠杆向上拉动一定距离，才能脱离尖头。注意不要把孔里的橡胶衬垫弄丢了，否则，踏板装置将会发出硬物碰撞的哐哐声。

7.14
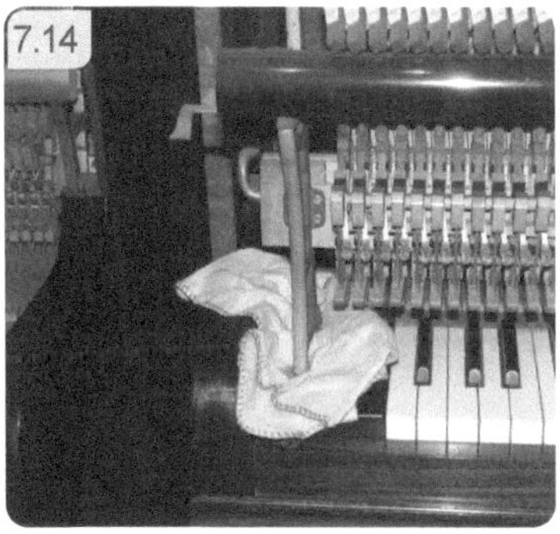

7.17
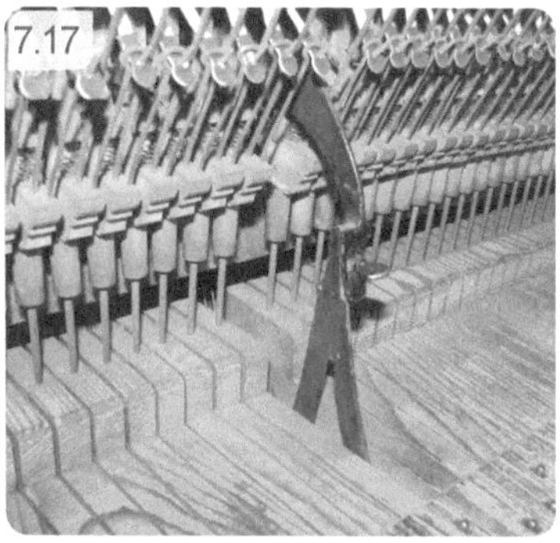

7.15
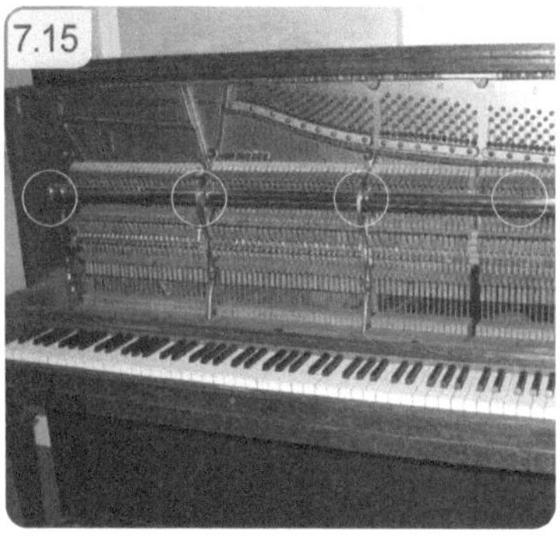

7.18
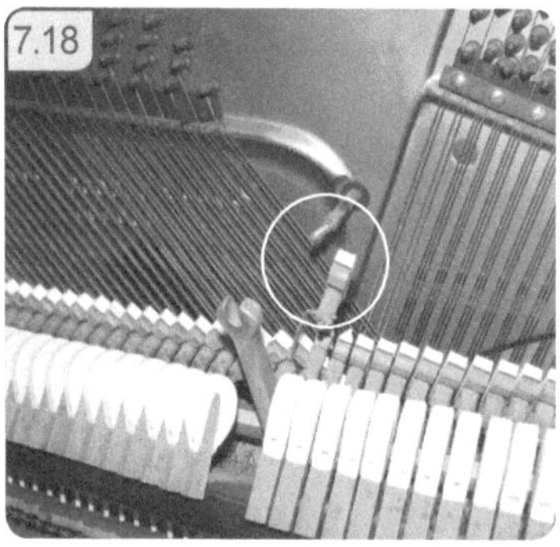

7.16
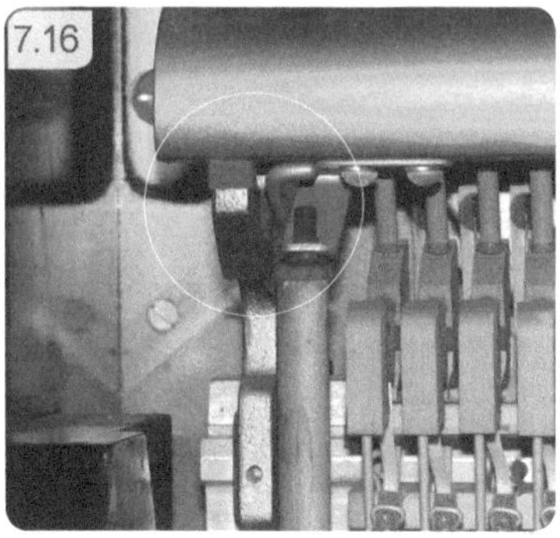

7.19
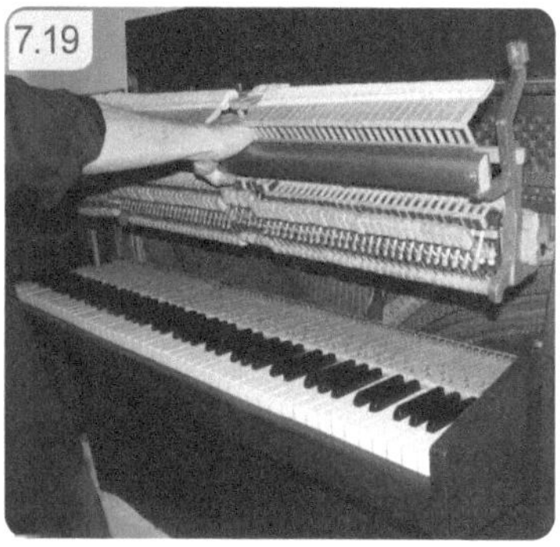

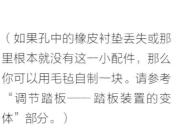

（如果孔中的橡皮衬垫丢失或那里根本就没有这一小配件，那么你可以用毛毡自制一块。请参考“调节踏板——踏板装置的变体”部分。）

4 对于所有钢琴，都要检查是否还有其他连接件。例如，一些钢琴上有小的连接杆（tie bar）（图7.17），也即位于钢琴中部附近的从中盘托（keybed）到击弦器的一根支架。如果你发现这种连接杆，将其拆离。

5 将击弦器稍微向后拉，直至凸耳（lug）完全脱离螺栓。

6 双手紧握击弦器上的弦槌停留轨（“rest rail”，或称“背档”，一条供停放弦槌的木质横梁）（图7.19）。

7 将击弦器拔出，使其脱离钢琴。整个击弦器并不是非常重[大约9千克（20磅）]，但由于其形状不规则，因此比较难以处理。如果钢琴击弦器有三根柱子，将中间的柱子从螺栓中取出来时要特别小心，因为一不小心，就很容易将制音器扯下（请参考图7.18）。这台罗杰斯（Rogers）钢琴还加装了一个悬空式制音器（fly damper），请参考图7.18中画圈部分。图7.20展示了在交叉弦列立式钢琴中，最末端几个制音器是如何被缩短的。为了弥补这些被缩短制音器

制音能力的不足，一些钢琴制造商在原有制音器的基础上，加装了一台或更多台这种悬空式制音器。事实上，这些悬空式制音器效果欠佳，而且还可能导致许多小问题。

8 将击弦器直接放置在你事先准备好的工作平台上。接下来，移除键盘就变得很容易了。

拆卸键盘

移除键盘应当也只会花费你几分钟时间。

1 将钢琴的顶盖阖上，以保护衬垫（诸如经折叠的毛毯或报纸）将其覆盖。

2 从高音一端开始，小心翼翼地移除两个或三个琴键。一开始几英寸，要将手指伸入琴键周围空隙比较困难，但是用不了

多久，你可以一次移除一大把。移除时要小心，不要破坏平衡轨（balance rail）小孔里的衬布。

3 将拆下来的键盘放置在有衬垫覆盖着的钢琴顶部。

4 将琴键按顺序放置。每个琴键都清楚地印有号码，看上去清晰而有条理，但是如果它们放在地上堆成一堆，你会突然发现要通过印在琴键上的号码为琴

键排序并非易事。作为预防，在拆卸琴键之前，用铅笔在被琴键条木覆盖着的琴键木质部分上画一条对角线。这样，万一琴键混乱了，你能够通过拼接该铅笔对角线而很快地为琴键进行大致的排序；令人不可思议的是，经过这样排序后，印在琴键上的号码看上去又十分清晰而有条理了。

图7.21展示了被移除键盘的

1974年肯宝（Kemble）牌钢琴。现在你就可以检查背触（backtouch）毡垫的状况了。如果在与琴键相接触的地方有磨损，或者有蛾虫侵咬现象，那么你得更换毡垫。从毡垫厚度最大的一部分上割下一小块，交给钢琴零件供应商，请他们提供最匹配的毡垫。

通常情况下，如果毡垫有问题，最好是更换掉，但是如果毡垫总体状况良好，你可以将其调高。请参考"将背触毡垫调高"部分。

更换背触毡垫

要完成此工作，你得计划用一天的时间；然而，假如一切进展顺利，你可能只需花费半天时间。

1 将旧的背触毡垫拆去。在一些钢琴里，有问题的毡垫已经自然脱落，只留下少许痕迹，很容易刮去。在其他一些钢琴里，毡垫的固定粘胶就像混凝土一样坚固，因此，你得小心翼翼地将毡垫"凿"出来（但是不能使用锤子）。所有残余都得铲除，特别是在角落，清理工作是有一定难度的。

2 现在，背触轨完全裸露出来，你可以用砂纸将其磨平、磨滑，但是尽可能地不要将木质磨去。

3 装上干的新毡垫——也就是，还没有上粘胶的新毡垫。

4 将各八度音阶里的黑键和白键安装在钢琴上。（笔者通常会安装钢琴中部的三四个八度音阶的C与C#键以及较靠近键盘末端的几个琴键。）

5 将击弦器装回钢琴。（其操作过程与拆卸过程正好相反。）

6 紧握毡垫条的两端，拉扯使其紧绷，并左右移动，使其逐渐向后滑至键盘框（keyframe）的斜坡之上。（是的，键盘框斜坡的后部，第一眼看上去，也许这并不明显。）

7 直到某一点，毡垫刚刚好顶起弦槌，使其开始脱离停留轨。请参考图7.22。

8 稍微向后退回来一点，使得毡垫所处位置尽可能接近上述能够顶起弦槌的点，但是尚未到达该点。在进行此项操作的同时，将毡垫整理整齐。

9 用铅笔画线，确保非常准确地标识出最终确定的位置。将毡垫移除。再将击弦器移除。

10 沿着背触轨道薄薄地涂上一行以乳胶为基础原料的黏合剂，并将毡垫安装上去。（诸如高贝（Copydex）之类的粘胶可以接受的。不要使用所谓的"即时粘连"黏合剂，

这种黏合剂在很短时间内就会固定，使你没有时间进行调整。）

11 对整排毡垫以及你用铅笔画的线进行细致的检查，以确保新毡垫的安装位置完全准确。根据实际尺寸与形状要求，对毡垫边沿进行修剪。

接下来的几个步骤需要相当迅速地完成，以确保在黏合剂固定之前完成所有调整。在黏合剂变得"多筋"（过于黏稠）之前，你有5~10分钟的时间进行调整。其实，超出这个时间范围，你还有几分钟时间可以勉强进行调整。

12 将键盘与击弦器重新安装至钢琴上。以非常缓慢的速度按压键盘中部的琴键，并注意观察击弦器。

13 如果托木（check）——图7.2中配有绿色毡垫的构件——与弦槌几乎同时开始动作，那么你已经解决了失位问题。在该图片中，平衡槌（balance hammer）——以皮质

覆盖的零件，所在位置与托木相面对——与弦槌是相连的，因此，请仔细观察托木与平衡槌之间的间隙。托木移动与平衡槌移动发生时间的先后间隙应当是极为短暂的。

14 当琴键静止时（也即不受按压时），如果弦槌稍微抬起，那么可使用钢琴的绞盘调节装置将其向下调整（请参考"纠正压损问题"之"装置1"）。此时不太可能对绞盘进行大幅度调整了，因为它已经被拧紧（而不是被拧松），也即它已经被进一步拧进琴键木质部件中了。

15 如果在步骤13中，在弦槌开始移动之前，托木已经移动了大约1.5毫米（约1/16英寸），那么失位问题仍然存在……

16 在这种情况下，你得再将键盘拆卸下来，进一步将新的毡垫条往后调整，以使其调高。你别无选择，只能加快速度，因为粘胶很快就要固定下来了。正因如此，在上胶之前，得先将毡垫准确定位，这一点非常重要。

将背触毡垫调高

笔者总是会建议你将背触毡垫进行更换，然而，如果现有整排毡垫的状况依然良好，你可以试着将其调整至一定高度，以消除失位问题（图7.23）。笔者在此得强调一下，如果毡垫有任何压损或蛾虫侵咬迹象，那么从经济上而言，不更换新的毡垫而采取调高毡垫的做法是不划算的。

无论你采取以下哪一种做

法，将毡垫或衬带调整至适当高度的过程与以上"更换背触毡垫"部分所描述的是完全一样的（从第4个步骤开始往后的所有步骤）。

■ 在一些钢琴里，背触毡垫只有一边是被黏合的。因此，可以使用一定长度的名称牌条（nameboard tape)或薄毡片塞入背触毡垫之下，将其调整至适当的高度或"垫"至适当的高度。

■ 即使背触毡垫是完全被黏合的，你可以使用锋利的小刀尝试一下，看是否能将其中一边削开，以便可以塞入名称牌条或薄毡片。

■ 如果毡垫的一边无法被削开，那么可以试一试在旧毡垫之上加装名称牌条。暂时不要上胶。先按照"更换背触毡垫"部分所描述的方法加装名称牌条（从第4个步骤开始往后的所有步骤），每个八度音阶中选两个琴键原地加装上去。

■ 将牌条左右移动，使其逐渐向后滑至轨道斜坡之上，直至它刚好接触到琴键底部。当你确定定位正确时，用以乳胶为基础原料的黏合剂【例如高贝（Copydex）】轻轻地将牌条粘上去。

所有这些补救措施，使得琴键停留在比以往狭小很多的毡垫材料之上。这不是最理想的解决方法，但是能纠正较轻微的失位问题，使得钢琴在许多年里可以免受此问题的困扰。毡垫经过调高的钢琴无论是其所产生的乐音，还是其手感，都不亚于具有完整宽度背触毡垫的钢琴。

然而，将背触毡垫调高的确属于较低劣的纠正方法，而不属于适当正规的维修——如果你想将钢琴留作自己使用，那么这样做没有任何不妥之处，但是如果你想将钢琴卖出去，采取这样的纠正措施就会令人质疑了。因此，笔者必须重申前面的观点：每当可能的情况下，更换所有的背触毡垫，这是最好的方案。

LM2：平衡轨垫圈压损

琴键动作时，是以平衡轨垫圈（balance rail washer）为支点的，请参考图7.20、图7.21与图7.24。这一脆弱的小零件由毛毡制成，承担了许多工作，在钢琴使用过程中逐渐地被压损、毁坏，通常还受到蛾虫的侵咬。当此垫圈失灵时，钢琴会出现下列情况。

■ 音量降低。

■ 无论是手感还是音质都开始变得沉闷或"无力"。

■ 无法快速地重复击弦。

随着情况恶化，弦槌将弹回到顶杆（jack）上，一些音符还可能重复发声。

诊断

1 为了查看平衡轨垫圈是否被压损，在距离钢琴1.2～1.5米（4～5英尺）的地方跪下，并检视琴键。由所有琴键组成的表面是否平坦？如果垫圈被压损，那么在键盘的中部可以看到明显的下陷，因为键盘中部琴键的使用频率最高。这意味着键盘中部的琴键出现键击失灵（lost keystroke）。标准键击（keys-troke）通常是9.52～11.62毫米（3/8～7/16英寸），尽管大多数专业钢琴家更喜欢11.62毫米。此标准键击被放大至47～59毫米（17/8～2英寸）的弦槌移动距离。因此，键击即使有非常轻微程度的失灵，也会对弦槌敲击琴弦的效果也会产生较大影响，进而影响钢琴的性能。

2 现在，可以迅速地检查，看看是否存在一种不是很常见但却很严重的问题。如果存在该问题，那么所有进一步的工作都将变得没有意义。长期停放在潮湿环境里的旧钢琴最有可能存在此种问题。在击弦器下方的中盘托（keybed）（特别是钢琴中部的中盘托）上找找看是否有一小堆一小堆很特别的灰尘。如果有，这表示平衡槌上的鹿皮或托木上的绿色毡垫（通常两者都）已经磨损与破碎。图7.25展示了这些构件。如果在低音端与高音端，这些材料明显地厚很多，也即，其受磨损程度较轻，那么可以确定此问题确实存在。如果确实存在此问题，那么弦槌"受控制"而停留的位置将比正确的停

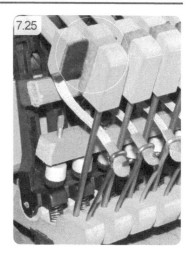

7.25

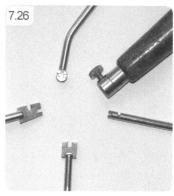

7.26

留位置要更靠后，因此钢琴无法快速重复击弦，即使其他所有零部件的设置都正确。

磨损的方式反映了钢琴被弹奏的方式。如果使用最频繁发音严重地受到影响，那么对该台钢琴做任何维修工作都是枉然的。理论上，我们能对所有损坏的皮革与毛毡进行更换。但实际上，一台损害如此严重的旧钢琴通常是不值得我们对其进行维修的，即使该维修工作由你自己进行。该台钢琴也许是可供你翻新的候选钢琴之一，但是如果钢琴越旧，就越有可能还有其他严重问题。是时候考虑换钢琴了！

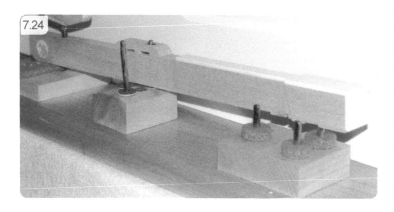

7.24

3 以下是另一个可提供预先警告的检查项目，但并该项目的检查结果并不表示钢琴有严重问题。仔细检查击弦器的托木杆（backcheck wire）（如图7.25所示，用来支持以绿色毡垫覆盖着的托木的金属杆）与托木。它们应当是呈直线状态的。如果有几条线被弄弯，统一地稍微呈某一弧形，这是某位被误导人士故意这样做的，以通过伪造正确的键击来"改善"钢琴。然而，这样做，对于失位问题，实际上只是治标不治本。要解除这些弧形设置，你得使用图7.26中的其中一根特殊工具。该图片所展示的都是最常用的弯曲工具以及它们共用的手把。

补救措施

假如你没有找到那些令人生畏的一堆堆的皮革与毛毡粉尘，那么你的任务如下。

■ 用新垫圈更换被磨损的垫圈。新垫圈尺寸应与原来垫圈一样。

■ 然后将键盘调整至水平状态，确保所产生的键击准确、统一。

你所遇到的第一个难题可能就是准确地计算出原垫圈尺寸。假如钢琴的零配件被标准化或者拥有颜色编码，那么工作将变得更简单，但是事实并非如此。钢琴上绝对没有任何标准化零配件（包括平衡轨垫圈）。因此，精确测量成为了唯一的解决方法。

找出正确的垫圈尺寸

位于低音端与高音端的垫圈相对较少使用，因此其与原装垫圈尺寸最为接近。对这些垫圈进行测量可能是你获得所需尺寸的唯一希望——即使这些垫圈未遭到磨损，但是它们也可能已经收缩，因此，你得将这一因素考虑在内。

1 买一些厚度不同的纸垫圈。市面上的纸垫圈厚度从约0.3毫米（千分之十二英寸）到约0.075毫米（千分之三英寸）不等。利用这些不同厚度的纸垫圈，你可以对键盘进行精确地调整至水平状态。将击弦器和键盘拆卸下来。

2 找到一个看上去状况良好的平衡轨垫圈。

3 只将该垫圈所对应的琴键安装到钢琴上，然后再将击弦器安装到钢琴上。

4 测量以确定此测试琴键的键击为约11.62毫米（7/16英寸）

5 确认此琴键所产生的音是正确的。也即在用力敲击琴键以及按住不放时，弦槌应当在距离琴弦约12.5毫米（半英寸）的位置上停顿下来。

6 如果弦槌停止处与琴弦间的距离大于上述距离，在平衡轨垫圈下垫入薄的纸垫圈，以将琴键托起，直至该琴键所产生的音是正确的。

7 将击弦器与琴键拆下来，测量旧垫圈加上垫入的纸线圈的总厚度。

8 在各八度音阶上拆下黑、白键各一个，将旧的平衡轨垫圈垫高至以上测量所得的高度。仔细检查，看看这些测试琴键所产生的音是否正确，或者基本正确。如果在用力敲击琴键以及按住不放时，所有弦槌停止处与琴弦间的距离太远，那么将测试琴键适当垫高。（与白键相比，黑键要求垫高的情况要少得多。）

9 如果某一垫圈厚度使得键盘有最佳的整体表现，那么这一厚度的垫圈就是你需要购买的。

在垫高与测量过程中，不要着急，要慢慢来，一定要得出准确的垫圈厚度，因为如果你所购买的替换垫圈太厚，即使该厚度的差别是非常细微的，都是无法使用的。如果替换垫圈稍微有点太薄，问题倒不是很大，因为你可以用纸垫圈将琴键垫高。然而，不管怎么说，如果能够量出完全准确的厚度，然后一装上去即能大功告成，这当中的满足感是非常值得你去体验的。

旧纸垫（Old paper shims）

在从旧钢琴上移除旧垫圈时，如果发现上一次（也许是几十年前）用于将键盘调整至水平状态的许多旧纸垫，这可是一个不好的征兆。如果各旧纸垫上有表示不同厚度的号码，这是一个更加不好的征兆。这通常意味着，安装新垫圈并不表示万事大吉，你随后还得花费大量时间使用纸垫圈进行微调。

你可能会问："将旧纸垫保留在原位怎么样？"这是很聪明的提议，但是这并不能奏效，因为随着时间的迁移，发生了许多其他未知的变化。根据精确厚度制作的纸垫是很少有的——许多纸垫只是通过对旧报纸进行冲压而制成——因此，根据旧纸垫判断所需新垫圈的厚度并不可靠。当相对于物料费用而言，人工费用较便宜时，你可以给工人一堆废纸片，让他花费更多精力、更多时间，以调节垫圈的厚度。但是时至今日，人工费用已经大大超出物料价格，因此，你最好还是向技师提供较好的物料。

安装新垫圈

1 拆下击弦器、键盘以及旧的平衡轨垫圈。[先将旧垫圈丢在中盘托（keybed）上，然后用真空吸尘器吸走。]

2 插入新的平衡轨垫圈。重新安装键盘和击弦器。

3 钢琴应当一下子有了很大的改善。当用力地敲击琴键并按住不放，弦槌的停顿位置与琴弦之间的距离（约12.5毫米，半英寸）应该是正确的。

4 再次跪下来，目测一下键盘是否呈水平状态。你必须得看到一条完美的水平线，没有下陷或突出的琴键。

有时，某台钢琴（特别是制作精良的钢琴）目前的状况很好，几乎不需进行调整就可供弹奏。如果你遇到的是这种钢琴，那么恭喜，你是幸运的！

而在其他情况下，特别是当旧垫圈被过度地垫高时，键盘会变得不平坦，情况非常糟糕。在若干个不同的琴键上弹奏一下，就可以发现一些弦槌过于接近琴弦，而另一些则距离琴弦太远。你可能需要花费几个小时才能将键盘恢复到水平状态。

对键盘进行水平校准

1 在钢琴中部找出几个状态正常的琴键，也即在用力敲击琴键以及按住不放时，弦槌应当在距离琴弦约12.5毫米（半英

寸）的位置上停顿下来。现在，你可以开始以这几个琴键为参照，将键盘进行水平校准。

2 将一条直尺（你也可以使用一根呈直线的木条）平放在白色琴键上，直尺长度应该能够到达两端键侧木，以作为目测的参照物。直尺只需接触到你认为状态正常的白色琴键。（如果你觉得有必要，你可以到钢琴供应商那里买一把琴键水平校准装置——你可以设定高度，而该设定可以沿着键档（keyslip）滑动。然而，自制的直尺已经足够好用。）

3 跪在钢琴前，在平衡轨毛毡垫圈顶部垫上薄的纸垫圈，将下陷的白色琴键调高。这是为了速度——请看步骤6。在安装纸垫圈时，镊子是非常有用的工具。（在过去35年的从业生涯中，手术专用镊子是笔者最常用的工具。）

4 重复以上步骤，直至所有下陷现象消失，而且相对于你所平放的直尺，所有琴键都呈水平状态。

5 接着，可以按同样的方式对黑色琴键进行水平校准，即在钢琴中部找出几个状态正常的黑色琴键，并以它们为参照进行水平校准。执行此步骤时，直尺的作用更加至关重要，因为黑色琴键之间的空隙，增加了你判断它们是否呈水平状态的难度。

6 一旦你认为键盘完全呈水平状态了，将其取出，将所有新纸垫（shim）安置新垫圈之下。然后再重新将键盘与击弦器安装上去。

7 检查键击（keystroke）的长度。如果每一弦槌在距离琴弦约12.5毫米（半英寸）的位置上停顿下来，那么钢琴的状况是正常的，你已经大功告成了！

调整键击

8 如果在一些琴键上，键击程度过大（也即弦槌停顿位置距离琴弦太近），用纸垫圈垫高前轨（front rail），可以解决此问题。纸垫圈垫在前轨的绿色毛毡减振垫圈之下——请参考图7.24。你得准备一堆各式各样的前轨纸垫圈，这些垫圈要比平衡轨垫圈大许多。而且这些垫圈更厚，这是因为稍微将平衡轨垫高，就可以对弦槌运动产生大的影响，而将前轨大幅垫高，也只能产生很小的影响。

可能需要做的其他工作

以下两种情况并不常见，然而，其罕见程度并不足以让笔者可以在此忽视它们。

9a 如果钢琴中部一些弦槌的停顿位置距离琴弦太远，而这些弦槌中位于两端的那些弦槌却能够正常起作用，那么这很可能是因为平衡槌上的皮革或毡垫被磨损所致。为了确认这一点，你得检查一下，看看这些弦槌的键击与那些状况正常的弦槌的键击是否相同。（如果通过目测，也可参考113页"诊断"部分的步骤2。）如果磨损较小，可以使用7.26所示的常规工具将受影响的托木（check）稍微向前拗一拗，直至弦槌的停顿位置距离琴弦约12.5毫米（半英寸）。这样纠正做法看上去并不完美，

但是却足以让一台旧钢琴能够继续使用相当长的时间。

9b 如果一些托木杆（back-check wire）已经向前弯曲（请参考"诊断"部分的步骤），这是因为之前有人将其向前拗，现在你得将它们向后稍微拗回来，以纠正之前那完全不必要的措施！同样地，可以使用图7.26所示的常规工具将托木杆稍微向后拗一拗，直至当你用力敲击琴键时，弦槌的停顿位置仍然是距离琴弦约12.5毫米（半英寸）。

蛾虫侵咬

钢琴毛毡材料是蛾虫的盛宴。如果蛾虫侵损达到图7.27与图7.28所示那么严重，你将无法正常使用钢琴，而且乐器很可能已经布满了蛾虫卵。蛾虫侵咬的迹象可以通过以下几点立即地辨别出来。

- 名称牌条（nameboard tape）被蛾虫侵咬，如图7.29所示。
- 键盘非常不平坦——一些琴键较高，而一些琴键较低。
- 下按时，一些琴键的下行距离大于其他一些琴键。
- 乐音不平均——一些音量较小，一些音量较大。

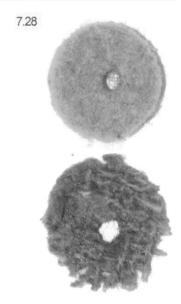

卸下键盘后，可以看到被蛾虫侵咬了一部分的背触、平衡轨与前轨，如图7.27所示。唯一可行的补救措施是更换中盘托上所有毡垫与所有垫圈。

1 卸下键盘。剥下中盘托上的所有毛毡材料：背触、平衡轨上的毡垫以及平衡轨与前轨上的所有垫圈。

2 用吸尘器将所有集尘与蛾虫卵（微小的球状体，颜色与它们寄生其中的毡垫材料相同）吸出来。按照前文所介绍的方法，更换背触与平衡轨垫圈。

3 安装前轨新垫圈。与确认平衡轨垫圈的尺寸相比，确认前轨垫圈的准确尺寸较为容易。因为这些垫圈体积较大，较容易测量尺寸。

4 如果有必要，对键击进行调整（请参考"调整键击"部分）。如果前轨垫圈已经安装好，那么进行这一步骤应当是比较容易的。

5如果一切运转正常，再将键盘卸下，在中盘托木质构件与新毡垫上喷上防虫剂。轻轻地喷，防止构件和毡垫过湿。

如果发现弦槌上有蛾虫侵咬的迹象，那么暂时不要在击弦器上喷防虫剂。请参考第八章的B部分，了解如何为弦槌喷上防虫剂。

6在将键盘重新装入钢琴之前，让防虫剂彻底晾干。

7不要在钢琴内部放置防虫丸——这种化学物质会侵蚀钢琴的金属构件。

中盘托的材料较为便宜，采用全新材料和构件使得安装与调整工作的进行更为迅捷。值得注意的是，图7.27所示的从另一个琴键下伸出来的一小块红色毡垫并不是适当的钢琴维修材料。这块材料是某人粗鲁地从旧帽子上切割下来的（笔者是这样猜想的）。这位仁兄将这块材料垫在被蛾虫侵咬得最厉害的琴键下，将旧垫圈保留在原位，任由蛾虫在其中产卵扩散，然后挂上"已经翻新"的牌子将钢琴销售出去。这简直是明目张胆的欺诈行为。在二手钢琴交易的灰色边缘地带，常常会有无良商贩利用这种伎俩蒙混过关，这是其中一例。

调整踏板

随着时间的流逝，钢琴的踏板的功能会逐渐失调。这一过程非常缓慢，以至于许多琴主并没有注意到钢琴的踏板已经不再能起太大作用。令人难以理解的是，许多调琴师对此问题也不太在意。结果，笔者常常看到钢琴经使用了几十年，而其踏板却很明显从来没有被调整过。

以下所介绍的调整步骤只适用于立式钢琴。要解决卧式钢琴的踏板问题则较为复杂，因此笔者将在第九章对其单独做专门的介绍。

柔音踏板（soft pedal）

柔音踏板（位于左边的踏板）是在大多数现代立式钢琴中所安装的一种半敲击（half-blow）系统——也即通过脚踏板的作用，将弦槌的击弦行程缩短将近一半，使其无法全速运动，因此无法产生饱满的音量。

笔者应该指出，平心而论，即使是最好的半敲击系统，其作用也很有限。如果半敲击系统功能不正常，则会雪上加霜，让此系统的作用更加有限。因此，如果觉得功能正常的柔音踏板并非必要，你大可跳过本节内容。

要测试柔音踏板功能是否正常，可执行以下步骤。

1观察钢琴内部的弦槌，并踩下柔音踏板。

2刚一踩下踏板时，所有弦槌就应当开始向前移动。

3如果要将踏板往下踩到一半或更低，弦槌才能向前移动，那么踏板就已经失灵了。

4将前板（front board）与降板（fallboard）卸下。

5要找出踏板系统，观察低音一端的内部构件。在大多数

7.30

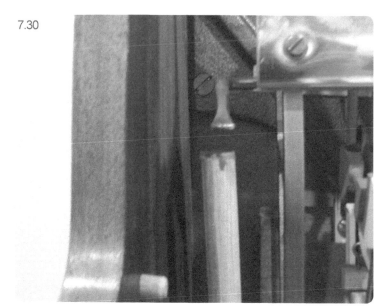

钢琴里面，各踏板都操控着一根顶部带有减震毡垫的垂直木杆。其中，柔音踏板的木杆通常是最容易看到的。

6 踩下柔音踏板。垂直木杆会抬起，将一条钢臂向上推，进而将停留轨（rest rail）往前推。

7 如果减震毡垫与钢臂之间有空隙（请参考图7.30），那么需要对该踏板进行调整。

要调整柔音踏板，可执行以下步骤。

1 将底板（bottom board）卸下。寻找一根从踏板系统中伸出来的长螺栓。螺栓顶部装有一颗螺帽，还有前轨毛毡减震垫圈——请参考图7.31。

2 将螺帽拧紧，系统另一端的空隙（图7.30）就会开始合拢。如果螺帽因铁锈而变得坚涩，用钳子夹住螺栓，并使用扳手拧螺帽。

3 如果螺帽非常坚涩，不要强行拧松，因为这可能造成损坏。在垂直木杆顶端放置减震毡垫，填满木杆与踏板钢臂之间的空隙。使用一块前轨垫圈，通常就可以奏效。涂上一点以乳胶为基础原料的黏合剂[诸如高贝（Copydex）之类]将毡垫固定。（图7.30所示的空隙太大，不能采用此处所介绍的补救措施，在这种情况下，得将螺栓卸下。）

延音踏板（sustain pedal）

如第三章所介绍的，延音踏板（位于右边的踏板）能够同时将所有制音器抬起。延音踏板失灵问题的诊断步骤几乎与柔音踏

板失灵问题的诊断步骤一样。

1 观察钢琴内部的制音器，并踩下柔音踏板。

2 刚一踩下踏板时，所有制音器就应当一起抬起。

3 如果要将踏板往下踩到一半或更低，制音器才能抬起，那么踏板就已经失灵了。

4 同样地，观察低音一端的内部构件。延音踏板杆通常藏在柔音踏板系统后面。如果延音踏板杆与钢臂之间有空隙，那么需要对该踏板进行调整。

5 要对延音踏板进行调整，只需重复执行调整柔音踏板的步骤1~3。然而，不要对延音踏板的每一丁点空隙（free play）都进行调整，因为如果那样的话，当松开踏板时，一些音的消失速度不够快。应当稍微保留一点空隙。踩着延音踏板弹奏若干转调（modulation），产生不和谐音（cacophony），然后松开踏板。如果所有因马上消失，那么你的调整是正确的。如果有任何音延续时间达若干分之一秒，那么你的调整是不正确的，有必要重新进行调整。

踏板装置的变体

一些钢琴（特别是20世纪80年代之后的钢琴）的柔音与延音踏板系统中，垂直木杆的顶端有一只尖头，该尖头穿过钢质杠杆上的孔——请参考图7.16。

（注意：该钢琴只有一点失位的迹象，即踏板杠杆与毛毡垫圈之间的小间隙。）

具有这样安装类别的钢琴通常都不算很旧，可以使用踏板调节器；通常使用的踏板调节器是指旋螺丝钉（thumbscrew），如图7.32所示。如果由于某种原因，无法旋转指旋螺丝钉，则可以在尖头之上、杠杆之下加多一块垫圈。关于这种类型的系统，还要注意两点。

1 每当卸下击弦器时，记得先使杠杆从尖头上脱离出来，否则在拆卸击弦器过程中，很有可能会令垂直木杆折断。

2 钢质杠杆的小孔里应刚有一个橡胶衬垫。这种衬垫很容易脱落。如果衬垫脱落，每当踩下踏板时，就会发出硬物碰撞的哐哐声。因此，如果该衬垫脱落，绝对有必要换上新的衬垫，

但是，由于某些原因，从供应商那里很难买到这种小配件。一种简单易行而又可以接受的解决方法是用毛毡自制一块衬垫，并用胶水将其贴在相应的位置上。

第三（练习）踏板

如果钢琴装有这种踏板，踩下去，即可使一块长长的毡垫降落在弦槌与琴弦之间，从而大大降低钢琴所产生的音量。

这种踏板存在一个普遍的缺陷：即当踏板因位置偏移而失灵时，装置里的毡垫会缠住弦槌的顶端。这使钢琴的动作速度变得缓慢，无法进行快速弹奏。在较新的钢琴里，如果击弦器动作较慢，其主要原因就在这里。

在大多数钢琴里，激活系统（activation mechanism）位于低音一端，但是在高音一端也有转环（swivel）或中间齿轮

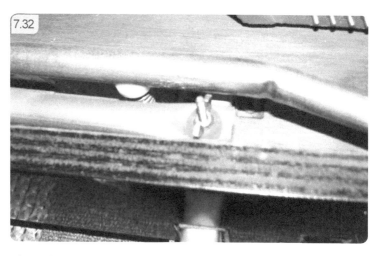

（idler）。随着时间的流逝，这两端可能失去协调，可能无法使得整张毡垫均衡地下降至同一横跨钢琴的水平。

你可通过踏板自身上方的系统对踏板进行调节。该系统通常在一边有正螺旋螺丝而另一边则有反螺纹螺丝。

有时，这只能从一定程度上解决上述问题。如果整张毡垫还

是无法均衡地降下来，可以使用一把非常锋利的剪刀，对毡垫进行修剪（通常是向着低音一端进行修剪），使得毡垫恰好够用，使得毡垫不会缠住弦槌。这样的解决方案听上去似乎不是很妥当，但是除此之外，别无其他切实可行的解决方案。

咯咯声与嗡鸣声

正如第四章所述，大约四台立式钢琴中就有一台，其低音弦（至少有一根）的铜丝缠绕不牢固。因为卧式钢琴生产制造过程中的品质控制水准普遍较高，所以存在这一问题的概率较小，然而，还是难免有一些卧式钢琴存在此问题。存在此问题的低音琴弦会发出金属嗡鸣声。

如果发现琴弦存在此种缺陷，你可尝试以下补救措施。

1 最好是将击弦器卸下。如果你不想这样做，那么在以下整个过程中，你得确保松动的琴弦不会绊到击弦器零件。

2 将对应的调音弦轴往逆时针方向旋转半周（180°），将受影响的琴弦松开。在将弦轴拧松过程中，紧握琴弦。这样，你才能保持铜丝缠绕的整齐性，或者防止松开的琴弦回缩并缠住调音弦轴。

3 留意铜丝缠绕核心琴弦的方式——顺时针还是逆时针——因为你马上就要通过沿着这个方向拧转琴弦，将其拉紧。

4 向钢琴的深处搜寻，找出有问题琴弦的底端。继续紧握住琴弦，防止其扭曲或翻转，继续向前拧松弦轴眼，直至其刚刚

好脱离挂弦钉（hitch pin）。（琴弦也可能从弦桥上脱落，但是没有问题的——请参考图7.34所示的挂弦钉以及图7.33中的特写镜头。如果琴弦之间穿梭着如图所示的毡带，不要用拉扯的方式将其取出，而是得小心地将其解开。）

5 现在只需沿着铜丝缠绕琴弦的方向将琴弦拧转半圈（180°），将弦轴眼重新安装到挂弦钉上。这样，琴弦被拉得更紧——如果你够幸运，这一拉紧程度足以消除嗡鸣声。

6 如果因为某些原因你得放开琴弦，那么松开后，琴弦只是悬挂在那里，还是自动往与铜丝缠绕相反的方向扭转了半圈？如果是后者，一定有人曾经将该琴弦拧紧了半圈。不管怎样——在将其安装在挂弦钉上之前，将其拧紧两个半圈，以使其更加紧固。指导原则是，在之前拧紧半圈数的基础上，再多拧紧一个半圈。

7 将琴弦安装到弦桥上的弦轴之上。注意确保其与相邻琴弦的方向相同。

8 将调音弦轴拧紧，重新对琴弦进行调音。

9 如果该琴弦仍然会发出嗡鸣声，重复以上所有步骤，将琴弦再拧紧半圈。这也许会令琴弦的表现突然变得很差，因此，你得使用两把钳子——一把用于夹住琴弦，另一把用来扭动琴弦。如果不使用钳子，那么你的手指上可能会起几条深深的凹痕。

10 如果琴弦仍然会发出嗡鸣声，那么努力可以到此为止：这一补救措施不奏效。在此情况下，你可以作出以下选择。

你可以选择什么也不做，坦然接受琴弦所发出的嗡鸣声。这是笔者最经常向客户推荐的选择。乍一听上去，很少琴主会注意到嗡鸣声，因此忽略此问题并不会对琴主产生太大影响。笔者之所以提出这一看似失败主义的建议，其原因在于以下所提出的旨在解决低音弦嗡鸣声问题的第二个选择很可能会让琴弦所发出的乐音不和谐。与这些可能发生的不和谐乐音相比，嗡鸣声算是微不足道的小问题。

另一个更为激进的选择是将带嗡鸣声的琴弦拆卸下来，送到供应商那里请其提供复制品，以供更换原来的琴弦。（关于如何更换琴弦，请参考第八章的C部分。）然而，遗憾的是，单单更换琴弦并不意味着问题已经解决。你还会遇到以下问题。

■ 在旧钢琴（甚至是较新的钢琴）里，如果双和弦中的新琴弦和与其搭配的旧琴弦即使稍微有一点差异（例如弹性上的差异），那么两根弦就有不同的谐音结构。它们的主要谐音可能不一致，如果真是这样，那么两根弦所发出的乐音将会相互"打架"。在弹奏中，这一效果将会很明显，而且是无法通过调音将其消除的。（更多相关内容，请参考第十章。）因此，笔者会建议你将双和弦中的两根琴弦都更换掉。即使是这样做了，也并不表示问题已经完全解决。

■ 新琴弦或旧琴弦，一旦被从挂弦钉（hitch pin）上卸下，其音高将持续地失准，而且可能在一开始若干次调音中，这些琴弦可能都是音准最差的琴弦。

■ 当为较旧的钢琴装上新琴弦时，这些新琴弦所发出的乐音听上去与钢琴上的原装琴弦是不同的。可能是音质更好，也可能是音量更大，但

总之一定是有所不同的。当弹奏整个音阶时，能够很明显地听出这些琴弦所产生的"另类的"乐音。

显而易见的事实是，对于一台旧钢琴，仅仅通过换上一两根低音琴弦，是很难彻底解决问题的。这样做，很可能会毁坏整台钢琴，而且一旦毁坏，即使是技艺最为高超的钢琴技师也无法挽救。正因为这一原因，笔者才在前文中建议你采取"笑着接受它"的策略。

另个不争的事实是，如果所有钢琴生产商能为钢琴安装上更好的低音琴弦，那么从一开始，"嗡鸣声"这一问题就不会存在。最好的低音琴弦，其核心金属线是六边形的，而不是圆形的。这样的形状使得柔软的铜丝能够更紧地缠绕核心金属线，有效防止铜丝松脱。但这一上乘的品质意味着额外的成本，大多数钢琴制造商都会认为该成本过高。

被杂物卡住

一个常见而且令人懊恼的问题是杂物令钢琴部件卡住。这些问题通常很容易补救，但是有时这些问题很严重，维修费用也很高。对于这其中最顽固问题，笔者将在本书第八章进行介绍。此处，笔者只针对一些较小的问题进行介绍。

每当出现疑似零件被卡住的问题，在进行维修之前，最关键的是准确地找出问题的根源所在。笔者见过许多琴主采取了他们认为是无害的、通用的补救措施，但是却发现所采取的措施不但完全无济于事，而且还对钢琴其他零部件产生了不必要的效果。

也许最为重要的是：不要轻易打开油罐。千万不要为了试图改善零部件间的润滑情况而在钢琴里使用润滑油[包括其他非油性的润滑品，比如粉状石墨（powdered graphite）、硅酮（silicone）、抛光剂、凡士林（petroleum jelly），甚至是清洁剂]。一切能让引擎、锁头、拉链、生锈的剪草机等焕发活力的润滑品都可能令钢琴毁灭。当然，也有一两种例外的情形，在可以使用润滑品的时候，笔者会告诉你。

你也不能为了使零部件能够运转而对其进行来回摇动、或重击或以其他方式粗暴地对待。笔者保证，这些方法是不会奏效的！

问题：琴键被卡住，无法弹起

一个琴键被弹奏之后，就不能继续供弹奏。情况可能是琴键本身被卡住；也可能是尽管琴键可以恢复原来正确的位置，但是却无法再弹出相应的音，或者说无法以足够快的速度再弹出相应的音。这说明有某些地方出问题了，但是却很难直接看出什么地方出了问题。

在大多数功能正常的立式钢琴里，即使击弦器已经被拆去，琴键仍然会弹回原来正确的位置，而不会保持被下按状态。然而，琴键与击弦器之间保持着非常微妙的平衡关系，一旦弦槌在向前的某一位置被卡住，那么相应的琴键确实是会保持被下按状态的。或者，如果有一些东西使卡住琴键，使其保持被下按状态，那么相应的弦槌也会保持在向前的某一位置。不管卡住的原因是什么，其症状都是一样的。

要找出原因，你得执行以下步骤。

1 将前板（front board）与降板（fallboard）卸下。弹奏有问题的琴键，直至出现该琴键被卡住的现象。

2 将击弦器零部件推回原来正确的停留位置。这样是否能使琴键弹回原来位置？如果是，那么很可能是琴键出了问题。

3 使琴键返回到原来正确的停留位置上。轻弹击弦器的底部，使其向前运动，以模仿弹奏过程。

4 弦槌/击弦器是否会卡在向前的位置无法返回？如果不是，那么更可能是琴键出了问题。

如果怀疑是击弦器出了问题，那么这是相当严重而且不常见的问题，笔者将在第八章的B部分进行相关介绍。如果问题出在琴键上，那么补救措施则较为简单易行。

琴键被卡住，通常是因为它与相邻的琴键贴得太紧。如果是这样，那么在大多数钢琴上，这一问题是很容易解决的，因为在确保击弦器保持在适当位置上的同时，你可以将琴键拆卸下来，尽管你得小心，不要在敲击过程中使毡垫从绞盘（capstan）上脱落，而且还得小心，不能让琴键绊到击弦器的其他部分。

只有在极为少数型号的钢琴上，你得先将击弦器拆下来，才能卸下琴键。（这种钢琴的例子之一是图7.8所示的贝希斯坦型号10（Bechstein model 10）钢琴，其联动器（whippen）是通过"连接杆"（sticker）连接至琴键后端的。）如果你很不幸地拥有这样一台钢琴，接下来的程序需要你给出极大的耐心，因为你得将有问题的琴键一个一个地从击弦器上拆解下来。

5 将紧靠被卡住琴键右边的琴键拆下来。

6 弹一弹被卡住的琴键。如果琴键不再被卡住，那么说明它原来与右边的琴键靠得太近，以至于被卡住。（你可能会听到微弱的刮擦声。）如果琴键还是会被卡住，那么将紧靠该琴键左边的琴键拆下来。

7 弹一弹被卡住的琴键。该琴键是否还会被卡住？如果否（译注：根据上下文，这里应该是"否"，而不是原文所说的"是"（yes）），那么说明它原来与左边的琴键靠得太紧。

8 检查上述两个相邻琴键上是否有木屑（工作后留下的细屑）或者琴键两侧是否有其他杂物，例如凝固的液体。将你所发现的所有杂物清除掉。

9 目测一下，寻找琴键被卡住的点，在该位置上用砂纸打磨一下，稍微将一些木料磨去。只使用带有超级细砂的砂纸。这种砂纸可以在供应商或一些DIY商店里买到。

问题：琴键还是会被卡住

在相邻两个琴键被卸下后，有问题的琴键是否还是会被卡住？如果是，那么故障原因可能出在琴键衬套（key bushing）上

或者前轨销钉上。

每一琴键上有两个孔——一个孔为平衡轨销钉而设，直接穿透琴键；另一个孔则是为前轨销钉而设，隐藏在琴键底下。图7.24、图7.35、图7.36与图7.37展示了中盘托的一部分，其中有两个琴键被卸下，一个琴键保留在原位；然后，该琴键被从轨道上取下来，展示其顶部与底部。每一个孔都配有一对毛毡衬套，以防止销钉摩擦周围的木材。这些就是你需要检查的四块衬套。

7.35

7.36

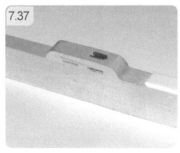
7.37

1 检查琴键顶部平衡轨销钉所穿过的小孔里的毛毡衬套。该衬套是否被磨损？（琴键"拐弯"所在的那部分中盘托，衬套特别容易磨损：请参考图7.38间断区左边的白色琴键。）

2 将琴键拆卸下来，并将其反转过来，检查其底部为前轨销钉所设的衬套。如果有集尘或任何其他杂物，将其吹去。

3 检查供停放琴键的前轨销钉——请参考图7.36。在英国，这些销钉被称为"板球棒"，因为它们与板球棒有几分相似。具有圆形横截面的"手

把"被钉入木材中，而具有椭圆形横截面的"叶片"则伸入琴键里。有时，圆形横截面与椭圆形横截面之间稍微有拐弯，这使得琴键变得较紧涩。

4 如果销钉与中盘托不形成直角，将它拗一拗，直至它与中盘托形成直角。要执行此工作，可在多功能工具套件中（图7.26）选用一支特别的琴键垫片工具，然而，使用任何钳子都可完成此工作，只要你在钳子的抓头上包裹一层布料，避免在用力时使零件产生金属屑。

5 如果销钉没有问题，将四块衬套都挤压一下，以使其尺寸稍微缩小。要执行此工作，你最好使用特殊钳子，该种钳子的一边配有较大抓头（图7.39），可以分散用力时所产生负荷，避免琴键被损坏。如果没有这种钳子，你得小心翼翼地插入适当尺寸的螺丝刀，然后撬一撬衬套，撬衬套时你得更加得小心翼翼。记住，你的目的只是挤压毛毡衬套，所以要控制撬的力度：如果你听到嘎吱一声，那么你已经损伤到衬套旁边的木质构件了。

6 每次对衬套进行挤压之后，将琴键重新安装到钢琴上试一试。并非所有四块衬垫都需要挤压。

问题：黑色琴键被卡住

如果某一黑色琴键一直保持被下按的状态，直至其相邻的一个白色琴键被弹奏时，它才能弹起来，那么其原因是白色琴键外壳的后边沿与黑色琴键之间发生了阻隔或摩擦。这时，你可以使用一支小锉刀，轻轻地将黑色琴键正前方的白色琴键的外壳塑料适当锉去一些。注意保持琴键的方形，用锉刀的平滑一边接触琴键的边缘，如图7.40所示。（最近，一台已经使用了30年的本特利（Bentley）钢琴有两个黑色琴键被卡住，笔者用锉刀对其进行了上述工作。无论是新钢琴还是旧钢琴，几乎一定都有这样的问题，然而，没有人会注意这一细节，对其进行适当修理。事实上，这整个过程只需30秒。）

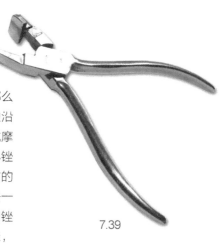

7.39

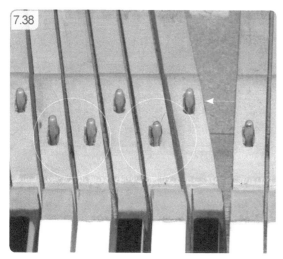

7.38

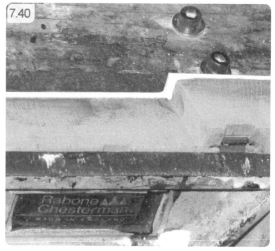

7.40

其他症状

问题：琴键不会被卡住，但是相应的音却未能发出来

有时，琴键与弦槌能够回复到各自的静止位置，但是相应的音却未能发出来。下按琴键时感觉软绵绵的，弦槌并未向前运动。（如果不止一或两个琴键有这样的问题，那么执行以下的步骤未必能起作用，你得参考第八章的B部分。）

1 首先检查顶杆（jack）下的小螺旋弹簧。该小螺旋弹簧的作用是使顶杆返回静止位置。要查看一根弹簧是否有问题，可将它与功能正常的琴键的弹簧相比较。

2 该弹簧可能已经脱离原来的位置。如果有足够的耐心，你使用镊子就可以将错位的弹簧移回原来的位置。

3 如果将原装弹簧移回原位后，虽然琴键功能恢复正常，但是弹簧的力量较弱，那么可以替换一根力量更大的螺旋弹簧。更换过程，你需要的还是耐心，外加一把镊子；或者，你可以将有问题零件所在的整个构件【联动器 (Whippen)】从击弦器上拆卸下来。这样做的好处是，能够提供足够的空间让你很快地换上新弹簧。这样做的缺点是，拆卸联动器是一项比较复杂的工作，你得参考本书第八章的有关内容。因此，你最好还是尝试以下能否单靠镊子就可以进行维修。

问题：琴键发出咔嚓声

弹奏一个音，当你松开琴键时，听到一种非常有特点的、沉闷的"咔嚓"声。之所以会发生这种声音，是因为顶杆后面的那一小块毡垫（图7.41为笔者所构建的模型；如图7.42所示，在真钢琴里的小毡垫）已经丢失，或许是因为粘胶已经失效，导致毡垫脱落；但也很有可能是因为该毡垫已经被蛀虫侵噬掉了。这块毡垫的作用是在顶杆被弹簧推回来时，为其提供"软着陆"。如果毡垫丢失，顶杆被弹簧推回来时，只能"硬着陆"，因此会产生咔嚓声。

应当承认，这样的问题比较罕见，但是笔者还是对它进行了介绍，因为如果你的钢琴已经成

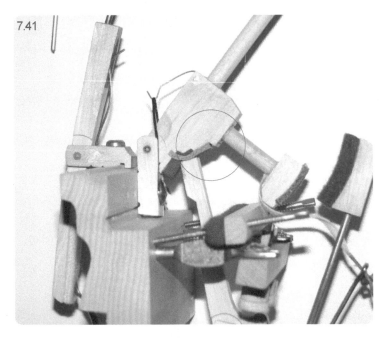

7.41

7.42

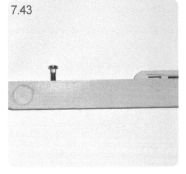

7.43

为蛾虫蛀咬的对象，那么产生这样的问题也不足为奇。如果有几个音受到影响，你得将击弦器拆除，并更换所有毡垫。

如果只是一两个音受到影响，那么你只得极尽所能施展你的"洞眼手术"技术将新毡垫粘到适当位置上，这过程还得使用长的镊子以及以乳胶为基础材料的黏合剂。但这样做其实风险很大，因为周围的其他零件都很精细脆弱，稍有差池，可能就会碰坏。如果你无法进行此项工作，可以参考第八章的B部分。

问题：琴键发出砰砰声

如果琴键发出砰砰声，几乎可以肯定，这是键码（key weight）松动的信号。键码通常是圆形的，如图7.43所示（灰色的圆圈），可通过将其展开而将其拧紧。

1 将受影响的琴键从钢琴上卸下。将琴键的侧面放置于工作台上，并使键码置于坚硬的金属砧垫之上。

2 用宽头钉冲（wide-tipped nail punch）顶着键码的顶端，再用锤子敲击宽头钉冲。这样就可以迫使键码展开。

▦ 对钢琴内部进行清洁

在打开钢琴对其内部进行维修的同时，正好也可以为钢琴进行内部清洁。然而，在阅读本指引之前，请不要轻易而草率地将真空吸尘器的吸嘴深入钢琴的各个私隐位置。

立式钢琴的内部环境是黑暗而封闭的，许多人一般都不会将其列入日常清洁项目之中。因此，这其中往往积聚着大量得令人惊骇的尘土、碎屑与残余物，夹杂着蛾虫卵、昆虫、老鼠丢弃物……较旧的钢琴里，常常还会有老鼠藏匿。有时甚至能发现鸟和仓鼠！笔者甚至常常在钢琴内部发现狗毛，但迄今为止，还未亲眼看过小狗是如何钻进去的。

因此，在为较旧的立式钢琴进行第一次（也许这也是该台钢琴所经历的第一次）内部清洁工作时，你得将其视为生物危害品。（即使销售商声称已经对钢琴进行过清洁工作，你也得具有这种防范意识。毕竟，"清洁"是一个意思颇为宽泛的表述，可以有很多种解释。）在为这种钢琴进行清理工作时，笔者都会例行地戴上眼镜、面罩以及手套，在此，笔者也建议你采取同样的防护措施。

就清洁工作而言，卧式钢琴的方便之处在于，其内部大部分地方都较容易接触到，而且距离地面较远；其不便之处在于，如果其顶盖长期打开，则其内部会有更多集尘。

凡是曾经放置于使用明火的环境内的任何类型的钢琴，都需要谨慎对待，因为其内部表面可能原封不动地铺了一层烟灰。笔者至今仍然清楚地记得，曾经尝试使用旧吸尘器为一台来自煤矿开采区的钢琴清理中盘托。几秒钟之内，整个工作室淹没在黑暗之中，笔者一开始还以为是电灯出故障了。然而，摘下被烟尘覆盖着的眼镜，笔者才发现，大量超细的煤烟尘从吸尘器垃圾袋中散逸出来，使得整个工作室被笼罩在由黑色碳微粒所形成的乌云之中。一个钟头后，这些微粒才逐渐沉淀下来，铺满整个工作室。

因此，在做清洁之前，你得检查钢琴的内部是否铺有一层微粒，因为这种微粒在钢琴的拆卸过程中是非常难以控制的，这点已经得到证明。而且，这些微粒可能还有毒性。笔者在钢琴中通常会发现用于灭杀蛾虫的白色粉末，该种粉末中含有非法化学物质滴滴涕（DDT）。如果钢琴的来源地曾经是生产致命物质的地区，那么其内部可能会集聚有石棉。如果你有疑问，可以请清洁公司的专业人士帮你检查一下。

在为钢琴做清洁工作时（中盘托除外），最好不要使用真空清洁器或吸尘器。真空工具的吸力很容易使得制音器上的毛毡材料以及其他零件上的毛毡材料脱落，而吸尘器可能使某些制音器脱离的整个制音器的直线队列；如果你想在琴弦之间或琴弦后面使用真空工具，这甚至可能导致钢琴走音。

为钢琴内部进行清洁工作的最佳途径是使用压缩机将集尘与碎屑与残余物吹走，而这只能在工作室或室外进行。然而，如果集尘不多，那么对钢琴不构成危害，也不影响其弹奏功能，这种情况下，使用压缩机可能是大材小用了。只有当击弦器中的集尘非常多，才会构成较大问题，才值得使用压缩机这样的"牛刀"。

图7.5展示了另一种类型的键码：嵌入琴键末端的铅块。这种键码叫做三文治键码，是需要通过胶水固定的。

1 将其取出——如果铅块镶嵌得很紧，将其往前挪松一点。

2 在铅块后端涂上少量胶水（使用喷胶枪是快而有效的方法）。

3 迅速将铅块推回原位。将多余的胶水拭去。

问题：金属咯咯声

某一音或某几个音有时会发出隆隆声，这说明音板有裂缝。而某一个音带有金属咯咯声则说明弦桥有裂缝。如果受到影响的琴弦是位于弦桥末端的最后一根弦（图7.44），那么这可是一个很严重的问题。在本书第八章的D部分，笔者将详细探讨如何处理此问题。

7.44

第八章

高级保养与维修

　　随着钢琴使用年期的增加，相关问题会影响到更多的工作零件。针对这些问题迅速地作出诊断并对症下药，固然属于钢琴技师们的专攻领域，然而，如果钢琴无法正常工作时，你能够耐心地忍受一阵，给自己多一点时间，那么，仅依靠自己的力量处理那些更具挑战性的保养与维修工作并非不可能的事情。本章中，笔者只介绍立式钢琴的相关内容，对于卧式钢琴，笔者将在本书第九章进行介绍。

A：键盘

只要键盘正确放置，呈水平状态，并与击弦器相协调（本书第七章）——换言之，就是键盘的功能大致正常——就可能解决其他更复杂、更高级的键盘问题。这些更复杂、更高级的问题通常发生在磨损较严重的旧钢琴或者未被妥善对待的较新的钢琴上。

褪色或损坏的琴键外壳

象牙琴键外壳

正如笔者在本书第二章所介绍的，几乎所有在1914年之前制造的钢琴都有白色的真象牙琴键外壳。但自从那时起，象牙逐渐被合成材料代替。只有非常昂贵的钢琴才拥有一片式的象牙琴键外壳；这种外壳大多都由两部分构成，该两部分正好在黑色琴键的前方相接，连接处所形成的缝隙就像用铅笔在白色琴键上划了一条细细的直线。图8a.1展示了一些已经严重损坏的、待更换的旧琴键：其中一个已经完全失去外壳；还有一个琴键是侧面放置的，向读者展示琴键的侧面可以变得如此之肮脏。

大多数配有象牙键盘的钢琴现在都太旧了，无法弹奏，但是笔者偶尔也会遇到还可供弹奏的配象牙键盘的钢琴。由于演奏者的汗水与外壳材料频繁接触，这些象牙键盘的中间部分通常都已经泛黄。如果象牙键盘的状况尚佳，通过以下步骤，可以将其清洁并变得白。

1 将键盘拆卸下来。用带有少许玻璃清洁剂的湿布擦拭白色琴键（只能使用气雾型清洁剂；将清洁剂喷在湿布上，而不是直接喷在琴键上）。不要将外壳下的木质构件弄湿。

2 较顽固的污迹可以通过在台式抛光机上对象牙进行抛光而处理掉。通过以下方法，你可以临时做一个台式抛光机：用钳子夹住电钻，并在卡盘上安装一个棉布抛光轮。

3 购买一种研磨抛光化合物，这种化合物因其外形类似肥皂而通常被称为"肥皂"。该产品以不同的颜色进行分级：白色级别表示最为温和，通常足以用于处理琴键污迹；较为顽固的污迹则可能需要使用棕色级别的产品，但是你得使用棕色级别产品专用的另一种抛光轮，而在做最终表面效果时，你还得重新采用白色级别产品。

4 将"肥皂"顶着旋转着的抛光轮，使得化合物的痕迹可以转移至轮子上。

5 现在，可以依次将每一块象牙轻轻地顶着抛光轮，直至你熟悉这项技术及其效果。变化效果会很非常明显，然而，要执行此步骤，手要稳，以防止损坏象牙。记住，不要将象牙过用力地顶着轮子：这样的话，当动物胶（用于将象牙外壳粘合在木质构件上）被摩擦所产生的热量熔化掉时，琴键外壳可能会飞出来。【由于摩擦会产生热量，这使得这项技术完全不适用于赛璐珞（celluloid）或塑料琴键外壳，因为所产生的热量会导致外壳熔化。】

6 关于健康与安全的建议：你得需要眼睛防护措施，如果有耳朵防护措施那会更好。靠近旋转装置工作时，不能戴手套，

8a.1

因此在旋转的抛光轮旁边工作，你的手将会弄脏，也不免会有受伤的风险。

对于翻新象牙琴键而言，大多数琴主在合理范围内可能最多只能尽到以上的努力了。如果以上的技术仍然无法令你的象牙焕然一新，甚至光彩更胜过从前的话，也许你唯一的出路是将象牙外壳剥去，换上更现代化（而且合法）的外壳。

然而，在不确定至少在未来几年内，钢琴是否还可供弹奏的情况下，你最好先不要考虑这样做。

虽然对象牙外壳进行翻新与更换不是不可能的，但是要做得好，是极度困难的，因此只在你对一台乐器情有独钟时，你才能考虑对象牙外壳进行翻新与更换，而且这是整台钢琴的翻新工作中主要项目——这项工作已经超出本书所要讨论的范围。

要将象牙外壳拆卸下来，你只需应用足够的热量，将陈旧的动物胶熔化——使用普通的衣服熨斗，将其温度调高，就可以完成此项任务。象牙烧焦时所产生的气温很难闻，但是琴键外壳最终会松脱。但是，你得提高警惕，因为根据笔者的经验，执行这一工作所得出的结果会比较难以预测：有时外壳很容易就干净利落地松脱出来，剥去外壳后的木件表面平整，很适宜进一步执行工作；有时每一平方毫米都需要费很大工夫才能松脱。这就是为什么笔者提醒你，在进行翻新和更换之前，首先得考虑一下，该钢琴是否值得你耗费如此大的心思。

8a.2

维修赛璐珞与塑料琴键

20世纪生产的大多数钢琴的白色琴键都采用赛璐珞外壳。现在，白色琴键大多采用塑料外壳，尽管一些钢琴仍会采用赛璐珞材料。如果钢琴有许多琴键已经损坏，那么你得考虑自己是否能接受经修复后的琴键与原装琴键稍微有差异，因为除非你的钢琴仍然有在生产，否则，你很可能是无法获得能与原装琴键相匹配的替代琴键的。一些钢琴生产商，例如雅马哈与卡瓦依，在提供零部件服务方面的表现非常优秀。而有众多的生产商在这方面的服务却远远不尽如人意，尽管公平地说，许多服务方面的问题可能是由于语言上的障碍所导致。

如果你的钢琴上只有少数几个琴键外壳损坏，而你无法找到与原装琴键外壳相匹配的替代外壳，那么一个可能可行的方案是：将钢琴上一些原装琴键外壳的位置作调整，以将新的替代外壳限制在较不引人注意的键盘末端。通常的做法将低音一端的原装琴键外壳取出来，将新外壳安装上去，再将取出来的原装外壳安装在原来外壳有损坏的琴键上。当然，也可将高音一端的琴

键外壳做调整。除了少数几个琴键的外壳（即在88音键盘上的A 1最低音与C最高音以及在85音键盘上的A最高音），所有琴键外壳均可在不同八度音阶之间互换。（注意：D、G与A看上去很像相似，但是其实所有不同。D是对称的，但G与A不是。）

塑料白色琴键外壳价格不贵，还可以自由成形。市面上所供应赛璐珞有成形的，也有片装的。然而，与较陈旧的钢琴相比，现代钢琴的琴键外壳用料要厚很多，这增加了匹配琴键外壳的难度。（一些钢琴技师特地保存旧钢琴的琴键外壳，以备不时之需。）如果你的钢琴只有少数几个琴键损坏，而该钢琴也并不是珍贵到你值得对其进行全面的修复，你可以采取以下步骤。

1 将损坏的琴键拆卸下来，将其用装有衬垫的钳子固定。（如果琴键有拐弯，只需用钳子夹住其前面部分。）琴键的顶部需要刚刚从钳子的抓头里伸出来。

2 开始利用非常锋利的刀片将琴键外壳取下。这一过程可能很容易，也可能很困难。（有时，你可能得根据实际情况临时想出应对方法。笔者曾经遇到一个异常顽固的键盘，其赛璐珞比

粘胶还要软。经过数次尝试和失败之后，笔者发现，将刀片烤至将近赤热，切割粘胶时，就像切割牛油一样轻而易举。）

3 判断琴键外壳是否容易取出。这一点很重要，因为这影响你的下一个决定：是否要将两端的某些琴键外壳取出来安装在外壳有损坏的琴键上，再将新的替代琴键安装在两端琴键上。如果取出琴键外壳非常困难，似乎得凿下一层木材才能取出，那么很可能该台钢琴上的所有琴键外壳都很难取出来，因此，你最好还是不要考虑将两端的原装琴键外壳迁移到位于较中间的、外壳受损的琴键上，而是直接将新的替代琴键外壳安装在外壳受损的琴键上。

4 在作出以上决定之后，将有关琴键从键盘上拆卸下来，再将琴键外壳取下。处理旧的赛璐珞琴键外壳时，需要小心谨慎，因为赛璐珞材料极为易燃。也正因为这一原因，轮船的货舱是禁止装载赛璐珞材料的。（在住在使用明火的房子的那一段时间里，笔者常常把被报废钢琴的带赛璐珞外壳的琴键用作生火材料。那简直是非常棒的生火材料！）

5 如果得费一定的工夫才能使旧的琴键外壳松脱，那么你需要用砂纸为外壳下的木质构件打磨一下——注意，你必须使木质构件的表面完全平整——如果发现任何小孔，用木填料填平。如果你不这样做，新的琴键外壳可能无法紧贴琴键的木质构件，当你用手指敲击琴键时，可以听出琴键是中空的。

6 用砂纸磨去或用锉刀锉去多余的木料，使得有足够空间安装厚度有所增加的新外壳材料与新胶水（因为原来的动物胶是在其受热后薄薄地刷上一层的，所以新胶水的厚度应该比原来那一层动物胶更厚）。最终安装后，新琴键顶端必须处于一个完全正确的高度上——这正是笔者建议在你开始之前，首先得确认键盘呈水平状态的原因。

7 笔者几乎可以肯定地说，你所使用的供替换的外壳尺寸将会太大。在黏合之前，你得将Cs、Es、Fs与Bs的长而直的一侧对齐。对于其他琴键，尽可能使外壳紧靠琴键的一侧，而让多出的材料在另外一侧伸出，请参考图8a.2。

8 在外壳与木料的表面都涂上粘胶。在木料上可以多涂一些，因为木料的吸收性较好。然后让粘胶发黏。采用普通粘度的黏合剂就行。在钢琴维修店里可以买到塑料与赛璐珞专用的特殊粘胶，然而，除非你决定对整个键盘进行翻新，否则你不需要使用这种粘胶。对于赛璐珞与象牙外壳，使用传统钢琴粘胶。这种粘胶的基本原料来自动物，得先融化方可使用。这种粘胶在用于键盘时，混合了一些钛白，呈彩白色（coloured white）。

9 将两个表面合拢在一起。在正式将两个表面合拢之前，你得用没上胶的零件练习一下，因为你只有一次机会使得两个表面正确地合拢在一起。

10 用钳子轻轻地挤压琴键主体与外壳，使其粘合在一起，并确保此挤压黏合状态维持几分钟。（钳子接触琴键外壳表面的抓头需要有衬垫，以防止该抓头将琴键外壳弄花。）

11 将琴键转移至夹钳，在可能的情况下，让琴键在夹钳里停留更长时间。（在执行此项工作时，笔者通常会带上几把可快速拆卸的夹钳。曾经有一段时间，笔者经常需要做大量的钢琴翻新工作；当时，笔者使用旧的踏板弹簧制作了一把可同时夹

8a.3

住20个白色琴键的夹钳。当时，笔者还想出了一个方法，以节省所需夹钳的数量，也即将两个琴键放在同一夹钳口内，两个琴键的接触面以及夹钳抓头上垫上软毡垫，如图8a.3所示。）

12 当粘胶变干以后，轮流夹住琴键最小的一面（钳子夹住这一面后，只有最少量的木头露出钳子），而且得将伸出那一面之上的多余材料去除。

13 使用相当精细的工程专用锉刀（也即一边平滑的扁锉），将多余的塑料或赛璐珞锉除，直至外壳与木质主体完全对齐。只往琴键主体方向锉，以防止锉的过程使外壳松脱。（在图8a.2中，需要将琴键翻转过来，用钳子夹住，再开始工作。）

14 钳子必须是完全清洁的，而且适当配有衬垫。在开始执行此项工作时，必须将钳子上的所有木屑与锉屑吹干净。否则，哪怕是一点残余物或碎屑，都足以在你闪闪发光的新琴键上留下不可磨灭的污点。

15 现在可以将琴键垂直地放在钳子里，以形成拐角。使用锉刀的平滑一边，以确保一次只有一边在工作。将琴键用磨砂磨平。然而，琴键的边缘需要保持锋利，所以不要斜切其边缘。

琴键前方外壳

琴键前方的外壳是否也需要更换？但愿上帝保佑，你的钢琴的琴键前方外壳不需要更换。新的塑料琴键顶部外壳有配套的前方外壳可供选购。如果将琴键顶部外壳与前方外壳同时更换，可

令琴键看上去更加整洁，更加吸引人。然而较旧的钢琴的前方外壳所采用的材料较薄，相比之下，新生产的琴键塑料前方外壳则要厚很多，因此，如果装上新的前方外壳，琴键也许与原装键档键档（keyslip）不匹配。市面上有较薄的赛璐珞材料可用作琴键前方外壳，但是这些材料需要切割和成形，这一程序无疑大大增加了此项工作所需的劳力。因此，除非前方外壳非常难看，令你无法忍受，你最好不要将其替换；即使它们的颜色与新的顶部外壳的匹配并不完美，你也最好不要考虑将前方外壳替换。如果不替换前方外壳，那么你所要面对的唯一个小问题就是：在黏合顶部外壳时如何确保顶部外壳的突出部分的尺寸正确？为了解决这一小问题，你可以制作一个能确保突出部分的厚度正确的校准器；当要粘合顶部外壳时，将该校准器置于琴键的前部。笔者发现，通常塑料琴键外壳的厚度基本是适当的。将校准器紧靠在琴键的前部，然后慢慢将顶部外壳向外移动，直至其与校准器完全对齐。

更换所有白色琴键外壳

如果你觉得自己能够将所有白色琴键的外壳都替换掉——而且钢琴的状况或价值值得你这样做——你可以大致地遵循以上的步骤进行替换工作。只是你得花更多的时间。

清洁白色琴键

另一个值得推荐的步骤是用你所能找到的最细的百洁丝

（wire wool）清洁每一个琴键的表面。这确实是一项颇为费时费力而且非常肮脏的工作。可使用的白洁丝的级别从5（非常粗）到级别0，再到级别0000。尽可能使用带更多0的级别。记得带上面罩，一些木材所产生的粉尘如果被吸入，可能致癌。

在用白洁丝清洁时，尽量不要磨去木质构件的棱角。木质构件有非常锋利、崭新如初的棱角，这些棱角是在工厂用机器切出来的，你得设法尽量保全他们。

在一些较陈旧的钢琴上，整个琴键可能褪色得很厉害，而有一些钢琴的琴键经过岁月的洗礼却历久弥新。

如果你觉得为每一琴键清洁表面没有必要，那么至少你对弹奏时暴露在外面的那部分进行清洁。因为琴键经常与弹奏者的手指接触，所以很容易变得非常肮脏与油腻。琴键上的印记能够较深刻地反映弹奏者的弹奏技术以及其个人卫生情况。图8a.4展示了在翻新过程中，琴键被清洁前与被清洁后的情况对比，而图8a.5则展示了在同一台钢琴上选择出来的一些被翻新后的琴键。

如果你是完美主义者……

如果换上一整套塑料琴键外壳，对于较陈旧的钢琴而言，这些外壳看上去太新、太过现代化了，就好像洁白无瑕的牙齿长在老人的嘴里。在这种情况下，将整台钢琴再抛光，可以令陈旧的钢琴与新换的琴键外壳之间的差异不至于过于明显；但是笔者偏向于建议你采取以下做法（如果一台钢琴值得你这么做的话）：

请一位专业人士为你的钢琴安装一整套赛璐珞琴键外壳。这种外壳是整块地粘合在琴键上的，在粘胶干燥之后，再用机器切片，其安装精确度不亚于工厂生产所能达到的精确度，而只具有普通装备的一般工作室是无法达到这样的精确度的。

黑色琴键

一般而言，为黑色琴键进行清洁并不困难，你只需少量的窗户清洁剂和一块湿布即可进行该项工作。较旧式的木质琴键（非塑料琴键）可以按前文介绍的方法使用抛光轮进行清洁。由于使用过的抛光轮上可能残留有彩色物质，因此，使用新的抛光轮清洁黑色琴键。

有各种各样的材料被用于制作黑色琴键，从硬木到塑料材料都有。黑檀木曾经被使用过，但是现在已经不再为人们所用了。可能在黑色琴键外壳下暴露的任何木材一般都被涂成黑色。笔者通常使用黑色毡头笔（俗称"记号笔"）涂色，然而，普通毡头笔会掉色，只有那种价格昂贵的艺术家版本的毡头笔才不会掉色，可防止演奏者的手指被弄黑。如果有必要重新做大范围的上色，可以从钢琴供应商那里购买一种特殊的黑色染料。

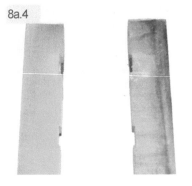

8a.4

8a.5

更换衬套

本书第七章简要地介绍琴键衬套（key bushing）的保养与维修工作。在此笔者要简要地帮助你重温一下：平衡轨与前轨依靠的是金属销钉，该等金属销钉可以保证琴键只做上下运动，而不是左右运动。琴键上的小孔都装有衬套（也即内衬），这些衬套是由柔软但是耐磨的毛毡材料构成，以确保琴键能够顺畅、轻松而且安静地运动。这些衬套极为耐用，如果它们出问题，主要不是因为磨损，而是因为蛾虫侵咬或者因中央供暖系统所带来的损坏。

然而，磨损问题最终还是会使衬套损坏。琴键上平衡轨销钉孔里的衬套尤其容易受磨损问题侵害；在那些为了避开钢琴框架

而"拐弯"的琴键里，销钉孔衬套则更是特别容易受磨损问题困扰。在图8a.6中，可以看到平衡轨销钉孔里的销钉与红色的琴键衬套。这些琴键向左拐弯，因此销钉孔里衬套的右边更容易受到磨损；而白色琴键的衬套最容易磨损，因为在白色琴键上，沿着与拐弯相反方向工作的杠杆更长。笔者在白色琴键衬套上画了圆圈，而交叉弦列间断区（overstringing break）左边的第一个黑色琴键衬套则以箭头指出。

如果衬套磨损，那么琴键在静止时，会向左边松垂下陷。任何人只要跪在钢琴前面，即可发现D与E白色琴键之间形成了一个很明显的"V"形。如果琴键上前

轨销钉孔里的衬套有磨损，那么，当你捏着琴键前端左右摇动时，就能够感觉出来（你得先将相邻的两个琴键按下去，使得中间的琴键独立出来，才能捏着该琴键前端左右摇动，以检查其前轨销钉孔里的衬托是否有磨损）。如果你左右摇动该琴键时，发现琴键有稍微那么一点移动，则表示衬套已经磨损。

可以使用的补救措施有三种，但在此笔者只推荐其中一种。

第一种方法笔者在此只会一笔带过。这种方法是将衬垫小孔周围的木材制造裂缝，从而挤压小孔，使其部分合拢。对于大多数传统的做法，笔者都非常尊重，然而这一做法却是例外，笔

者对此其非常反感，而且从来没有采用过。

这一做法对于钢琴而言是粗暴的，而且无法适用于黑色琴键，因为黑色琴键的销钉孔周围的木材太小，不足以制造任何裂缝。

另外一种解决衬套问题的捷径是：只更换平衡轨销钉孔里其中一侧的衬套（如果出现图8a.6所示的情况，只更换销钉孔里右侧的衬套）以及只更换情况最糟糕的一部分琴键里的衬套（比如说，只为情况最糟糕的两个八度音阶的琴键更换衬套）。这种做法，笔者也不提倡。对于前轨而言，可以将"板球棒"稍微拗一拗以缓解衬套磨损问题。然而，这些做法其实是在加速磨损恶化的情况，因此，只有在只是想让钢琴在彻底更换衬套或者报废之前为其苟延残喘的情况下，这些做法才是能够接受的。如果想让钢琴更容易销售出去而采取这种做法，这就变成了一种欺骗，是不能接受的。在购买二手钢琴过程中，遇到这种情况，请一名钢琴技师为你检查一下并给出意见，确实是很有必要的。

唯一值得进行的补救措施是为所有小孔换上新的衬套。

然而，你得首先检查一下你的钢琴原来是否装有衬套。一些非常廉价的钢琴，即使是新的，其琴键上的平衡轨销钉小孔也完全没有安装衬套。当销钉小孔由于磨损而被扩大时，除非启动大工程，将销钉小孔再扩大，并装上衬套（然而，这样做，其费用往往高得离谱），否则，所产生的问题是无可救药的。图8a.7与图8a.8展示了没有安装平衡轨销

钉小孔衬套的琴键；很不幸，这台钢琴并不讨人喜欢，其使用年期已有80年，经过岁月的洗礼，已经支离破碎。不同寻常的是，这台钢琴所有琴键的平衡轨销钉小孔完全没有磨损，似乎这台钢琴被使用的次数极少。因此，这倒也提供了一个罕见的例子：即一台没有安装琴键衬套的钢琴，其残骸与有安装琴键衬套的钢琴并没有什么差异。

而另一个极端是，在一些品质较高的钢琴里，平衡轨销钉小孔的衬套是安装在一个独立的木质零件上的，然后该木质零件再通过粘胶固定在销钉小孔之上，如图8a.9所示。但在大多数钢琴里，该衬套是通过粘胶直接固定在销钉小孔里的。

1 要正确地更换衬套，确保正确衬套布块尺寸至关重要。因此，首先使用一把锋利的小刀，将钢琴一端的琴键里的原装

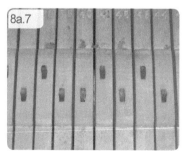

衬套切出来。之所以要从钢琴一端琴键里取出衬套，是因为位于钢琴两端的琴键的使用频率最小，其衬套的磨损程度最轻微，因此也最接近正确的尺寸。

2 准备一些弹簧夹或尺寸正确的楔子，用以在粘胶干燥的过程中，将新衬套固定在正确的位置上（步骤6）。将键盘拆卸下来。

3 用锋利的小刀将旧的衬套清除掉（当然，这里不包括你已经在第1步骤中小心翼翼地切出来的一两片作为尺寸参考的衬套），如图8a.10所示。（你可以购买一只电动衬套布块清除器。一种类似焊烙铁的工具，用以融化粘胶。但是笔者从来不觉得这种工具有太大的作用。）

4 将新衬套布块切成条状，其宽度与旧衬套相同。衬套的尺寸必须完全准确，这一点非常重要，因此，笔者建议你先安装其中几块衬套。这样，你能够实际地操作衬套安装的整个过程；尤其是在步骤6中，你可以在粘胶干燥之后，检查衬套的尺寸是否准确。钢琴维修保养过程中，有一些工作需要毛毡材料与木料的尺寸精确到千分之一英寸，这里的工作就是其中之一。如果衬套过紧，那么琴键无法顺畅工作；太松，则衬套很快就会磨损；不松不紧，恰到好处，则可

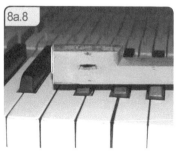

供使用几十年。

5 在大多数钢琴里，琴键的侧面有一个小插槽与平衡轨销钉小孔相通。将衬套布块穿入该插槽中，如图8a.11所示。

6 衬套安装到位后，用粘胶将其黏在小孔里，并如图8a.12所示，使用弹簧夹或楔子将其固定（为了便于展示与说明，在图片中，笔者故意将毛毡条留得很长）约30分钟，直至粘胶完全干燥。（此处不需使用钢琴制作专用粘胶，除非你的使用量很大。如果你使用了该种粘胶，通常需要隔夜，粘胶才能干燥。）最后，使用手术刀修剪衬套（图8a.13）。

7 在重新将键盘安装回去之前，彻底地将中盘托清洁一番。最好是使用压缩机将尘土吹走，然而，这主要是工作室或户外才能进行的工作。如果你只能

在摆放钢琴的原地上进行此项工作，使用软的带长刚毛的刷子以及一台真空清洁器就够了。

8 可以使用少量硅酮喷剂（诸如WD40），对平衡轨销钉与前轨销钉进行润滑。是的，笔者再次确认，这里完全可以使用这种润滑产品，但是不要喷到木

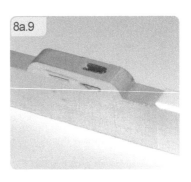

8a.9

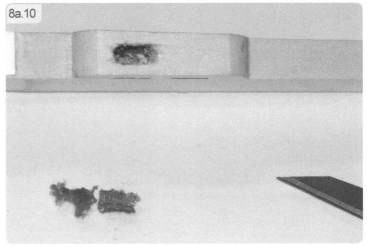

8a.10

材构件上。将其喷到衬垫布块上，再将其擦到销钉上。如果销钉生锈，也可使用金属擦光剂对其进行清洁，然而，还是得避免将擦光剂喷到周围的木材上。在你使用这些喷剂时，在中盘托上铺上旧报纸以起保护作用。最后，重新将键盘安装回去。

9 如果衬套过紧，可以使用琴键放松钳子挤压毛毡，以将毛毡的压实。这种钳子与常规的钳子很相似，除了以下两点：（a）当钳子接近木材构件时，其抓头是平行的；（b）一边抓头的表面积较另一边更大，这样，在挤压毛毡时，琴键的外部不会因受力而损坏。当然，如果你所安装的衬套尺寸本来就不准确，那么无论如何挤压，都不能使衬套放松。

8a.11

8a.12

8a.13

琴键破裂

钢琴出现琴键破裂的情况是非常罕见的，但是一旦出现这种情况，是非常难以处理的。琴键破裂的最常见的原因是人为的破坏。琴键破裂时，其裂纹通常经过平衡轨销钉小孔，在这种情况下，破裂处所残余的表面积太小，不足以供胶水有效地黏合。想对琴键的侧面或底部进行加固，也是不可能的。可能可以通过在裂缝处涂上粘胶，对琴键的顶部进行加固，然而，在平衡轨销钉上面的部分必须留有小孔……总之，对破裂的琴键进行维修是一项结果不容乐观的工作。

要从钢琴销售商的废弃零件箱里找到合适的琴键，希望也是非常渺茫的。如果钢琴仍未停产，你可以尝试向生厂商购买可供更换的配件。否则，最好的解决方案也许是自己制作所需的零配件——然而，说起来容易，做起来可就不那么容易了。与钢琴重建师（piano rebuilder）相反，钢琴修复师（piano restorer）可能能够为你制作所需的零配件，但是制作成本很可能非常高。一个较为经济的途径是找一位懂得木工技艺而且有时间奉陪你的师傅。如果你找到这样一位志愿者，与破裂琴键相邻的琴键也交给他，这样才能确保他为你制作尺寸准确的琴键。

在一些钢琴里，破裂琴键的"拐弯"设计并不太明显，因此可以在键盘末端附近选取一个琴键与其替换。几乎可以肯定地说，你一定得用砂纸将替换琴键上的少量木料磨去，以使得该琴键能够安装在破裂琴键之处。然而，这实在属于万不得已而为之的无奈之举。

从以上分析中，你可以得到一个教训：如果推销者声称一台钢琴"状况优越"，"只是有一两个琴键破裂了"；你千万不要轻信这是小瑕疵；提高警惕，这是足以让你否决该钢琴的理由。

B：钢琴击弦器的维修

击弦器可能出现的故障有若干种，随着钢琴的老化，这些故障会相继发生。因此，本节中，笔者将按其一般的发生顺序逐一进行介绍。

击弦器带子

立式钢琴的弦槌都配有一条亚麻带子，当琴键被松开时，这条带子能将弦槌向后拽（图8b.1）。在一些钢琴里，这些亚麻带子的作用并不明显，然而在另外一些钢琴里，如果这些带子中有几条已经断裂的话，就无法快速弹奏。只凭借目测就应当可以判断这些带子的状况：崭新的带子一般是白色的亚麻，一端装有红色标签。如果这些带子看上去是破旧肮脏的，而且一些带子一端的红色标签已经脱落，那么这说明是时候更换这些带子了。你可以比较一下图8b.1与图8b.2：后者展示了使用寿命已经完结了的带子。

是不是只有少数几条带子断裂？

如果是，那么可以用新带子替代这几条已经断裂的带子。供替代的新带子一端由黄铜夹子锁紧，而该黄铜夹子将用于扣紧平衡槌的木柄（图8b.3）。为了使其能够适用于所有钢琴，这些夹扣式带子通常都做得很长。如果你需要将其大大缩短，可以在接近黄铜夹子一端打一个结子，在此位置打结，可以使得：（a）在击弦器前面不会看到该结子，而且（b）该结子将不会对平衡槌造成阻碍。

在打结时，尽量不要改变带头的方向，否则，箍圈（stirrup）里的带子看上去像是被扭曲过。在图

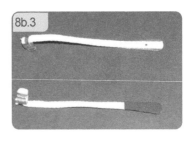

8b.4中的平衡槌与弦槌转击器（butt）被从击弦器上拆卸下来。但是，如果足够小心的话，你不需将击弦器或击弦器中的任何零件从钢琴上拆卸下来，即可更换击弦器带子。你必须遵从以下步骤。

1 将击弦器带子放置到正确的位置上，也即平衡槌木柄之下。

2 用刀口转向一边的一字螺丝刀，将黄铜夹子向上推。

3 当击弦器带子安装好之后，将带头穿过箍圈。

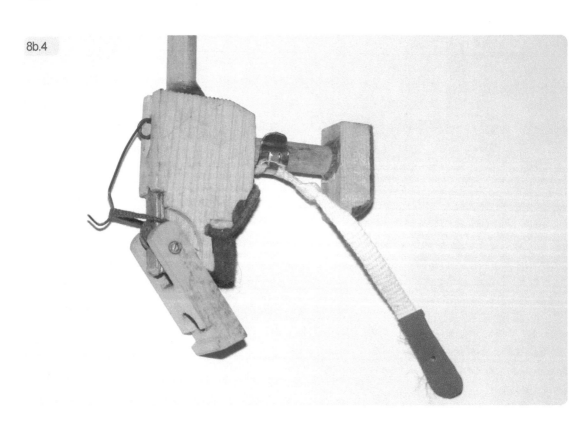

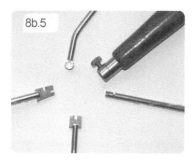

8b.5

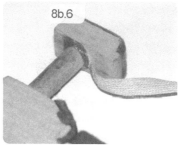

8b.6

8b.7

新替换的击弦器带子的工作长度应当与原装带子相同，这一点也很重要。你可以根据黄铜夹子扣紧平衡槌木柄的位置，进一步改变带子的有效长度。如果与相邻的原装带子相比，新替换的带子还是太长或太短，你可以将箍圈向后或向前拗一拗，直至带子达到适合的长度。然而，使用这种方法进行调整是有限度的。如果你过于频繁地使用这种方法调整带子的长度，箍圈上将会形成一条不规则的线，似乎在惊呼"维修不专业"。最好在多功能工具组件（图8b.5）中选用一把适合的铁线弯曲工具，这比直接用手指拗要好。

是不是有许多条带子断裂？

如果是，那么你可以确信，还有更多带子将会断裂，因此，是时候将所有带子更换掉了。

（在图8b.2所示的一台旧奈特（Knight）钢琴上，击弦器带子在固定孔上破裂，裂缝横跨整个带头。仅仅这10个样本中，就有

8b.8

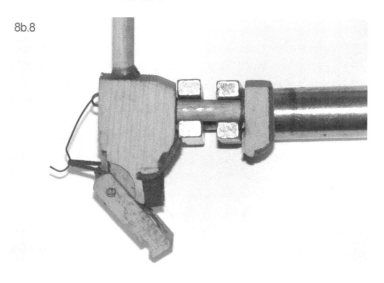

站着还是坐着？

当维修和保养立式钢琴击弦器时，站着工作较坐着工作更为切实可行，因为你得不断地在不同侧面来回跑动。因此，临时做一张狭长的工作台（工作台不需要比击弦器宽很多）是非常有帮助的，这张工作台的高度介于维护人员的胸部与腰部之间为宜。一张折叠式的电子键盘托架，上面加一块木板，如右图所示，这样的装置得到许多流动钢琴技师的青睐，而且也确实能起到很好的协助作用——只要你始终记得，这只是临时装置，其真正的作用并不是工作台，也就够了。如果能够安排更加正式的装置，如一张坚固的工作室专用工作台或大桌子，那就更好了。

击弦器带子断裂？先别急着拆卸击弦器

一个令人担忧而且很容易陷入其中的陷阱是：当有一些击弦器带子破裂时，就将击弦器拆卸下来。联动器（whippen）失去带子，也就失去了支撑，因此垂下来；顶杆（jack）下移到小毡垫之下，堵住了一个小木块（毡垫被黏合在该木块上）——请参考图8b.9。这一连锁反应会带来了以下可怕的结果：即那些出问题的顶杆向上推动弦槌，使其顶着琴弦，这使得击弦器很难或者甚至无法恢复原位。而更可怕的是，在你将所有构件装回钢琴之前，你是无法预知这一可怕结果的。你越是努力地尝试，严重损坏弦槌、弦槌转击器（hammer butt）或顶杆的风险就越大。

以上情况，笔者在很久以前就曾经经历过一次（一次就够了！），当时笔者的角色是弹奏者，而不是钢琴修理者。笔者试图对钢琴做稍微的改善，结果导致酒吧钢琴突然无法弹奏。解决这一困局的方法是（如果情况不是那么糟糕，笔者可能不会这么快就得出这一解决方法）：从几乎已经在琴弦中的击弦器以及轻轻顶住琴弦的弦槌入手；然后将刀口侧向一边的螺丝刀插入调节器（Set-off button）与顶杆根部的顶端之间——请参考图8b.1。按着顶杆根部的顶端往下推，顶杆就会弹回原来正确的位置。对各个出现上述问题的顶杆重复进行以上步骤，即可逐一解决问题。

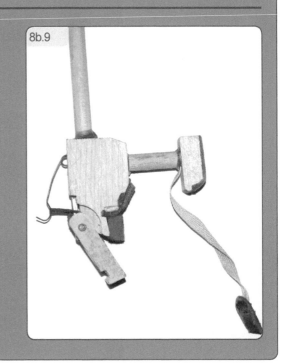

8b.9

2条带子已经破裂。）

在一台新钢琴击弦器带子在工厂里是这样安装的：带子覆盖在平衡槌的木柄插孔上面，涂有粘胶的平衡槌木柄对准该插孔施加压力，将带子冲压到插孔里面，这样，木柄和带子同时挤入插孔中，而且还被粘胶粘紧。请参考图8b.6。这使得木柄、带子与插孔之间的接合非常牢固。有一种专门用于拆卸平衡槌的工具（图8b.7）可供你使用。因此，如果你选择更换所有带子，而且你的目标是修复或重建整台钢琴，这不失为一条可供遵循的正确途径。更换所有带子需要一整天时间；对于较陈旧的钢琴，还会有一些相关的击弦器零件损坏，需要对其进行维修；然而，

如果面对的是一台高品质的钢琴，我们花费更多精力将维修工作做好也是值得的。

图8b.8展示了一只平衡槌拔除工具；在该图中，该工具被应用于一只长度被缩短的平衡槌模型上，以展示如何将平衡槌拔出。拧一下手柄，就可以打开抓头。如果在拔出平衡槌过程中，由于上粘胶的一端太过结实，以至于无法单独将平衡槌的头部拔出，而是将平衡槌头部连同木柄一起拔出，那么，你得将平衡槌头部锯下来，在上面钻插孔，再重新找一根木柄，涂上粘胶，并插入平衡槌头部。建议：将工具的移动部分放在你想要拔出的零部件之上。在大多数情况下，这将能够将你所想要拔出的零部件

拔出来。笔者也不知道为什么会这样，只是这一方法屡试不爽，笔者为之感到庆幸。

对于大部分较陈旧的钢琴，人们都使用热熔胶枪将新击弦器带子粘贴到平衡槌的背部，这已经成为一种惯例。这样的做法应当是非常妥当的，然而问题是，这一维修工作通常没得到很好的执行，因此，笔者经常看到新粘贴的带子脱落的现象，导致其他调琴师得用夹扣式带子替代脱落的带子。

夹扣式带子与粘胶式带子相比较

笔者的观点比较传统（或者说比较顽固）：对于个别带子破裂，使用夹扣式带子作为替换品是

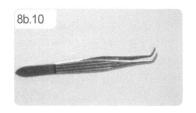

8b.10

8b.11

可以的，但是如果破裂带子的数量达到十个左右，则使用粘胶式带子会更好。很显然，其他的钢琴技师

与笔者的观点截然不同，他们乐于用夹扣式带子替换所有破裂带子。事实上，夹扣式带子上的夹扣非常轻，其重量可以忽略不计，因此，笔者并没有非常有力的证据用于反对将所有破裂带子更换为夹扣式带子。读者们可以自行选择。如果你选择使用粘胶式带子，请遵循以下程序。

1 选择适当的安装时机。当正在对钢琴进行大修、击弦器已经从钢琴上卸下来而且已经被拆开时，这是你安装击弦器带子的最佳时机。如果弦槌与平衡槌等零件位于钢琴内部的适当位置时，要安装击弦器带子则比较困难，尽管并非完全不可能安装（在带子上蘸上一滴热粘胶，再用图8b.10中所示的、笔者常用的、类似于牙科镊子的工具，迅速将带子压在平衡槌的背部）。

2 图8b.11展示了已经腐蚀的原装击弦器带子的带头。到钢

琴供应商那里购买新的带子。

3 如果击弦器未有完全拆卸下来，则将停留轨（rest rail）拆卸下来，以方便接近相关部位。

停留轨（rest rail）的拆卸

　　在一些钢琴上，停留轨螺丝钉的插入位置是在该轨道的背部；因此需要先将击弦器拆除，才能接近该螺丝钉。然而，更常见的停留轨螺丝钉插入锁紧位置如图8b.12、图8b.13与图8b.14所示。

　　这些图片展示了一台肯宝（Kemble）牌钢琴的弦槌停留轨的所有三个固定点：这些用于固定的螺丝钉都位于前面部分，便于拧松和拧紧，你可以在停留轨的各终端找到它们。图8b.15展示了在低音一端的固定螺丝钉，该螺丝钉已经被拧紧。图8b.14则展示了位于交叉弦列间断区（overstringing break）间隙附加

8b.12

8b.13

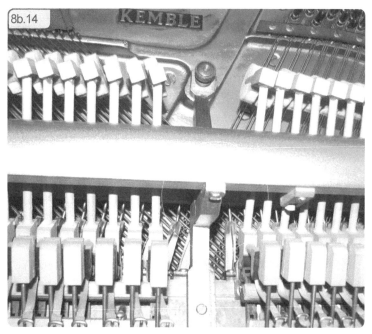

8b.14

紧固金属条：要拧松或拧紧该金属条，你得使用较短的螺丝刀。将柔音踏板（soft pedal）操作杆从低音一端的击弦器柱子里取出来时比较费劲的事情；如果你遇到这种情况，在将停留轨取出之前，可以先将该操作杆拆卸下来。该操作杆通常通过两或三颗螺丝钉附着于停留轨的底部——请参考图8b.16。在图8b.17中所示的另外一台钢琴上，你可以直接看到这些螺丝钉。要拧松、拧紧这些螺丝钉，你还是需要一把短的螺丝刀。

4 选取击弦器一些原装带子，并在上面适当做标记，留作参照，以确保所有新替换带子的长度正确。这是决定成败的关键一步！击弦器通常有三或四个相互不同的部分，因此，可以将位于每部分终端的几条原装带子保留，以作参考。

5 将其余的击弦器原装带子切除。在图8b.4中的平衡槌背部，可以看到被切除的击弦器原装带子的残留痕迹。（在没有将击弦器拆卸下来的情况下，是无法将原装带子完全切除干净的。）

6 将击弦器带子的带头穿进箍圈内。执行此步骤时，最好使用较大支的镊子。

7 经过时，可趁机检查毡垫的状况见下页"毡垫"部分。如果需要对毡垫进行维护，这个时候是最好时机。

8 将新带子放在第4个步骤中所保留下来的原装带子旁边，以估计所需的新带子的长度。完全按照该长度裁剪出一套击弦器带子，以供安装到该部分击弦器

8b.15

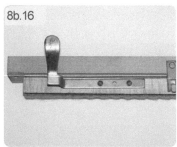

8b.16

之上。

9 在各条新带子末端沾上一滴热粘胶，并依次迅速将其粘贴到相应平衡槌的背部。图8b.18展示了这一工作正在进行中，在这一过程中，弦槌转击器（butt）被从钢琴上拆卸下来。在击弦器未能从钢琴上拆卸下来的情况下，笔者通常使用牙科镊子将各条带子使劲地按到其正确的位置上。小心，不要将粘胶涂到任何其他地方。特别地，不要将任何带子粘贴到平衡槌的底部，这将妨碍托木（check）与平衡槌在弹奏过程中的相互接触。

10 将各条击弦器带子的带头逐个穿到箍圈里。从原装带子得到保留的位置附近开始穿，确保新带子的长度与原装带子的长度尽可能地接近。要执行这一步骤工作中，曲状镊子是最得力的工具。

11 当联动器被抬起时，顶杆将堵在毡垫之下。因此，按该部分所介绍的方法，将顶杆根部的顶端往下推，使顶杆弹回原来正确的位置。

12 如果新带子太长或太短，可以通过将箍圈稍微向后或向前拗一拗，进行微调。如果要获得最佳的调节结果，请不要使用手指拗，而是从

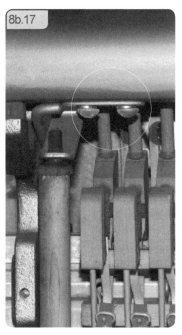

8b.17

多用途工具组件中选取并使用托木弯曲工具。将停留轨装回原位。将击弦器装回原位。

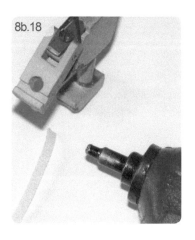

8b.18

毡垫

在各个弦槌转击器之下，在皮革凹槽（leather notch）之旁，是一块小毡垫，该毡垫为红色的（如图8b.9与8b.11所示）。当琴键被松开，顶杆会回到凹槽，这时，这样的毡垫设计就可以让顶杆实现"软着陆"。这种毡垫一般足够钢琴终身使用，但是偶尔也会脱落或者被蛾虫侵咬。如果松开琴键时，可以清楚地听到"噼啪"声，这就说明毡垫已经丢失。

立式钢琴的发射点（set-off）

关于卧式钢琴的发射点（set-off），笔者将在本书的第九章另行介绍。

如本书第二章所解释的，钢琴设计的精髓是其发射点（set-off），也即释放弦槌的机制，该机制允许弦槌在空中移动某一段距离。在立式钢琴中，弦槌的标准发射点是在距离其对应琴弦的约3.17毫米（约八分之一英寸）处；在卧式钢琴中，弦槌的标准发射点是在距离其对应琴弦的十约1.59毫米（约六分之一英寸）处。（对于用于公众演奏的立式钢琴，笔者通常采用卧式钢琴的发射点设置。这种设置可以使得调节幅度与其所增加的音量完全不成比例。这还可能会增加琴弦或弦槌断裂的风险，然而，笔者似乎成功地避免了此问题的发生。）

确保发射点距离正确是非常关键的。只要发射点与琴弦之间的距离稍稍偏大，就会大大降低钢琴所产生的音量以及钢琴的表现力。与其他"失位"（本书第七章）问题不同，发射点不准确时，并不会影响钢琴的工作，只是其所产生的音量将大大降低，弹奏起来令人觉得沮丧。

1 要检查发射点设置是否出现了问题，将手指轻轻按在弦槌之上，以在其向前移动过程中抵挡弦槌（而不是预先阻止其移动），然后再轻轻地下按琴键。

2 当弦槌距离对应琴弦刚好约3.17毫米（约八分之一英寸）时，击弦器内部下方会产生"噔"的一声。这是顶杆从位于弦槌转击器（hammer butt）下的皮革凹槽内弹出来，请参考图8b.9。

3 如果你没有清楚地听到"噔"的一声，可能是由于键击（keystroke）不足。请回到本书第七章，看看如何检查该问题。

4 如果"噔"的一声在弦槌距离琴弦大于约3.17毫米（约八分之一英寸）的位置发生，则键击是正确的，而发射点设置过大，需要进行调整。

5 要找到发射点螺丝，先找一颗由毡料覆盖的、安装在螺丝之上的小按钮。尽管存在其他类别的形式（图7.25），但是该螺丝通常是通过一根安装轨道伸出来，然后弯曲成一个环状或眼状（图8b.19）。

6 使用多用途工具套件中的发射点调节工具调整发射点螺丝钉。对于环状或眼状螺丝钉，调节工具的末端带有狭槽。（绝大多数的工具套件中包含了另外一种的工具，可适用于这种螺丝钉，然而笔者发现这种工具很容易将螺丝环或螺丝眼弄断。笔者所推荐的工具也许偶尔会滑走，但却极少会将螺丝钉弄断。）对于绝大多数其他类别

8b.19

8b.20

8b.21

的出发点螺丝钉，使用图8b.20所示的工具，该工具也能够安装到图8b.5所示的多用途工具套件手把之上。该工具能够经过平衡槌进入钢琴构件之中。要将发射点向琴弦移近，朝逆时针方向转动调节器；相反，要使发射点距离琴弦更远，往顺时针方向转动调节器。

在较陈旧的钢琴里，这些螺丝调节器可能已经腐蚀并被金属锈卡住。如果对前几个螺丝调节器进行调节时，调节器断裂，这说明剩余的其他调节器也很可能有问题。可以使用新的安装轨道和新的调节器，但是这得完全依照原装配件制作，且新调节器得安装在新轨道之上。这将耗费大量时间。因此，这是你否决一台钢琴的又一个原因。

有时，只是一或两个音的发射点需要调整，但是更为常见的情况是，大部分或所有音的发射点都需要调整。如果是后一种情况的话，你得按照本书"夹扣式带子与粘胶式带子相比较"部分所详细介绍的那样，先将弦槌停留轨移除。图8b.21展示了调整工作正在进行，工具已经伸入钢琴构件中；如果不将停留轨拆下来，很难或者不可能进行调整工作的。

到此阶段，一般一名有经验的钢琴技师仅凭肉眼判断，就能够对大多数钢琴的发射点进行调整。对于高品质钢琴而言，你得使用更为精确但也非常简单的方法，这些方法一般是专业人士才会使用的。

7 准备一条厚度正好为约3.17毫米（约八分之一英寸）、长度约为约300毫米（12英寸）的木条。旧式校务木尺较为接近这一尺寸，如果贪图方便，可以采用这种木尺。如果确实找不到这样的木条，只能花钱让细木工店帮你做一根。

8 当你调整一组弦槌时，将木条暂时附着在该组弦槌所对应的琴弦上。（笔者通常一次调整一个八度音阶。）

9 逆时针旋转各个发射点按钮，将其旋转得稍微有点过头，这样，当弹奏音符时，对应的弦槌会被木条挡住，如图8b.22所示。以轻柔的压力按住琴键不放，使弦槌保持在被木条挡住的位置上。

10 往顺时针方向缓缓旋转发射点按钮。当到达完全正确的位置时，弦槌会稍微从木条上退回来。

11 在整个音域（compass）上重复步骤9与步骤10，你就能确保每一弦槌都有统一正确的发射点。

8b.22

调节制音器

在本书第七章中，笔者解释了如何正确安装键盘。而在本章中，我们已经调整了（a）击弦器与（b）发射点。接下来的任务可能是调节制音器——笔者之所以在此使用了"可能"一词，是因为大多数钢琴在整个使用寿命之中都不需要对其制音器进行调节。

笔者还要强调：中盘托必须安装正确，因为如果键击（keystroke）不足，则制音器无法充分抬起，此时，要对制音器进行调节注定是要失败的。换言之，在未能确定击弦器的所有其他部件都能正确运作的情况下，就对有故障的制音器进行调节，其结果一般是凶多吉少的。

如图8b.23与图8b.24所示，当下按琴键时，制音器被联动器（whippen）末端的制音器钢制小勺钉（damper spoon）抬起，离开琴弦。这一小勺钉一般都能正常工作，但是如果出现以下情况，则可能需要对其进行调整。

- 已经对中盘托或击弦器进行了彻底的工作。
- 在制音器上有一小块毡垫或皮革垫，勺钉运动时会推撞该垫子。这些垫子可能已经磨损，特别是键盘中部的垫子通常会被磨损。如果垫子的状况太糟糕，应该将其更换，因为为已经破损的垫子调节勺钉简直是在浪费时间；垫子的更换事实上也很容易——无需拆卸制音器，即可更换。然而，如果该垫子严重磨损，这通常是一个危险信号，意味着整个击弦器已经严重损坏，当然，这也意味着整台钢琴可能存在严重的问题。

制音器需要调节，其最常见的原因是因为长期频繁地使用，使得勺钉稍稍向后弯曲，以至于制音器无法充分抬起，使得琴弦无法充分地振动。补救措施是将勺钉朝着制音器方向稍微地拗弯一点点，直至制音器能够正确工作。（如果制音器过分抬起，或者静止时无法起到制音作用时，将勺钉朝着与制音器相反的方向拗一拗。）

因为要同时检查与调节几个制音器，你必须将击弦器拆卸下来，以方便接近相关部位，所以这是一个非常令人厌烦的过程。你还得在多用途工具套件中选用一般的弯曲工具——然而，同时你得使用钳子或某种可调节型扳手将联动器固定，只有这样，当你用力拗勺钉的时候，才不会对联动器轴架施加额外的压力。（一些多用途工具套件里包括了一把工具，该工具能够伸到击弦

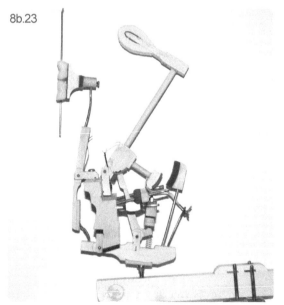

8b.23

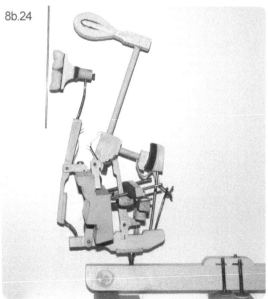

8b.24

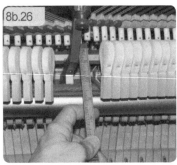

器下的勺钉之上，然而，笔者从来不觉得此种工具能带来多大方便，因为使用此种工具时，感觉不太直观，有点像隔靴搔痒。）

如图8b.25所示，制音器被夹住，使得勺钉露出来。（在正常情况下，该勺钉都是保持在上方的，而且顶着制音器背部的毡垫的。）勺钉上方的圆形金属杆是延音踏板（sustain pedal）系统。当踩下踏板时，该金属杆向前移动，一次性将所有制音器抬起。

如果需要调节的制音器少于大约五个，那么采用如下操作。

1 将击弦器拆卸下来。将勺钉朝着正确的方向稍微拗一拗：如果需要制音器抬得更高，那么将勺钉朝着制音器方向稍微拗弯一点点；如果需要缩小制音器的抬起高度，那么将勺钉朝着与制音器相反的方向拗一拗。

2 将击弦器重新安装到钢琴上，弹奏一下受到影响的音符。这是，在琴键正好要下降到一半之前而且弦槌正好移动到其行程的一半之前【也即，当弦槌移动到距离停留轨约19毫米（约四分之三英寸）时】，制音器应当开始抬起。

3 所有制音器应当都是统一的。当完全按下琴键时，所有制音器的抬起高度都不应当使得制音

器（a）对相邻的制音器造成妨碍（在低音部分），或者（b）对拍击轨道（slap rail）产生过大的压力。拍击轨道是穿过击弦器的一根木条，由毛毡覆盖，用于防止制音器移动距离过大。如果制音器移动距离太大或者太小，那么你的将它们重新排列。

如果需要调节的制音器大于大约五个，那么采用如下操作。

1 将击弦器从钢琴上拆卸下来。检查制音器所形成的线。如果该条线非常不规则，那么一些制音器头部木杆（damper head stem）可能已经被故意地拗弯，以试图改善制音器的性能，然而这种做法并不是明智的。

2 要纠正此错误做法，沿着击弦器摆放一根直尺（使用一根钢尺就足够），并顶着一个八度音阶轻轻地推或者顶着木质制音器主体（接近制音器线（damper wires）所在的位置）轻轻地推。这样可以对弹簧施加压力，使其稍微收缩。

3 这样，所有制音器的木质部分就形成一条直线了，所有制音器的头部应当也形成一条直线了。如果这些部分不能形成一条直线，可使用弯曲工具（图8b.7）矫正头部木杆，以使它们形成一条直线。

4 尝试着将击弦器重新安装到钢琴上，看看制音器是否对应着琴弦形成一条直线。如果已经形成直线，你可以开始对勺钉进行调整了。

过程如下。

5 在各个八度音阶中找到一个能够正确地工作的制音器（或者在音域中找到一个能够正确地工作的制音器样板），并在其上面做上记号，或者，在各个八度音阶里对某个制音器进行调整，直至它能正确地工作。注意，这可能要求对相应的击弦器进行数次拆卸。

6 将对应的击弦器安装到钢琴内之后，准确地测量制音器上某一固定点与停留轨上某一固定点之间的距离。例如，在图8b.26中，制音器螺丝帽与停留轨上毡垫层之间的精确距离约为63.5毫米（约2 1/2英寸）。在交叉弦列型钢琴里，和其他区域的制音器相比较，低音区的制音器要稍微更加往后靠，因此，这两类制音器总共形成两行。因此，你需要进行两次测量。在步骤10里，你将需要这些测量结果。

7 将击弦器拆卸下来，放在工作平台上。此时，联动器是悬垂下来的，悬挂在控制带（bridle tape）上。所有制音器将向前移动，直至它们接触到制音器勺钉接为止。

8 那些能正确地工作的制音器所形成的一条线是否与其他制音器所形成的线不同？如果是，那么需要对其他制音器进行调整，直至它们所形成的线与那些"正确"制音器所形成的线完全对齐为止。

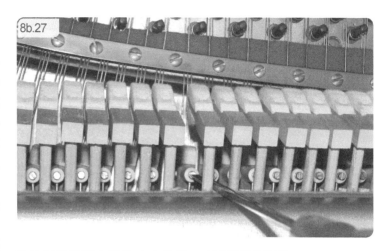

9 找出一个能够正确地工作的制音器，用手指将其联动器抬起。此时，制音器会开始抬起。当弦槌移动到距离停留轨19毫米（3/4英寸）时，制音器与停留轨之间的距离必须与当击弦器在钢琴中时制音器与停留轨之间的距离完全相同。进行测量，以确定这一点。

10 依次将击弦器上各个联动器抬起，以使弦槌向前移动约19毫米（约3/4英寸）。（制作某种测量标准，比如制作一块标准木块，用以依次放在各个联动器之下，以确保每个联动器抬起的高度相同，是很有帮助的。）如果与制音器静止时相比（步骤6），此时的制音器与停留轨之间的距离更大，那么，将制音器勺钉朝着制音器所在的相同方向稍微拗一拗，直至制音器正好能够停留在静止位置上。如果与制音器在钢琴中静止时相比，此时的制音器与拍击轨道（slap rail）之间的距离更小，则将制音器勺钉朝着与制音器所在的相反方向稍微拗一拗。

11 将击弦器重新安装到钢琴里，弹奏各琴键，以确定所有制音器都能正常工作。

失去制音器的琴弦

在另外一种情况下，或许也需要对制音器进行调节。有时，在弹奏某一三和弦音之后，三和弦中的其中一弦仍然会继续发音。发生这种情况，是因为制音器头部已经稍微扭曲，只能抑制三和弦中的其中两条弦。（在双和弦或单和弦音里，这一问题较为少见：在双和弦部分，制音毡垫通常呈以自我为中心的楔形；在单和弦部分，制音器毡垫具有特殊的形状（技术上称为"夹子"），以便于包裹琴弦，其形状也是以自我为中心的。）

如果在弹奏某一三和弦音之后，三和弦中的其中一弦仍然会继续发音，那么采用如下操作。

1 将位于制音器头部背面的固定螺丝钉（图8b.27）拧开。这颗螺丝钉很小，因此，你得使用小号螺丝刀，但是螺丝刀必须足够长，以便能够穿过弦槌，到达螺丝帽的位置。

2 稍微拗一拗制音器头部，直至制音器对准所有三根弦。

3 重新将该颗螺丝钉拧紧，在拧紧过程中，注意检查制音器头部偏移了对齐位置。

4 如果制音器的歪斜状态已经持续有一段时间了，那么可能制音器上有凹槽。如果是的话，用针或镊子将制音器毡垫整理一下，直至凹槽消失。

现在是检查所有制音器松紧程度的好时机。制音器歪斜的主要原因是制音器头部松动。如果你发现某一个制音器头部有松动，那么很可能其他制音器的头部也已经松动了。

替换制音器毡垫

现代下式制音击弦器毡垫一般不会很快损坏：它是安装在一根弹簧上的，如果发生磨损，它会自动向前移动，以填补磨损空间。然而，制音器毡垫总有一天会损坏的，需要你对其进行更换。

造成某些制音器毡垫需要更换的更常见原因是：溢出的液体已经使得制音器毡垫变硬。当松开琴键时，你听到对应的音发出嗡鸣声，这可能就是制音器毡垫变硬的信号。（为了方便，在许多钢琴里，顶盖接合处被设置在制音器或弦槌之上，这使得钢琴内部零件遭受溢出液体损害的概率最大化。）

无论损坏的原因是什么，其中一个可供选择的方案就是更换制音器毡垫；你只需用外科手术刀将旧毡垫头部切下来，再用粘胶将新的毡垫粘贴到木质构件之上就行了。另一个可供选择的方案通常被认为更好，但是费用却要高出许多，也即将整个制音器头部更换掉，但是前提是，你能够找到匹配的制音器头部。

中心销钉（centre pin）

钢琴击弦器的所有活动零件都是依靠细小的镍质中心销钉连接起来的。每个接头一部分是可活动的，而另一部分则是固定的。可活动部分里面有两块细小的毡料轴承，而固定部分则钻一个小孔，可供放置中心销钉，该销钉被紧紧地安装在木质构件中。图8b.28展示了一块弦槌轴架（hammer flange），一根旧中心销钉被拆卸下来，旁边是一根闪闪发亮的用于替换在轴承上的新中心销钉。为了便于插入，新中心销钉是尖头的。而且长度也超过旧销钉，所以稍后也要被剪短。

毡料轴承这一设计可以说是一项了不起的成就。如果能够正确地安装在一起，这些轴承能够保持几十年，经受住几百万次的

循环运转；然而，要将它们恰到好处地安装，需要非常好的判断力。如果安装得太紧，则轴承无法运转：毡料轴承与机动车引擎中的金属轴承不同，它们是无法自由地自我解放的，因为所有的毡料都无法脱漏出来。如果安装得太松，则接头将会在几周内变成碎片。

随着钢琴的老化，中心销钉将会受到两个问题的影响。

■ 中心销钉可能会腐蚀（这主要是受潮湿的影响），导致击弦器逐渐被卡住。

■ 由于木料收缩，使得原本紧紧镶嵌在其中的中心销钉松脱。相关零件就会松动，弦槌移动时可能会发生错位，敲击到相邻的琴弦上，或者甚至整个脱落下来。

安装弦槌转击器金属板（butt plate）

在一些品质较高的钢琴里，弦槌轴架销钉与轴承是通过一小块以螺丝固定的金属板安装在适当位置上的。该金属板被颇具想象力地称为弦槌转击器金属板。与更为常见的摩擦安装式或推入式接头（请参考本书下文）相比，要将这种接合零件重新恢复到中心位置更为容易。因此，笔者首先介绍如何安装弦槌转击器金属板。

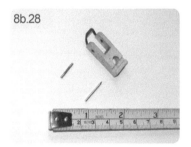

8b.28

 警告

警告1：在任何钢琴上，如果你检查一根左右摇摆着的弦槌，并确定出问题的原因是中心销钉松脱的话，那么该中心销钉非常可能从木质构件上伸出来，如图8b.32所示。突出的中心销钉通常都隐藏在击弦器组件的深处。你千万不要将长的螺丝刀伸入击弦器内部，撬动该中心销钉相邻的轴架，以试图将该中心销钉压回原位。笔者几乎可以肯定地说，这样做只会将毡料轴承推出小孔的另一端。即使你侥幸成功，该中心销钉也会在几天内再次脱落。

警告2：也是在任何钢琴上，在拆卸轴架时，你可能有时会在轴架边沿下发现一些细纸条；如果确实发现这些细纸条，你得将它们装回原位。这些是垫片，它们被安装在那里是有原因的——最常见的原因是因为在向琴弦移动过程中，弦槌稍微地偏移了目标。例如，安装在轴架右侧下面的纸垫片是为了纠正向右偏移的弦槌。（事实上，对于任何无法以精确角度工作的铰链式构件，使用这些垫片不失为一种非常有效的补救措施。）

图8b.11展示了二十世纪20年代的希尔德梅儿（Schied-mayer）钢琴中的弦槌组件。图

8b.29展示了弦槌转击器金属板的布置情况，图8b.30、图8b.31、图8b.32则展示了该组

件被拆开后的接口。旧销钉两端已经生锈，使得弦槌无法顺畅地运动。

弦槌转击器金属板的正确维修方法如下。

1 测量销钉的尺寸，并购买几款尺寸较大的销钉。本书的附录31中给出了销钉的尺寸表。与琴弦一样，销钉的尺寸是根据"音乐用线标准规格"【Music Wire Gauge（MWG）】进行测量的。新钢琴的销钉一般为MWG23，不同级别规格之间的大小相差半个标准规格，也即0.03毫米（千分之一英寸），最大规格为MWG26。钢琴零件供应商通常有销售一种量尺，该量尺两侧有分级别的MWG测量凹口，中间则有用于测量调音弦轴的小孔（请参考图8b.33）。与千分尺相比，这种量尺使用起来比较方便。

2 选取新销钉，其尺寸较旧销钉大一码。长度也较旧销钉要长，而且一端为尖头，以方便插入。

8b.33

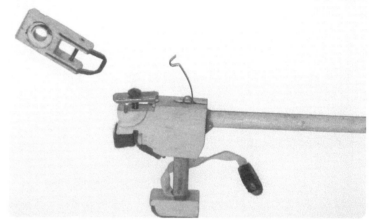
8b.30

8b.29

8b.31

8b.32

3 将新销钉安装到轴承上。如果太松，那么选取再大一码尺寸。

4 如果新销钉安装到弦槌转击器之后太紧，那么则需要用铰刀（reamer）将毡料轴承磨去压实，从而将小孔扩大，直到销钉正好能够紧凑安装——请参考图8b.34。慢慢将小号铰刀插入，用手指旋转铰刀。因为铰刀的轴是锥形的，所以从两侧轴架插入同样深度。所得到的小孔仍然有点带锥形状，其毡垫将变得粗糙——所以，这样还不够好！

5 插入一只扩孔器（broach）（图8b.35）——这其实是一种极为精细的旋转式锉子，其尺寸与中心销钉各尺寸相匹配。由于轴架的两侧是平行的，所以只需从一个方向插入即可。利用此工具可将毡料进一步压实，将形成承支点的表面磨光。使用扩孔器，每次都从同一方向插入，直至销钉能够正好紧凑地安装进去。（一些扩孔器——通常是那种配有木柄的扩孔器——的顶端接近手把的位置上有一个粗糙部

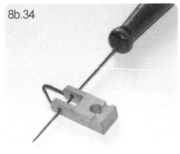

8b.34

8b.35

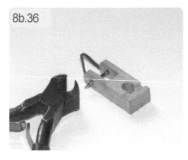

8b.36

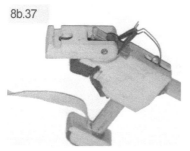

8b.37

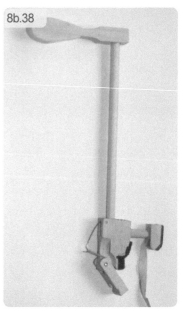

8b.38

分。可以用作铰刀，将一些毡料去除。）插入销钉。

6 将销钉多余的长度切除掉。一定要使用胡桃钳（endground cutter）（图8b.36）。将接头重新组装，如图8b.37所示。

7 重新组装好之后，用手指将轴架推开，并放开。在转击器小弹簧拉力的作用下，轴架应该能弹回图8b.11所示的位置上。如果轴架无法弹回正确的位置上，那么说明销钉过紧，因此，你得再次使用扩孔器将毡料进一步压实，将形成承支点的表面进一步磨光。

8 你也许需要经过几次尝试、犯几次错误之后，才能使销钉适当安装，移动方式正确。

如果你的钢琴没有弦槌转击器金属板，那么事情远远不止这么简单了。

推入式接头（Push-in joints）

螺丝钉式弦槌转击器金属板

是高品质钢琴所具有的奢侈特征。在高品质钢琴上，之所以只有弦槌轴架（hammer flange）上需要安装此金属板，是因为与其他轴架相比较，该轴架使用频率更高，所做工作更多。而在大多数一般钢琴里，所有接头，包括弦槌轴架，都是如图8b.38与图8b.39所示的推入式接头。

一般来说，每个音所对应的击弦器都有四个中心销钉；也即，每个音上的所有移动组件都

8b.39

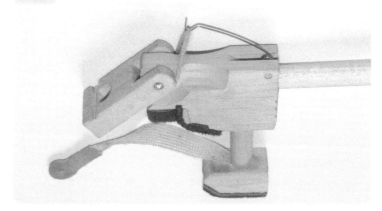

各有一个中心销钉。如图8b.40所标示，这些销钉位于：1）弦槌轴架（hammer flange）；2）联动器轴架（whiipen flange）；3）顶杆（jack）本身；4）制音器轴架。

对于各个不同的组件，重新安装中心销钉的流程都是一样的。现在以重新安装弦槌轴架的中心销钉为例解释如何安装中心销钉。

1 使用离心工具（图b.41）将接头拆开，这种离心工具看上去像手指金属套（knuckle-duster）。图8b.42与图8b.43展示了该种离心工具的工作部件：尖头一端用于拆除旧的中心销钉，而另一端用于插入新的中心销钉。图8b.44展示了拆卸中心销钉的过程，图8b.45则展示了销钉被拆卸下来后的情形。

2 选取新的销钉，该销钉的尺寸应该适当，应该能够紧贴小孔——请参考图8b.46。首先选取比原销钉大一码的销钉——关于尺寸，请参考上文"安装弦槌转击器金属板"部分的第一步骤。

8b.41

8b.43

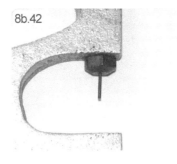

8b.42

8b.44

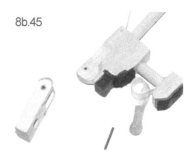

8b.45

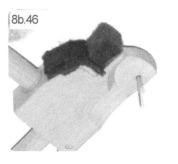

8b.46

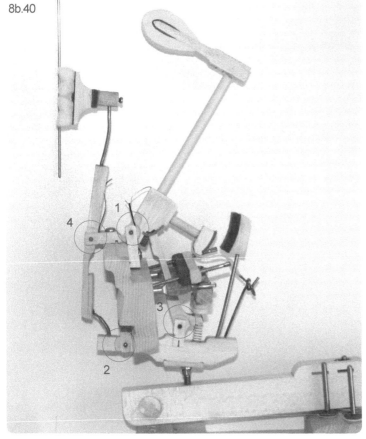

8b.40

如果该尺寸的销钉无法紧贴小孔，那么得选取再大一码的销钉。在判断尺寸时，你得小心翼翼，因为在确保销钉紧贴小孔，不会太松的同时，你还得防止销钉尺寸太大，以至于在挤入小孔时，将木质构件挤裂。

3 按照上文"安装弦槌转击器金属板"部分的步骤4与步骤5，将毡料轴承打磨、压实，以使得销钉可以正好插入小孔。如果销钉能够妥善安装，就可以进行接头组装了。

4 将轴架置于大概正确的位置，将构件举起，放在灯光之下。尽管这三个小孔非常小，然而，很奇妙的是，当它们排成一排时，你可以看穿过去。让它们保持在这个位置，用手将销钉插入，在销钉能够轻松进入的前提下，尽量往里插入（图8b.47）。

5 使用离心工具的"钝头"一端或插入一端将销钉进一步挤压进去（图8b.48）。

6 使用平头切刀，将多余的销钉长度切除（图8b.49）。

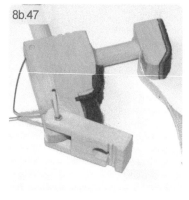
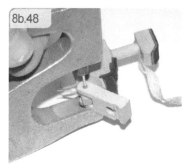

维修制音器弹簧

在图8b.23与图8b.24里，制音器下有一根弹簧，其作用有二：（a）当制音器弹离琴弦时，使其保持静止状态（b）当松开琴键时，将制音器弹回琴弦上。当琴键被松开时，联动器后面的勺钉将制音器底部往前推，使制音器的毡垫抬起，离开琴弦，使得琴弦振动以发出对应的音符。该弹簧中间有一根线轴（cord），其作用相当于中心销钉。（之所以使用线轴，是因为线轴不会发出吱吱声或咯咯声。有一种替换线轴，看上去像一根线一样，其价格极为昂贵。笔者相信这种线轴具有卓越的品质，而一般的线只能使用十分钟。）

如果某一制音器弹簧无法正常工作，那么在松开琴键后，对应的音符会继续发音，直至该乐音自然消失。如果有几根弹簧无法正常工作，或者，甚至是键盘中部的某一个琴键所对应的制音器弹簧无法正常工作，钢琴就无法正常弹奏。如果制音器弹簧只是从位于木构件中的凹槽中松脱出来，那么你比较幸运，因为你只需将弹簧弄弯，让它保持在中间位置，使用长的镊子将它压回正确的位置。

然而，导致故障的更为常见的原因是以下其中之一。

■ 制音器弹簧已经破损。在有腐蚀迹象的钢琴里，这一可能性更大。

■ 虽然制音器弹簧并未破损，但是由于长期使用，所能产生的弹力已经比较弱，无法有效地帮助制音器对琴弦进行消音。

■ 更换制音器弹簧时，对各种不同琴弦都使用了同一规格的弹簧。一整套制音器弹簧包括了三个规格：高音弦所对应的制音器弹簧较轻，较低音琴弦所对应的制音器弹簧则较重，这是因为要抑止较低音琴弦的振动，需要弹力较大的弹簧。如果在低音制音器上使用了高音制音器弹簧，那么无法达到理想的制音效果。

解决方法有许多种。一些解决方法非常快捷、有效，而且成本

8b.50

低廉，然而其效用却很可能无法持久。其中有一两种方法操作难度非常高，而且效用也不甚明显。

还有另一种相当常见的做法，就是提早作出补救措施：也即将小木签或牙签【而不是常规的线材（cord）】放入弹簧，然后再将弹簧安装上去。这样做可以起一定作用，但是却很可能发出吱吱声。

在紧急情况下，以下临时补救措施能起很好的作用。

1将橡皮带置于制音器线干（wire stem）上。扭转之，使其停留在制音器线干上。

2将橡皮带缠绕在联动器底端。

就好像选用最完美的石头去砸窗子一样，技艺高超的钢琴技师总是尝试着使得橡皮带的拉力与弹簧的弹力相匹配，以使得相关的琴键弹奏上去感觉不会差别太大。

"适合的"解决方法只有一种，然而不幸的是，这种方法非

8b.51

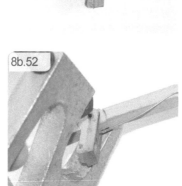

8b.52

常耗费时间，而且费用很高。这种方法牵涉到重新定位制音器轴架（damper flange）。如果一台钢琴有五根或者更多根弹簧需要重置，或者你可以很明显地看出，有几根弹簧已经被重置过。那么用不了多久，这台钢琴就会饱受制音器弹簧问题的困扰。如

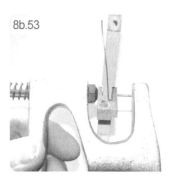

8b.53

8b.54

8b.55

8b.56

8b.57

果是这样，你也许得更换一整套新弹簧，因为一次换一两根弹簧较为费劲，所花费时间也非常长，较为不划算。一旦你遇到这种让人犹豫不决的情况，一次性更换一整套弹簧更为简便快捷。更换一根弹簧或所有一整套弹簧的正确方法如下。

1 先将击弦器拆下来，放在工作台上。再将制音器从击弦器中拆卸下来。要进行此项工作，你得使用配有小刀头的长杆螺丝刀（图8b.50）。制音器螺丝钉深藏于击弦器内部，因此，

如果不将制音器从击弦器上拆卸下来，是很难接近这些螺丝钉的。图8.51展示了一根从钢琴上拆卸下来的制音器。

2 使用图8b.41所示的离心工具将轴架拆卸下来。

3 图8b.52与图8b.53所示，将旧销钉从位于轴架小孔与制音器木质长臂中心里的毡料轴承上拆卸出来。图8b.54展示了被拆卸开来的构件。在旧销钉的一端可以看到锈蚀。制音器主体上的小孔显现出来，销钉应穿过此小孔，并紧贴小孔的内壁。

4 用非常细的钻子将旧的线材钻除（图8b.55）。

5 现在，可以将制音器的旧弹簧拉出来。图8b.56展示了旧线材与弹簧，以及旧线材上的残骸。图8b.57展示了一个小孔，弹簧的末端从该小孔穿入。

6 插入新弹簧（图8b.58）。新弹簧是通用型产品，因此通常都很长。图8b.59展示了一根新弹簧，其旁边放了一根旧弹簧作对比。

7 将带着线材的弹簧安装到位。使用一小块透明胶布，

8b.58

8b.60

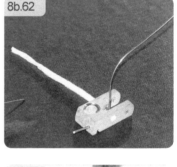
8b.62

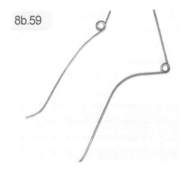
8b.59

8b.61

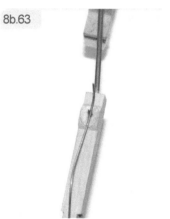
8b.63

8b.64

为线材做引导线（图8b.61）。使用外科手术刀将线材两端多余的部分切除（图8b.62）。将新弹簧多余部分剪除（图8b.60）。

8 现在可以将中心销钉插入轴架。这一过程与前文所介绍的弦槌轴架中心销钉的安装过程是完全一样的（请参考"推入式接头"部分）。

9 如果新弹簧仍然太长，将其拗一拗。制音器木质构件主体上有一个带有毡料衬垫的凹槽。当用手指将轴架向上推至其正常工作位置时（与制音器木质构件主体形成90°角时）（图8b.63），该弹簧被拗弯后所形成的弧度的顶部必须落在该凹槽的中间。可能的情况下，使新弹簧的弯曲度尽量与原

装弹簧的弯曲度相同——请参考以下的"弹簧拉力调整"部分。将多余部分剪去（图8b.64）。

10 试一试轴架。正常情况下，轴架应当能够顺畅地旋转，而不会向两侧摇摆。如果轴架能恢复至图8b.52所示的状态，那么可以将制音器安装回击弦器内了。

弹簧拉力调整

　　钢琴各琴键的触感必须均匀。如果弹簧拉力各不相同，很难保证各琴键触感均匀。一般地，如果各弹簧所形成的弓形都一样，琴键的触感就很可能比较均匀。如果弹奏时，你能感觉琴键触感不同，将弹簧稍微拗一拗，可以对其拉力进行调整。

击弦器被卡住或反应缓慢

　　如果钢琴放置在潮湿环境里，轴承周围的木料可能膨胀，挤压毡料轴承，使得轴承内的零件镶嵌得过紧。这将会降低击弦器的反应速度；如果情况严重，还可能使得击弦器完全被卡住。如果钢琴出现上述问题，将其搬移至非常干燥的环境里，可能使有关零件松开，使击弦器恢复运转；或者，你也许可以尝试从钢琴零件供应商那里购买到合适的材料，以"缓解"该问题。这种材料包括特氟龙（Teflon）1，其效用非常明显，尽管对于较为昂贵的钢琴或者值得翻新重建的钢琴，笔者自己从来不会使用这种材料。如果需要使用，可以使用艺术画笔蘸一点在毡料轴承之上。

　　但是，如果钢琴放置在潮湿环境里的时间过长，那么无论你采取什么补救措施，可能都无济于事。中心销钉已经遭到严重腐蚀，并膨胀起来，使得它们再也无法恢复松动。如果在试过让击弦器自然干燥或使用润滑产品之后，仍然无法让击弦器恢复运转，剩下的唯一选择就是将整个击弦器重新定位（也即为击弦器安装新的销钉）。

　　在继续行动之前，在是时候停下来仔细想想以下几个因素了。

- 如果钢琴非常陈旧，要为其击弦器进行重新定位，是非常不划算的事情；如果击弦器的木质构件已经收缩变脆，那么要进行重新定位则是完全不可能的事情。
- 将击弦器重新进行定位通常是为整台钢琴进行翻新重建的一部分工作。一整套翻新重建工作涉及新琴弦、调音弦轴、音板维修、琴键等等。本书中，笔者不准备对钢琴翻新重建进行全面介绍，因为这部分内容通常只适于专业人士阅读。为整个击弦器重新定位并非特别困难的工作，但是完成这项工作之后，你将得到一台新老交杂的钢琴，而这种交杂并不非常协调。关键是，你能接受这样的结果吗？
- 笔者得提醒你，为所有击弦器进行重新定位，涉及400项相互独立的销钉更换工作。击弦器重新定位属于世

界上最为琐碎乏味、最令人沮丧的工作之一。或者，笔者可以这样说，当你进行这项工作时，你会有这样的感觉。

　　如果你的钢琴的状况非常糟糕，弦槌向侧面摇摆，而你却非要拯救它不可，那么可以考虑暂时先将中间两个八度音阶的弦槌转击器（hammer butts）重新定位，然后试弹几个星期。如果新装上去的销钉太紧，这说明弦槌将无法正常工作，而且永远无法松开；如果新装上去的销钉过于松动，则意味着有关接头将在数周内变得七零八落。如果出现问题是因为安装不当所致，可以尝试不同尺码的销钉，直至钢琴能够正常弹奏。当经过试验以及错误之后，并自信已经掌握重新定位的要领时，你才能考虑为整个击弦器进行定位。

击弦器的拆卸与重新定位

　　从本质上而言，接下来的工作与前文介绍过的为各类击弦器接头安装中心销钉的工作是相同的，只是工作量更大，你得安装

更多销钉。

你最好安排几天专门进行此项工作，每天完成一定的工作量。你得管理时间，注重进度，但是千万不要因为急于成事而草草地将工作完成。你的目标应该是从这项工作中获得满足感，即使这一过程并不一定会令人愉悦。

移除与拆卸

1 将击弦器拆卸下来，并放置在工作台上。（为所有击弦器零件编号，如果你觉得这样做对工作有所帮助的话。）

2 将击弦器所有（控制带）带子解开。如果一台击弦器需要重新定位，那么非常可能它也需要重新安装带子。如果是这样，那么，可以参考"夹扣式带子与粘胶式带子相比较"部分所给出的程序。

3 将停留轨拆卸下来。请参考"立式钢琴的发射点"部分。

4 将击弦器后面的制音器螺丝钉逐个拧开，并将制音器逐个拆卸下来，请参考图8b.50。按顺序小心保存。

5 现在，击弦器后面的联动器螺丝钉暴露出来了，逐个将其拧下来，并将联动器放下来（图8b.65）。如果击弦器柱子抬起击弦器的高度不足，你也许需要使用木块将击弦器垫高，以使得联动器有足够的空间可以放下来。

6 将联动器按顺序整洁地排成一列。（笔者通常会准备一些细木条，大约高达头部，可以用于悬挂零件。）

7 到击弦器的前部，将弦槌转击器轴架螺丝钉逐个拧开，以将弦槌逐个拆卸下来（图8b.66）。小心保存所拆卸下来的零件，以防止丢失或混淆。

8 几乎可以肯定，在整个击弦器里，所有原装销钉都是属于同一尺码的，但是，为了安全起见，你得在每一行中选取几颗销钉检查一下。接下来，可以更换销钉了，这可是一个颇为令人煎熬的过程。

插入新销钉

假如你有大量的各种尺码的新销钉，请执行前文"安装弦槌转击器金属板"部分与"推入式接头"部分中详细介绍的步骤。你需要安装大约330颗中心销钉（每个音符三颗；再加上一些制音器中心销钉，通常有60颗左右）。

8b.65

8b.66

更换毡料衬套

你也许得更换一些毡料衬套，这是重新定位工作的一部分。在以下两种情况下，就有必要更换毡料衬套。

■ 装衬套状况很糟糕。例如，当液体溅入钢琴内部，使得衬套受损。

■ 在为击弦器重新定位的过程中，如果离心工具操作不当，可能或导致一些毡料衬套脱落或被挤出来。（将重新定位工作分为几个小部分，可以避免发生这一问题。）

你可以自己更换衬套，或者购买装有衬套的新轴架；你需要在开支与时间、枯燥乏味的工作之间衡量取舍（自己更换，则可以节省开支，但是你得花更多时间做枯燥乏味的工作；购买新轴架则需要增加开支，但却可节省时间、免去枯燥乏味的工作）。

如果所有衬套都需要更换，笔者建议还是购买装有衬套的新轴架。

如果你想自己更换衬套，步骤如下。

1 必须确保衬套材料的厚度正确。（向供应商提供样本。）

2 切一块狭长的衬垫条，宽度与小孔周长相同。

3 将旧的衬垫毡料钻出来（图8b.67）。钻子的尺寸应尽可能接近原来小孔的尺寸，但不得大于原来小孔的尺寸。

4 将衬垫条的末端剪成"V"形，以便于衬垫条能穿过零件中的小孔。将衬垫条穿过零件中的各个小孔。

5 为将停留在小孔中形成衬垫的那一部分毡料涂上胶水；拉动毡料，将涂上胶水的部分拉到小孔中。（每个轴架上有两个地方需要加衬套。图8b.68展示的是未涂胶水的毡料。）

6 插入中心销钉（销钉插入时必须是非常紧凑的），直至胶水变干。使用23码（也就是常用的最小码）销钉。

7 当胶水变干时，使用外科手术刀绕着销钉划切。将所有多余的毡料切除，只在适当的位置上保留衬垫。然后将中心销钉拔出来。

8 用铰刀与扩孔器将衬套磨平压实，直至加衬套小孔尺寸与销钉相称。

9 插入销钉，并将销钉多余部分切除。

10 将接头重新组装。步骤与"安装弦槌转击器金属板"部分以及"推入式接头"部分所详细介绍的相同。

弹簧与线圈：斯切旺德击弦器（Schwander action）

在图8b.39中，弦槌转击器前部有一根小弹簧，该弹簧末端受一根固定在轴架上的小线圈牵制。这一设计是斯切旺德立式钢琴击弦器的一大特征；迄今为止是欧洲（也许还是世界上）最为常用的立式钢琴击弦器设计。（读者请不要将一百多年前钢琴上的弹簧与线圈设计与这些弹簧与线圈击弦器设计相混淆。然而，笔者时不时还是可以遇到一些人将这两者相混淆。）

在弹奏过程中，很少用到斯切旺德弹簧与线圈进；因为在大多数情况下，按压琴键之后，弦槌会从琴弦上弹回。然而，在踩下"半敲击"（half-blow）踏板的同时进行非常轻柔弹奏时，就需要这些小弹簧将准备进行重复弹奏的弦槌拉回来。如果这些弹簧或线圈损坏，要进行这样的弹奏就很困难。

在大多数钢琴中，原装弹簧与线圈能够在钢琴的整个使用寿命中保持完好无损，但是一些现代钢琴中，特别是20世纪60到70年代期间生产的钢琴，线圈比较脆弱，很容易破损。正因为如此，出卖这个时期的钢琴时，销售商通常会标明已经为钢琴更换了新线圈。

如果你想自己进行此项维修工作，其实非常简单。

1 到零件供应商那里购买弹簧与线圈索。

2 将线圈压、粘到轴架上的小凹槽里（图8b.30）。确定新线圈长度时，参考没有破损的原装线圈的长度。

3 为弹簧安装衬套线材。这一线材与安装到制音器弹簧上的线材是同样的，而且安装技术也一样（请参考本书"维修制音器弹簧"部分的步骤8与步骤9）。

8b.68

8b.67

ⅢⅢⅢ 破解中心销钉之谜

有一次，笔者接到一位客户的求助。他有一台卧式钢琴，许多弦槌无法回落到其各自的正常停留位置上，一般的调琴师不知道如何解决该问题。听了情况汇报之后，笔者立即判断这是中心销钉出了问题。然而，奇怪的是，这台钢琴保养得很好，而且才使用了几年，怎么可能这么快就出现问题呢？问题的原因似乎就近在眼前，然而笔者百却思不知其解，绝望之下，笔者钻入钢琴的底下，以试图找出一些蛛丝马迹，突然间，笔者感到自己的肩膀被弄湿了。环顾四周，赫然发现钢琴附近有一台散热器（其实该散热器已经关闭，因为它距离钢琴太近），该散热器会漏水，据笔者推算，该漏水状况已经持续了几个月了，但是却没有人注意。结果，钢琴底下的地毯湿了一大片。客户马上请来水管工进行维修。时值夏季，天气比较暖和，笔者建议客户让窗户和露台门尽量保持敞开，以让室内保持通风。两周后，笔者再回去时，受潮零件已经干燥，大部分弦槌可以回到各自正常停留位置上；笔者只需对五六根弦槌轴架进行了重新定位，钢琴就恢复正常状态了。中心销钉之谜被破解。

弦槌

由于成千上万小时的弹奏，钢琴弦槌与琴弦进行了无数次碰撞之后，往往会被严重切损。弦槌头部会被撞平，槌头毡料上面会形成一条、两条或三条凹槽。在钢琴中间的三和弦部分，弦槌可能已经面目全非，切损得最严重；高音部分的切损情况次之，因为这部分的弦槌尺寸要小很多。最高音一端的所对应的弦槌槌头毡料可能已经被切透，凹槽直透毡料所包裹的木质构件。

在正常工作状态下，弦槌并不是垂直地击向琴弦的；在接触琴弦时，弦槌槌头仍然保持稍微

8b.70

8b.69

向上。随着弦槌切损，与琴弦所能接触的毡料面积也有所增加，这导致钢琴音色变化。如果一台钢琴仅供一名弹奏者经常使用，那么该钢琴的音色将会逐渐变得个性化，能够反映该名弹奏者的弹奏习惯。每当轻柔地弹奏钢琴时，弦槌会非常轻柔地擦在琴弦上；久而久之，这会使得弦槌头部起毛，逐渐令弦槌头部变得松软。每当使劲按压敲击琴键，会令弦槌头部变平、变硬，使得头部接触、撞击琴弦的面积更大，进而使得钢琴所发出的乐音更响

亮、更刺耳，和声（harmonic）越来越多。作为钢琴调琴师，你能够接触到由于弦槌切损而形成的各种不同的音色，这是一种非常奇妙的经历。

重修弦槌的表面

在钢琴的使用寿命内，其弦槌表面至少可供重修一次。重修时，对弦槌表面进行打磨，使它们"焕然一新"，以消除切损所带来的问题。进行此项工作的主要工具是一根由砂纸覆盖着的小棒。覆盖在小棒上的砂纸通常是

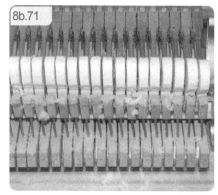

8b.71

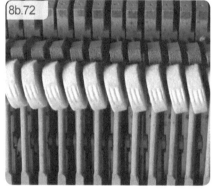

8b.72

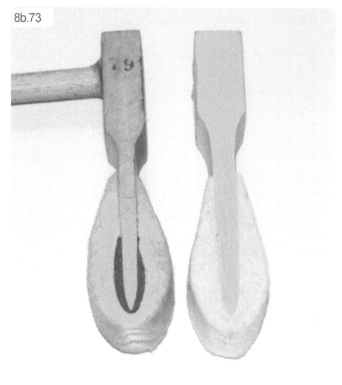

8b.73

极幼级别的，然而，笔者却通常会使用更粗级别的砂纸覆盖小棒（十年前，笔者购买了十支小棒；到今天，笔者仍然经常使用砂纸覆盖这些小棒作为工具：请参考图8b.69。图中所显示的绿色覆盖砂纸为P60级别的。笔者的同行一些同事看到笔者使用这一级别的砂纸，都很惊讶，然而，这一级别的砂纸能够将工作时间从几个小时缩短至大约30分钟，而且也并不影响重修表面的效果。）

为立式钢琴弦槌重修表面的基本技术如下：将击弦器平放于工作台上，用砂纸非常小心地打磨弦槌表面，直至它们恢复到原来的外形。（卧式钢琴的弦槌原来就是俯卧着的，所以打磨起来比较方便。）这一过程得非常小

心，一旦动作出现错误，很可能会折断弦槌或毁坏中心销钉。始终得朝着撞击点方向用力，不要朝着与撞击点方向垂直或者相反的方向用力（图8b.70）。在可能的情况下，笔者通常一次同时为两支弦槌进行打磨。但在交叉弦列部分（低音部分与较低中音）弦槌所形成的角度使得笔者一次只能为一只弦槌进行打磨。

请注意：为弦槌打磨可能导致到处布满粉尘的情况——请参考图8b.71。在家庭里，真空清洁器与随附的刷子是最可靠的粉尘清除工具；但是在工作室或室外，压力设置为1.78千克/平方厘米（100磅/平方英寸）的压缩机是更好的选择，使用它可以将灰尘吹走。

在对三和弦部分的击弦器进

行维修工作时，在打磨之前，首先检查各支弦槌上是否有三条凹痕。如果只有两条凹痕，或者三条凹痕中有一条位于弦槌的边沿，这些都是危险信号，说明弦槌位置不正。（如果弦槌与弦槌之间的间隔不均匀，通常可以确定弦槌的位置不正。）在图8b.72中的各支弦槌只敲击两根琴弦，其中几支弦槌是用毡料槌头非常接近边沿的部分撞击琴弦。

对双和弦部分的弦槌进行类似的检查（查看各支弦槌上是否有三条凹痕）并确定单和弦部分的弦槌是以中央部分撞击琴弦的。

通过将弦槌轴架螺丝钉拧松并稍微移动该轴架，即可将弦槌重新校准。在立式钢琴中，这样做似乎不太适合，但是你可以在弦槌转击器下方插入细的螺丝

刀，经过顶杆，将轴架拧松。这时，你可能需要一把手电筒。使用另外一支螺丝刀的刀头将轴架推挤到适当的位置上，并将其紧固。不要直接扶起弦槌本身。

如果一只弦槌静止时位置正确——也即，与相邻弦槌的间隔是正确的——但是却无法正确地撞击琴弦，也即，弦槌无法冲向正前方，而是在中途突然往一侧偏移，那么你得采取以下补救措施：将轴架螺丝钉打松，在轴架一侧（即弦槌所偏向的一侧）垫一块小纸垫。因此，如果弦槌向右边偏移，则在轴架的右侧垫入小纸垫；如果弦槌向左边偏移，则在轴架的左侧垫入小纸垫。请参考"安装弦槌转击器金属板"部分之"警告2"。

注意，你得确保弦槌重修后的形状与其原来形状完全相同。笔者经常看到一些重修后的弦槌太平或太尖，通常是因为弦槌已经被过度切损，很难完全修复至原来的形状。例如，在高音部分，如果相应的弦槌毡料已经被切透至木质构件，那么，对这样弦槌进行重修是没有意义的，必须对这些弦槌进行更换。在图8b.70中，图片接近读者这一侧所展示的是已经重修好的弦槌。请注意，如果你将这些重修好的弦槌与其他弦槌相比较，那些尚未被重修的弦槌看上去很平。还要注意，你必须向图中所示那样牢牢握住弦槌，以防止损坏中心销钉或轴架。

图8b.73展示了一只旧弦槌和一只崭新的弦槌。由于切损，旧弦槌很明显较新弦槌短，然而其槌头所剩余的毡料足以进行重修。任何弦槌，如果其状况比这一旧弦槌的状况差，则说明这台钢琴可能过于陈旧，对其进行维修是不划算的。

如果弦槌槌头上有许多毡料已经被磨去，正如图8b.73所示，那么这意味着弦槌的移动距离会根据槌头前部所磨去毡料的量而有所增加。严格地说，这将产生显著的多米诺效应（本书第七章对这方面有全面的介绍）：

■ 需要使用衬垫将弦槌停留轨垫高，以使弦槌恢复正确的移动距离。

■ 这将导致失位（lost motion），失位问题只能通过将背触（backtouch）抬高进行解决。

■ 发射点（set-off）也将会有问题，其严重程度因槌头毡料被磨损程度不同而不同，因此需要对发射点进行重新校准。

■ 这将可能导致琴键下降冲程（key dip）过小。该问题必须通过对平衡轨稍微垫高而进行纠正。

■ 制音器可能过快抬离琴弦，因此，也许需要对制音器勺钉进行调整。

在这里，我们可以清楚地看到，击弦器与键盘零件之间是具有相互依赖关系的。这是牵一发而动全身的范例：对某一零件的细微改变，可能导致你得对所有其他零件进行调整。（在卧式钢琴中也有类似的连锁反应。）

然而，在此有一个完美的建议或者说是忠告。在实际操作中，如果钢琴已经超过20年，而

8b.74

且击弦器已经经过合理地调整，那么几乎可以肯定地说，你无需自寻烦恼，去进行这些连锁性的调整工作。

■ 弦槌重塑需要30～40分钟，通常可以对钢琴音色产生明显的影响。

■ 所有其他调整则需要更长时间，而且将可能对钢琴的乐音或手感产生非常小的影响（如果有影响的话）。

只在以下两种情况下，你可以考虑进行调整工作（a）钢琴很新，但是已经被频繁使用过，有必要对弦槌进行重塑；（b）特别珍贵（或者被琴主视为珍宝——可以有各种不同的情况）。如果是这样的话，值得你花费更多时间将维修工作做好。

但是，注意，如果弦槌切损情况很严重，那么，无论如何，彻底更换弦槌都是上策。

为弦槌开声或对弦槌进行针刺

如果钢琴所发出的乐音刺耳难听，可以通过重修弦槌并且为其"开声"（或者说对其进行"针刺"），以使得钢琴所产生的乐音变得柔和。对于较为陈旧的钢琴，必须对弦槌同时进行重修与开声工

作；正如笔者在下文中所解释的，光靠针刺很可能是不能起太大作用的。

基本的开声技术是使用针刺工具（图8b.74）适当地刺戳毡头，以使得弦槌变软。这样能够将毡头纤维稍微打开，而且对于新的、未曾使用过的弦槌，只需稍微进行针刺，即可令音色显著地更加柔和。这一方法听上去似乎比较原始，但事实上，这是一项对精确度要求很高的工作，因为所作工作具有不可逆转性：如果针刺次数稍微过多，弦槌就会被损毁。

如果想使轻柔弹奏时钢琴所发出的乐音变得更柔和，只需对弦槌的顶端（或者说"冠部"）进行针刺，因为当轻柔弹奏时，只有这小一部分撞击琴弦。如果想使得较为猛烈弹奏时钢琴所发出的乐音变得更柔和，除了对毡头冠部进行针刺，你还必须得对其他部位进行针刺，因为当较为猛烈弹奏时，弦槌有更大面积撞击琴弦。

所有新钢琴在出厂前，制作者都会对音区（register）进行开声。如果一台钢琴所产生的乐音过于刺耳，可以通过针刺使其变得柔和。然而，针刺这一方法只对崭新弦槌有效。对于较陈旧的弦槌，针刺的效果较为不明显；尽管如此，在无计可施的情况下，你也许可以尝试使用针刺这一方法，因为旧弦槌的抗损毁能力比较强。在较陈旧的钢琴里，弦槌一般比较硬，因此可以进行多次针刺。然而，问题是，针刺太次数过多，会使得音色不均匀，使得一些音听上去比另外一些音色更刺耳。

进行针刺的指导原则如下。

■ 永远只使用一根针（尽管在下一页的"大师级针刺"部分中，笔者介绍了同时使用几根针的特别例子）。

■ 在对高音区的弦槌顶端进行针刺时，只需很短一段针头从工具中伸出来。这是因为在高音区，包在木芯之上的槌头毡料非常少，而且经过高度压缩。如果在弦槌顶端针刺得太深，可能会导致高度压缩的弦槌毡料变得松散。（如果粘胶脱落，弦槌毡料会迅速膨胀至其自然松散状态。）

■ 在对低音区的弦槌进行针刺时，或者在对弦槌顶端之外的其他部分进行针刺时，则针头可以伸出得更长，以供插入弦槌毡料中。

■ 为了测试开声工作而弹奏钢琴时，按压琴键的力度要非常统一，这一点非常重要。先轻柔地来回弹奏各琴键，如果发现一些音比其他音听上去更刺耳，则需要对相应的进行轻柔弹奏时所使用的弦槌区域进行针刺。然后再以中度、高度力度来回弹奏各琴键以测试开声

工作，如果发现问题，则对相应的进行中度、高度力度弹奏时所使用的弦槌区域进行针刺（请参考图8b.75"低音弦槌"与图8b.76"高音弦槌"）

图8b.75展示了来自低音区中部的弦槌，而图8b.76则展示了来自高音区中部的弦槌。图中还标出了进行轻柔、中度、高度力度弹奏时所使用的弦槌区域。

图8b.77、图8b.78、图8b.79与图8b.80展示了弦槌以及伸出了适当长度针头的针刺工具。

弦槌的强化

有时候，钢琴所产生的乐音音色太过软塌塌、不够清脆。导致这一问题可以有多种原因：最常见的原因是发射点不正确，正如前文所介绍的；或者，有时是因为键盘设置不当（关于立式钢琴键盘设置的内容请参考本书第七章，关于卧式钢琴键盘设置的内容请参考本书第九章）；在卧式钢琴中，如果相对于外壳而言，击弦器的放置位置不当，会导致敲击线（strike line）无法落在琴弦上正确的点上（在立式钢琴中也可能出现同样的现象，但是概率很低）。

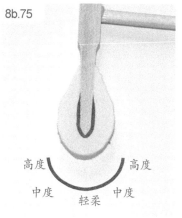

8b.75

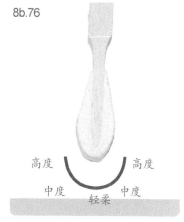

8b.76

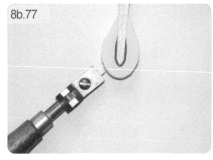

8b.77

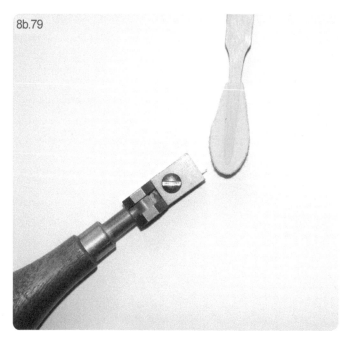

8b.79

8b.78

在排除以上各种原因之后，那么导致钢琴音色过软的原因很可能是弦槌过于柔软。在这种情况下，如果钢琴很珍贵，换上新弦槌是唯一正确的选择。如果钢琴的价值并不值得进行此开销，你也许可以选择对弦槌进行强化，使之变得更坚硬，以勉强维持弦槌的使用寿命。

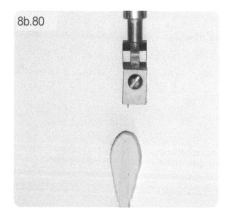

8b.80

♫♫♫ 大师级针刺

　　记得当年笔者学习针刺技术时，所阅读的所有技术指引都认为：尽管针刺工具（图8b.74）中有六根针可供使用，但是在对槌头进行针刺时，应当只能使用一根针。因为如此，针刺工作变得非常冗长而累人，特别是对于卧式钢琴而言，更是如此，因为在针刺过程中，你得反复地将击弦器装入钢琴中，以测试针刺结果。若干年之后，笔者看了一个关于鲍勃·格雷兹布鲁克（Bob Glazebrook）的电视节目。当时，格雷兹布鲁克先生是施坦威（Steinway）的首席技师。节目中，他正为某位著名钢琴家调试其卧式钢琴。该钢琴家说钢琴的"这个区域"（电视中，钢琴家挥手示意着，但是笔者看不清楚他所指的确切是哪个区域，只知道大约是中央C音之上的两个八度音阶）所产生的乐音似乎有点刺耳。鲍勃听后，二话不说，拉出击弦器，让击弦器后部沿靠在钢琴上，前部边沿放在自己的膝盖上，再用左手与前臂牢牢扣住弦槌柄，右手握着一把针刺工具，工具有三根针头伸出来。接着，他在钢琴家刚才所指的区域所对应的各支弦槌上进行了一阵猛扎，那阵势就好象脾气暴躁的邮局柜台文员在工作一样。

　　我们活到老，学到老。自从吸取上述经验之后，笔者的针刺工作效率得到大大提高，然而，笔者仍然不具备鲍勃那样的胆量，敢于采用三根针进行闪电战。

至少有一种液体可专用于强化弦槌，使其更坚硬，然而大体上，你只需使用稀薄的胶水即可。以下介绍一下笔者的技术。

1 将击弦器拆卸下来，平放在工作台上，击弦器背部依靠台面。用几层旧报纸将所有零部件（包括每一点毛毡、木质零件等；弦槌除外）覆盖住。

2 在弦槌背部与停留轨毡垫之间多塞几层报纸。

3 在弦槌上轻轻喷上纤维素清漆（使用市面上供机动车轮子使用的纤维素清漆）。笔者建议使用此种清漆，是因为这种清漆能够快速干燥。从弦槌的前面开始喷，这样弦槌顶端才能被喷到最多清漆；每次经过弦槌尾端时，要完全超过尾端后再转向，否则你可能会在尾端喷上双倍的清漆。第一次干燥，最多只需喷两至三次。

4 给予足够长时间，让清漆完全干燥，这样才能防止清漆滴入钢琴内部。将击弦器重新安装到钢琴上。

5 试弹一下钢琴。如果有必要，而且你有胆量这样做，可以冒险再喷上少量清漆。

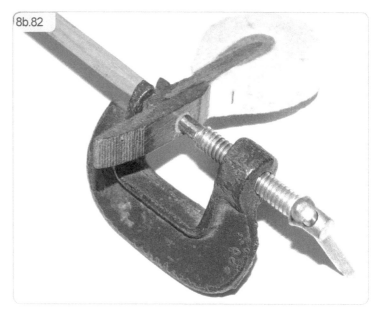

8b.82

弦槌的更换

如果弦槌已经严重损坏，也许是时候将其进行更换了。更换弦槌通常是钢琴大型翻修工作的一部分，因为当弦槌损坏达到需要对其进行更换的程度时，往往也意味着需要对钢琴其他零件进行大型翻修。尽管这项技术并不常用，但是知道如何更换弦槌还是有必要的，因为如果钢琴出现某些小事故，导致得更换其中一两支弦槌时，这项技术还是有其用武之地的（请参考下页的"单一弦槌的维修"部分）。

完全维修

弦槌至少有三排：也即低音部分以及在某些地方带有一个或者两个间断的高音部分。

1 使用适当的弦槌拆卸工具（图8b.81），将各部分两端的弦槌拆卸下来，这样，才能够提供完整的弦槌供零件供应商作参考。在卧式钢琴中，槌柄直穿槌头，因此拆卸工具将槌柄推出（图8b.81与图8b.82）。在立式钢琴中，拆卸工具通过在弦槌转击器（butt）与弦槌之间 扩张开来，将整支弦槌拆卸下来。

2 （在弦槌上或使用标签）清晰地为各支弦槌做标示。第一个标示应该是低音一端的A音。

3 将这些弦槌送至零件供应商那里，以便供应商能够设置钻孔机。考虑到交叉弦列设计，各弦槌上的槌柄孔（用于安装槌柄的孔）的钻孔角度都稍微有所不同，因此供应商需要所有这些原装弦槌作参照。图7.20展示了在交叉弦列间断区附近，弦槌角度变化最大。

8b.81

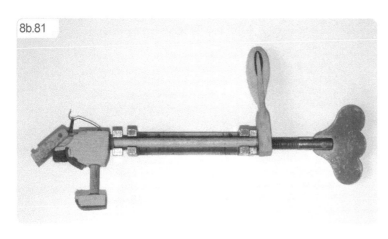

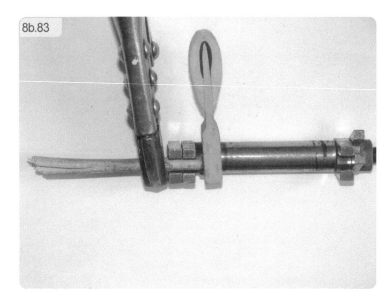

8b.83

仍然保持一定弹性。

单一弦槌的维修

如果在弹奏过程中一只弦槌折断或者因为意外事件使得弦槌折断，那么所需要进行的维修工作的难度就比较高了。

1 将弦槌转击器（hammer butt）与折断的部分拆卸下来。

2 如果你觉得弦槌转击器轴架螺丝钉很难接近，那么你得将击弦器带子解开，将联动器轴架螺丝钉取下。让联动器垂下来。这样，就很容易接近弦槌轴架了。请参考"击弦器的拆卸与重新定位"部分中的图片。

3 如图8b.83所示，以虎钳（莫尔）扳手（"vice wrench" or "mole wrench"）夹紧折断部分，使用简化的弦槌拆除工具。

4 不管你是多么小心翼翼，在拆除过程中，都可能会有一部分槌柄断裂，导致剩余槌柄保留在原位，这是很正常的。如果真的出现这样的情况，你得将残留在原位的槌柄锯下来，然后再在槌头和转击器上钻孔，新槌孔尺寸必须正确，以确保新槌柄能妥善地安装进去。笔者首先使用电钻钻一个试验性小孔；然后在转击器上进行手动钻孔；将两侧用虎钳牢牢夹住，否则转击器很容易裂开。工程用虎钳的抓头较浅，而且带有衬垫，因此比木工用虎钳更好：因为使用工程用虎钳，你无需将转击器轴架取下，只需要转击器的头部刚刚好从虎钳里隆起。小心防止钻孔时将槌头钻穿，除非你维修的是卧式钢琴。图8b.84至图8b.89展示了将各部分装回原位、但尚未上粘胶

4 当你收到新弦槌之后，先为各部分两端安装新弦槌，这样你才能将整排弦槌对齐，保持适当的敲击线（strike line）。

5 使用大的钢丝钳将所有剩余部分剪除。最好剪除后面部分，即槌柄之后。弦槌可以损毁，但是槌柄必须保持完好。

6 一些钢琴技师相信自己的眼力，靠目测确定敲击线（strike line），然而笔者建议你沿着敲击线（也即弦槌的顶端）拉一条直线，以确保新弦槌形成排列成一条直线。

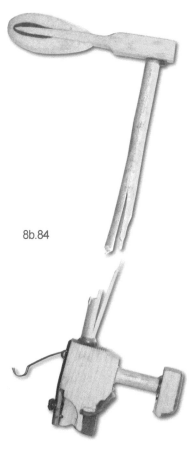

8b.84

7 现在，可以将新弦槌粘合上去了，行动得迅速，这样，在粘胶干燥之前，如有必要，你才有足够时间对弦槌进行调整。如果你只是更换一两只弦槌，使用普通的木工粘胶即可。如果要更换所有弦槌，你得使用适当的钢琴专用粘胶。该种粘胶以小容器装载，得使用热水溶解后方可使用。与普通粘胶相比，钢琴专业粘胶使用难度较高，但是这种粘胶的特殊之处在于它能够经历多年之后（甚至是几十年之后）

之前主要的操作过程。

5 槌柄并不完全以直角装入转击器，因此只需跟从两侧中任何一侧的槌柄装入角度。

6 由于交叉弦列设计，槌柄也并不完全以直角装入槌头。随着进入低音区域，这一现象越来越明显。与步骤5一样，只需跟从两侧中任何一侧的槌柄装入角度。

7 向零件供应商提供一根旧槌柄，以供参考，使其能够供应正确的新槌柄。槌柄的直径尺码有许多种，尽管在紧急维修时，你并不一定需要精确配对。然而，在任何时候，你都必须确保槌柄孔尺寸与槌柄尺寸完全匹配。换言之，槌柄必须与槌柄孔相吻合，装入槌头与转击器之后，必须紧贴槌柄孔内壁。

8 重新组装（此时尚不需上粘胶），注意检查零件之间的吻合度，将转击器重新安装到击弦器中，并拧上螺丝钉。

9 将弦槌黏合到槌柄带有滚纹一端。【大多数槌柄在接合弦槌一端都带有滚纹（knurling），以增加接合的紧密性。如果供更换的槌柄不带有滚纹，你可以将槌柄一端置于重型粗锉下面滚几下，即可生成出滚纹。】

10 将多余的槌柄剪去，直至槌柄长度刚刚适合。图8b.90展示了槌柄裁剪工具，即使只是需要修剪很短的长度，也可使用该工具，这确保你能够将槌柄裁剪至完全正确的长度。（提示：有一种与上述长度裁剪

工具非常相似的工具，叫作狗爪剪（dog's claw cutter），可以在宠物店买到，价格要比上述工具低四分之三。）

11 滴一滴胶水到转击器上的槌柄孔里，然后将槌柄安装进去。

12 调整弦槌位置，使其与其他弦槌对齐，形成一条直线。

不要使用图钉

关于弦槌的最后一点建议。这些日子里，笔者不时听到有人在说类似以下的话：一位朋友的朋友通过在弦槌上扎了一些图钉，就能使得钢琴产生非常新颖悦耳的乐音。是的，笔者对此略知一二；这样做确实能够使钢琴产生比较清脆的乐音。然而，笔者并不支持此种做法，你不应当这样对待自己的钢琴，除非你想毁了它。图钉很快就会松动脱落。因此，弦槌很快就会报废；最后，钢琴所产生的声音就好像雪球撞击琴弦所发出的声音一样。说得夸张一点，议员们应该立法反对此种做法。一些人声称将弦槌（再）强化一下（详见前文的介绍），可以避免弦槌损毁，然而，笔者对此持怀疑态度。

C：琴弦与调音弦轴

有时琴弦会断开。断弦情况最常发生在调音过程中，即使是最好的钢琴技师也可能会遇到断弦的情况。断弦也可能发生在弹奏过程中，但是这一种情况比较少见，因为钢琴发射装置（set-off）的工作方式是比较温和的。（有趣的是，当这种情况确实发生时，通常是十几岁的孩子单独被留在家中的时候。）

在大多数钢琴里，在高音区，同一根钢琴线可以形成两根琴弦——钢琴线该绕过挂弦钉（hitch pin），然后再绕回来——因此，如果一根钢琴线（wire）断了，你等于失去了两根琴弦，该两根弦或者是属于同一音或者来自两个相邻的音。

高音线（treble wire）有两大基本类型：抛光型与电镀型。在翻修钢琴时，最好全部使用同种类型的高音线；但是对于个别临时维修，高音线类型是否统一则不需要特别强求。抛光型一般比电镀型更受欢迎，然而，笔者从来不觉得两者所产生的乐音有何差异。

如果你的钢琴装有弦钮（agraffes），那么与装有压弦条（pressure bar）的钢琴相比，其琴弦的维修安装要更为容易。不管怎么说，在任何钢琴上（特别是在卧式钢琴上）安装新琴弦都应当是较为直截了当的一项工作，因为你无需绕着中盘托（keybed）开展工作。然而，当为卧式钢琴安装新琴弦时，要防止羁绊到制音器，这点很重要，因为这可能会把制音丝杆（damper wire）弄弯，使得制音器在制音时无法正中要害，因而效率降低。

规格

在购买新琴弦时，如果无法确定所需琴弦的确切规格，你可向供应商提供一根断弦，以供其参考。一直到缠弦（wound strings）开始之处，所有钢琴线（piano wire）的规格看上去似乎都是相同的，但是，事实上钢琴线每隔几个音就有所变化。你可以使用千分尺测量钢琴线的规格；要了解"音乐用线标准规格"【Music Wire Gauge(MWG)】与一般测量尺寸之间如何相互转换，请参考本书"附录3"。

里涉及一点物理常识：同样规格的钢琴线，如果长度翻倍，而其所承受的拉力不变，那么该钢琴线所产生的音要降低一个八度音阶。问题是，如果钢琴中所有琴弦的规格都与最高音琴弦的规格相同，那么最低音琴弦的长度将可达约6.5米（20英尺），或者更长。更糟的是，受弦槌敲击时，该种长琴弦的表现与长度较短的琴弦的表现是不同的；因此，在整个音域（compass）中，琴弦逐渐变粗，而且在各个八度音阶里，琴弦长度增长程度是少于翻倍的。

处理

钢琴线是一种非常难以处理的材料，用乖戾别扭来形容其特性也不为过：当你将这种钢琴线扎成一捆线圈时，它老是想向外弹出来；但是，当你将钢琴线裁剪一段出来，想要其保持直线，以便进行安装，所裁剪出来那一段又偏偏会曲卷起来。因此在处理钢琴线时，最好戴上手套；一些专家担心皮肤所分泌的物质会对钢琴线产生不利影响，而笔者则更担忧钢琴线对操作者皮肤会构成一定的危险。事实上，笔者会将钢琴线保存在针对此项工作的专用罐子里——请参考图8c.1。

更换琴弦的程序

图8c.2展示了典型的断弦问题。注意，正如之前所解释的，钢琴线出现一处断裂，可以导致相邻两组三和弦中各有一根弦损失。

1 将击弦器从钢琴上拆卸下来（图8c.3）。将压弦条附近的旧钢琴线剪下来（图8c.4）。

2 测量该钢琴线的规格，或者将一小段断裂的钢琴线交给钢琴零件供应商，以供其参考，确保你所购买的替代钢琴线的规格正确。

3 数一数调音弦轴上的线圈有多少圈。如果由于某种原因，调音弦轴上的线圈已经脱落——例如，当你收到钢琴时，损坏的琴弦已经被拆除——你可以数一数相邻调音弦轴上的线圈数。

4 将调音弦轴拧开（沿逆时针方向），所拧圈数与步骤3中所数得圈数完全相同（图8c.5）。在拧开过程中，旧琴弦断裂一端开始从线圈中升起。

5 当断裂一端升起至足以夹住时（在此，夹子是很有用的工具），将其充分展开，并将其直接拉下来。

6 剪一段足够长的新钢琴线用以替换。（如果你根据已经断裂的钢琴线获得所需新钢琴线的长度，那么你得注意旧钢琴线已经由于断裂缺损而较正确长度稍微要短！）使用任何品质过关的钢丝钳都可以将钢琴线剪断。如果你使用的是老虎钳，那么你得确保其刀口状况良好。钢琴线非常坚硬，如果老虎钳刀口已经被磨损，那么就无法干脆利落地将钢琴线剪断，就会导致钢琴线很难穿过调音弦轴小孔。

7 将钢琴线的中部将要绕过挂弦钉的部位拗弯（图8c.6）。

8 将最上边的两端穿向压弦条下（图8c.7）。你可能会发现一块布条穿过各条琴弦的顶部，以防止共振，你可能无法将新钢琴线干脆利落地穿过此布条。如果真遇到这样的情况，你大可忽视这些布条的编织样式，无论如何都要将新的钢琴线穿过

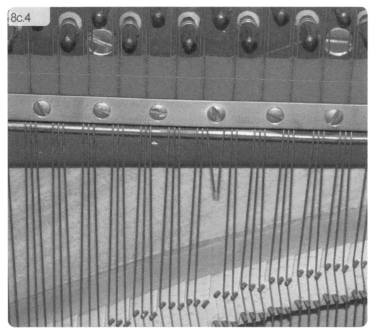

8c.4

8c.5

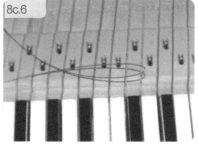

8c.6

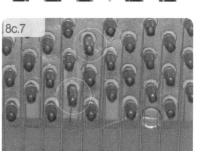

8c.7

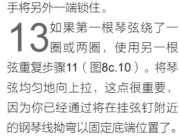

8c.8

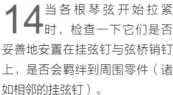

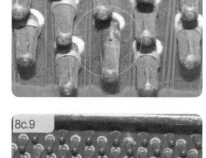

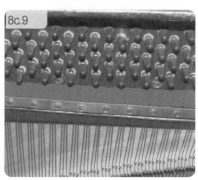

8c.9

去，即使这样做会弄裂原有布条。

9 扭转调音弦轴，这样你才能够较容易地将琴弦一端从下面穿入眼中——也就是弦轴销钉上的一个小孔——并沿着顺时针扭转（图8c.8）。笔者使用T形弦轴扳手扭转调音弦轴。你得借助螺丝刀牵引琴弦，使之形成线圈：如果你不这样做，琴弦可能会自己缠绕住调音弦轴。

10 将步骤7中的拗弯部分挂在挂弦钉之上，并将其推入弦桥销钉（bridge pin）之内，观察琴弦围绕两排销钉所形成的样式。

11 将钢琴线绕过调音弦轴。所绕圈数可能与用钢琴线缠绕手指的圈数相当。（如果你的手指特别细或特别粗，可以设置限额。）将多余的钢琴线剪除。

12 当你在处理琴弦的一端时，琴弦的另外一端也许会"捣乱"。如果是这样的话，你可以使用莫尔（虎钳）扳

手将另外一端锁住。

13 如果第一根琴弦绕了一圈或两圈，使用另一根弦重复步骤11（图8c.10）。将琴弦均匀地向上拉，这点很重要，因为你已经通过将在挂弦钉附近的钢琴线拗弯以固定底端位置了。

14 当各根琴弦开始拉紧时，检查一下它们是否妥善地安置在挂弦钉与弦桥销钉上，是否会羁绊到周围零件（诸如相邻的挂弦钉）。

15 继续将琴弦向上拉，每次向上拉一点，以确保销钉周围的线圈箍得更紧。如果线圈箍得不够紧，那么在接下来的使用年期里，每次调琴，你可能都会发现该根琴弦的走音程度最严重。一旦线圈箍得够紧，以足以将琴弦固定在适当的位置上，就可以用一把钳子将线圈转弯处压入调音弦轴上的扁平眼圈（eye flat）（图8c.11）。有一种叫做线圈推杆（coil lifter）的工

8c.10

8c.12

8c.11

具，可以用来挤压线圈（图8c.12与图8c.13）；但是在现代立式钢琴中，通常没有足够的回旋空间可供使用该种工具。而且使用该种工具时，常常会将金属外框上的金漆弄花，看上去很不雅观，给人感觉很不专业。（其实，使用此种工具，即使是最好的钢琴技师也会将金漆弄花。）因此，在使用该种线圈推杆时，你得在撬动位置的周围垫上纸板、保护带或类似的保护措施，以防止弄花金属外框的表面金漆。图8c.12所展示的线圈推杆的另一端有三个小凹槽：有时某个音所对应的三根弦之间靠得太近，可以用这一凹槽调整它们之间的距离。在安装新琴弦时，这一凹槽设计可能是非常有用的。

16 将琴弦逐渐、均匀地调到适当音高。如果你正对该钢琴进行其他工作，按半音程升半音拉伸琴弦，以将其伸展开。升音不能超过这一范围，否

则可能损坏琴弦或弦桥。

17 使用螺丝刀将琴弦推上去，顶着框架（图8c.14）。

18 然后，在琴弦绕过挂弦钉之处的下方，伸入螺丝刀，并以螺丝刀为杠杆，稍微向上撬一撬挂弦钉上的钢琴线，使其稍微向上移动，牢牢扣住挂弦钉（图8c.15）。这样做主要是确保琴弦不会被铸铁框架粗糙表

面上的"疙瘩"绊到。

19 让琴弦保持这样的状态至少几小时，最好是一整夜保持这样的状态。

20 最后，将琴弦调整至正确的音高（请参考本书第十章）。你会发现，由于你对当前琴弦进行了调整，相邻琴弦的音高有所下降。这是正常现象，不必做个别处理。

8c.13

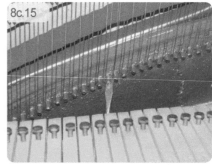

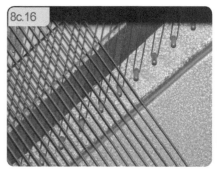

无法接触到的挂弦钉

如果你所面对的是一台交叉弦列钢琴，而断弦的挂弦钉又恰恰位于低音琴弦之下，那么这只能说你的运气真是坏透了。图8c.16展示了高音部分的一些挂弦钉，这些挂弦钉正好被交叉在上边的低音琴弦挡住。越往该交叉部分深处走，其下面的挂弦钉就越难接触到。有一种特殊的工具，可以将琴弦安装到这些隐蔽挂弦钉上，然而，你自己临时制作一个类似的工具也许更容易、更节约成本，因此，制作步骤如下。

1 到DIY商店购买一节细铜管。

2 将钢琴线中部要绕过挂弦钉的位置拗弯，将对折的钢琴线塞入铜管里。

3 让对折的钢琴线的"U"形端稍微伸出铜管，再将铜管伸入低音琴弦下，将"U"形端扣在挂弦钉上。

4 将铜管抽出来，同时将钢琴线拉紧，以防止"U"形端从挂弦钉上脱落。如果你能够得着挂弦钉，那么可以用莫尔扳手按住挂弦钉，以防止钢琴线脱落。

另外一种做法是将挡住挂弦钉的低音琴弦拆除。如果除了使用上述的铜管挂弦方法，你无论如何还得将挂弦钉上面的低音琴弦拆除，那么你的运气简直是糟糕透顶！将各个调音弦轴拧开半周多一点（注意确保琴弦继续受拉力的作用，以确保线圈保持完好），直至有足够的松弛部分，以将眼圈从挂弦钉上拉下来。拆卸琴弦可能会导致以下问题：当琴弦被重新安装上去之后，在之后相当长一段时间里，琴弦往往很快地发生降音。

低音琴弦的更换

这一项工作更为直截了当。如果你有旧琴弦，交给琴弦制作商，让他们依样画葫芦。然而，正如本书第七章的"咯咯声与嗡鸣声"部分所解释的，如果你要为双和弦琴弦更换其中一根钢琴线，那么你得有心理准备：新安装的钢琴线和与其搭配的另外一根原装钢琴线很可能不能相互协调。如果你决定将双和弦的两根线同时更换，那么你得注意其中一根线由于要缠绕在扣弦钉上，所以比另一根线要长；两根线通常是互补地一长一短的。你得将两条钢琴线都提供给钢琴零件供应商参考，或者，你得将未断裂钢琴线的尺寸以及断裂的钢琴线同时提供给供应商参考，并向他们作出非常清晰的指示，以确保你购买到两条尺寸完全正确的钢琴线。

调音弦轴松动

在调音过程中，或者在更换琴弦过程中，你可能发现扣弦板（Wrest Plank）上的调音弦轴发生松动，在这种情况下，采用大号的调音弦轴替换发生松动的弦轴将是一个好主意。然而，如果一台钢琴有许多（例如十个或更多）调音弦轴发生松动，那么需要对该钢琴进行重构翻新。对于大多数立式钢琴而言，这种重构翻新工作是不划算的（这意味着你有必要另外物色新钢琴了）。因此，只有当整台钢琴里松动调音弦轴的数量少于十个时，以下所介绍的程序才有用武之地。

扣弦板是否有裂缝

即使整台钢琴里松动调音弦轴的数目少于十个，你也必须仔细检查，以看看这些松动的调音弦轴背后是否隐藏着扣弦板已经裂开的迹象——如果一台钢琴的扣弦板已经有裂缝，那么要对这台钢琴进行维修通常都是不划算的。即使是装有衬套式框架的现代立式钢琴，其扣弦板也可能出现裂缝。

钢琴出现此种致命问题的典型迹象如下。

■ 若干个松动的弦轴集中在同一位置。

高音区域的琴弦分布中如果存在间断区，该间断区所对应的弦轴可能会发生这种问题。请参考图8c.17。图中我们可以看到这种蹩脚设计的缺点：从钢琴诞生的第一天开始，就可以很明显地预测到可能发生的后果。

■ 每一个"奇数"或"偶数"底端弦轴都发生松动。这一症状一开始看上去很令人疑惑，它意味着沿着扣弦板有一条水平裂缝。由于底端调音弦轴的分布是呈交替式（offset pattern）的，因此每隔一个音，就会受到此裂缝问题的影响（从图8c.17中可以分辨出来）。

■ 对于装有暴露式扣弦板的较为旧式的立式钢琴，即使有少数几个调音弦轴发生松动，你也应该引起警惕。如果在这种钢琴的扣弦板上发现图8c.18所示的裂缝，那么你可以判断这台钢琴已经报废，为了免遭麻烦，你最好避之则吉。（图8c.19展示了笔者所看见过的最糟糕的裂缝。很显然，有人试图使用胶水将裂缝粘合起来，并拧入大号的调音弦轴。维修者被乐观主义蒙蔽了双眼，以

8c.17

8c.18

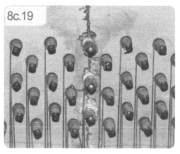

8c.19

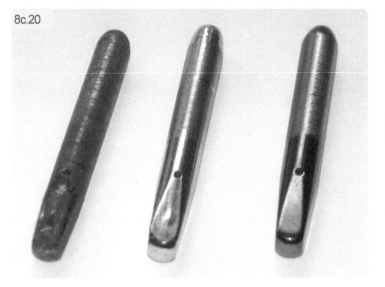

8c.20

至于他忽视了常识。）

■ 还有一种情况：当你将新调音弦轴钉入时，扣弦板并未发生裂缝，但是稍后某个时间却会发生裂缝。对于任何钢琴而言，确实都有这种可能性，非常可怕。笔者并未经历过这种情况，但是笔者知道这种情况确实会发生。因此，即使到了今时今日，笔者仍然觉得，与为自己的钢琴安装调音弦轴相比，为别人的钢琴安装新调音弦轴更加令人忐忑不安。（当有客户将自己的家传之宝托付给笔者维护翻修，笔者有时会诚惶诚恐，认真地预先演练如何向客户解释这一问题……）

更换调音弦轴

图8c.20展示了三颗调音弦轴。左侧的弦轴陈旧而生锈，是从一台旧钢琴上拆卸下来的。中间是镀镍弦轴，美观、防锈。右侧的弦轴最为常见：传统类型，由蓝色铸钢制成。

更换时，是用锤子将新弦轴敲入扣弦板的，因此第一点需要

记住的是，新弦轴的更换应当安排在对钢琴进行调音之前。如果在对钢琴进行调音之后，再用大锤子锤钢琴，是非常不适宜的。

第二点要注意的是，以下介绍的关于用锤子将弦轴钉入扣弦板的基本步骤只适用于背部配有沉重木质框架的较旧式的立式钢琴。其他类型的钢琴则需要另外一种方法——请参考以下"为其他类型钢琴更换调音弦轴"部分。

调音弦轴上的螺纹非常浅（可以说浅得不能再浅了），该螺纹设计是为了便于将调音弦轴从扣弦板中拧出来（需要旋转许多圈才能取出）。一般情况下，我们手工地使用锤子将调音弦轴钉入扣弦板，即使在现代化工厂里，也是这么做。尽管弦轴上设有螺纹，但是要像拧螺丝似的将弦轴拧入扣弦板是不可行的；那样会将扣弦板上的孔扩大，导致调音弦轴很快就会发生松动。

曾经有一次，在非常紧急的情况下，笔者试过将调音弦轴拧入扣弦板。一家爵士乐俱乐部邀请了一位著名钢琴家前来演奏，

就在表演即将开始之前，突然发现其钢琴有一个调音弦轴松动得很厉害。当笔者火速赶到时，演出一切都已经准备就绪，而当时的情况却让我进退两难——如果用锤子将新的调音弦轴钉入扣弦板，整台钢琴会马上走音，无法演奏；而现场观众正在翘首等待着演出的开始，已经没有太多的时间供我们犹豫了。由于弦轴松动得很厉害，笔者决定使用大两码的新弦轴，并将其拧到扣弦板中——这样做是有风险的，因为这会导致扣弦板上产生裂缝。对于笔者而言，将弦轴拧入扣弦板这个过程好像特别漫长，扣人心弦，但是最终弦轴还是被妥善地安装上去了，扣弦板也没有产生裂缝。正如所预料的，拧上去的调音弦轴的紧固水平并没有达到大两码的调音弦轴所应有的紧固水平，然而却足以应付接下来的演出。

言归正传，现在让笔者来介绍一下更换弦轴的正确程序吧！

首先将旧的调音弦轴拧下来。要提高效率，可以向钢琴零件供应商购买一种特殊的刀头。该种刀头可以安装双向电动螺丝起子或者木工用的手摇钻。然而，即使当调音弦轴松动得很厉害，以至于无法确保调音的稳定性，使用电动工具拧下调音弦轴也可能会产生许多摩擦，进而损坏弦轴安装孔中的木料。因此，笔者建议纯粹使用手工工具，将弦轴小心翼翼地拧下来，特别是当你只需更换少数几个弦轴时，更应该如此。

当拧下调音弦轴时，使用千分尺或标准量尺（图8b.34）对

其进行测量。市面上所销售的调音弦轴长度各有不同，其尺寸级别为0～5，每级别相差0.127毫米（约千分之五英寸）。供更换的新弦轴通常比旧弦轴要大一码；但是如果旧弦轴的松动情况非常严重，就得使用大两码的弦轴。

对于旧弦轴松动得非常厉害的情况，另外一个可供选择的方案是，使用大一码但是却稍微更长的弦轴。然而，如果弦轴孔太浅，无法容纳较长的新弦轴的话，那么要用锤子强行将较长的弦轴钉进去，则是一个危险的行为！可以事先将一根小棒子插入弦轴孔中，以测量一下弦轴孔的深度，看看是否能容纳较长的新弦轴。在一些钢琴里，弦轴孔直接穿透扣弦板，而在另一些钢琴里，弦轴孔并未穿透扣弦板。

切记不要使用较旧弦轴大两码而且同时比旧弦轴更长的弦轴。

安装新弦轴的步骤如下。

1 首先准备一根调音弦轴冲头：该种冲头的一端是下凹的（如图8c.21——这是笔者使用了几十年的冲头，凹陷一段已经是饱经风霜了）。

2 用锤子将弦轴钉入弦轴孔里，直至弦轴的高度与周围弦轴的高度持平。

3 检查一下其他弦轴上的钢琴线绕了多少圈。

4 沿着逆时针方向拧新弦轴，拧转圈数与步骤3所数的圈数相同。

5 重新安装琴弦，具体步骤请参考前文的"更换琴弦的程序"部分。

为其他类型钢琴更换调音弦轴

卧式钢琴

卧式钢琴更换调音弦轴的步骤与立式钢琴完全不同，请参考本书第九章的相关介绍。千万不

8c.21

要在不遵循正确程序的情况下用锤子将调音弦轴钉入卧式钢琴，这样做可能会令钢琴损坏。

现代立式钢琴

在一台现代立式钢琴中，要如何用锤子将调音弦轴钉入，取决于实际情况。将顶盖掀起。如果顶部（正好在框架上）铺有一块布料，将其中一部分布料撕掉。到后面去，看看扣弦板后背（如果其后背有东西的话）是什么。这样做是为了检查扣弦板是否直接穿透钢琴。

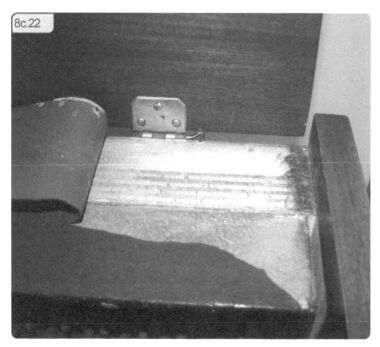

8c.22

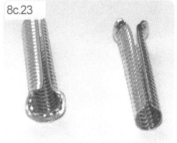

8c.23

8c.24

如果你发现沿着扣弦板后边还有一块相当厚的木块，那么应当可以使用锤子直接将调音弦轴钉入弦轴孔中。（请参考图8c.22。九层复合板就是扣弦板；后面的厚木块用于为之提供支持。）

如果扣弦板直接穿透钢琴（证据：你可以从钢琴的后背观察出来），则不能使用一般的钉入程序，因为这样做很可能会导致扣弦板裂开，进而使整部钢琴报废。你应该采取以下步骤。

1 聘请至少一名壮汉，在其帮助下，将钢琴平放在地上，背部靠在地板上。

2 在需要更换弦轴的部位下面直接放置一块木块，用以吸收钉入弦轴时所产生的冲力（在没有这块木块吸收冲力的情况下，扣弦板很可能会报废）。木块不需特别大；因为你得将大量的支撑力集中在一小块面积上。一切准备就绪，弦轴可以用锤子将弦轴钉入弦轴孔了。

弦轴紧固液

尽管不太情愿，笔者还是要介绍一下市面上销售的用于紧固调音弦轴的专用产品。大致上来说，是在各个弦轴周围滴上几滴紧固液，让其渗入弦轴孔中。一些紧固液渗入木料中，使其膨胀，进而使弦轴紧紧嵌在弦轴孔中。还有其他一些紧固液包含特殊成分，能让调音弦轴金属迅速腐蚀（因为生锈的金属所占空间比未生锈的钢铁要大），从而进一步使得弦轴牢牢嵌在弦轴孔中。

美国的钢琴技师将此权宜之策称为"吸毒"（doping）。总体上而言，如果钢琴的价值不高，而且不采取这种方法就无法使用，那么这种方法是没有问题的。除此之外，笔者认为很少有其他情况让笔者觉得有足够理由使用这种方法。

■ 千万不得为了蒙骗潜在买家而使用此种方法掩饰钢琴所存在的严重缺陷。

■ 对于准备将来有朝一日对其进行翻新重构的钢琴，千万不得使用此种方法，因为当翻新重构时，较大弦轴安装上去之后，它们将无法在扣弦板中适当地移动，因此调音比较困难。

■ 对于配暴露式扣弦板的钢琴，不应当使用此种方法；这会让弦轴孔周围的木材膨胀，从而在各个经过处理的弦轴的基部形成锥形。

笔者最后要说的是，你能够在钢琴零件供应商那里买到弦轴紧固液。

调音弦轴衬套

处理调音弦轴松动问题的另外一个方法是为调音弦轴加衬套（图8c.23）。这种衬套是由软金属制作的，这种衬套与装在所有现代钢琴调音弦轴孔中的木质衬套（图8c.24）是不同的。

调音弦轴衬套（tuning pin busings）的长度几乎与标准调音弦轴的长度相当。安装程序如下。

1 按前文所介绍的方法与步骤，将调音弦轴拧出来。插入调音弦轴衬套。

2 再用锤子将原来的调音弦轴钉入弦轴孔中。现在，调音弦轴被衬套紧紧地嵌住了。

3 以上步骤之后，接下来的步骤和安装新的、大尺寸弦轴的步骤是一样的。

使用调音弦轴衬套的主要目的是减少在旧弦轴基础上进行修补的痕迹，使得一眼看上去不那么容易发现该修补痕迹。然而，无论如何，新弦轴在一众旧弦轴之中总会给人一种鹤立鸡群的感觉。而且直接更换新弦轴毕竟要比在旧弦轴基础上进行修补效果更佳，因此该种掩盖在旧弦轴基础上进行修补的痕迹的做法往往被一些人视作带有欺骗成分的掩饰。这种更换过程也是相当残忍的：用锤子钉入衬套所需要的力量要比钉入大号新弦轴所使用的力量更大，因此导致扣弦板裂开的风险也更大。

基于以上原因，笔者对于使用弦轴衬套很反感。在许多情况下，笔者曾经使用安装过这种衬套，但只在钢琴销售商有特殊要求时，笔者才会使用这种衬套。笔者从来不会向客户推荐这种衬套；也从来不会在自己的钢琴上使用该种衬套。

低音琴弦的乐音很"沉闷"

有时，有少数几根低音琴弦——有时是所有低音琴弦——所发出的乐音沉闷而无味。根据笔者的经验，这种问题总是是由铜丝缠绕线圈严重腐蚀所导致的（铜丝缠绕线圈呈灰蓝色）。钢琴长期停放在潮湿环境里，就会导致此问题发生。

要处理此问题，可以采取以下步骤。

1 将前板、底板、降板与击弦器拆卸下来。

2 在有问题的琴弦中，从最低音的琴弦开始，将弦轴拧松（detune）半圈多一点。通过拉紧琴弦的中部，使得弦轴上的缠绕保持紧绷，将其拉成一个弓形。

3 将该琴弦从低端弦桥销钉（bridge pin）拉出，将其从挂弦钉上取下。注意观察，琴弦上是否有扭曲。

4 用大而厚的保护垫覆盖键盘以及中盘的前部。（其实在步骤1中，最好也将键盘拆卸下来。如果中盘托只有少数几根螺丝钉固定，而且没有使用粘胶固定，那么你甚至可以考虑将中盘托也拆卸下来。）

5 从中盘托后面将该琴弦拉上来，在从钢琴前面将该琴弦拉出来。

6 将该琴弦绕着一把长而粗的螺丝刀杆打圈，圈打得越紧越好。

7 紧紧握住螺丝刀，使整根琴弦沿着所打好的线圈上下磨蹭。你可能能够听到、看到尘土与碎屑脱落。

8 使用一团百洁丝（wire wool）（0~1号）对琴弦上上下下进行打磨，直至可以看出该琴弦是由铜丝缠绕的为止。进行这项工作将使得周围一片脏乱——正因如此，我们需要铺上保护衬垫。如果你独居，或者与你同住的人的忍耐力很强，也许你可以在室内进行这项工作。否则，你得选择一个好天气，到室外或车库里进行此项工作。将所有百洁丝打磨下来的金属屑彻底地清除，防止其黏附到缠弦上。

9 将琴弦重新安装上去，与原来开始安装时相比较，再扭转多半圈。

10 调音。听听看，其所发出的乐音是否变得更悦耳？如果答案是否定的，那么以上各步骤工作并没有奏效。对其他有相同问题的琴弦使用以上步骤同样也不会奏效的。（然而，希望虽然渺茫，但总是存在。如果你不死心，可以试试另外一根弦。）

11 如果你未能取得成功，那么可以将所有存在问题的缠弦拆卸下来。有时，只是底端部分有问题。但是如果所出现问题呈现出不规律性，可以将每根缠弦都更换掉，因为如果旧缠弦中夹杂着新缠弦，你是无法得出满意的结果的。

12 在购买新琴弦之前，首先估算一下成本与费用。低音琴弦并不昂贵，但是如果还需要对钢琴进行其他维修工作，那么所进行维修工作可能并不划算。

13 将所有单和弦以及每对双和弦中的其中一根（如果双和弦中的两根弦是完全一样的）交给零件供应商，以供其参考；并明确告诉供应商，哪一些双和弦是需要对两根琴弦同时进行更换的。

14 如果双和弦的两根弦的长度各有不同（这是因为挂弦钉是交错分布的），将所有双和弦都交给供应商，以供其参考，或者，你得为供应商提供非常清晰的指示。

15 你在百忙之中，还要记得检查低音区域的调音弦轴是否松动。如果你发现有少数弦轴发生松动，那么将所有琴弦已经被拆卸下来的松动弦轴进行更换。即使弦轴的松动情况并不严重，你也得将其进行更换，因为在琴弦拆卸下来时更换弦轴是非常简单的事情，如此顺手牵羊的便宜事，你还是不要放过为好。

许多专家反对同时将钢琴的所有低音琴弦拆卸下来，声称这样做有风险，因此而产生倾斜负荷施加到钢琴框架上，可能会导致钢琴框架断裂。对此，笔者只能说，笔者已经多次这样做，但是从未发现钢琴框架受到任何威胁。最保险的做法是同时将所有200多个高音与低音琴弦拧松（detune）。这一过程只能逐渐进行，也即沿着整台钢琴反复进行，每次只能通过拧松四分之一圈来减小琴弦拉力。这项任务吃力不讨好，正因为如此，笔者才选择"铤而走险"。但是笔者在此得提前提醒你——如果你也像笔者一样选择"铤而走险"，导致钢琴损毁，那么请不要控告笔者。

安装新的低音琴弦相当容易：确保从导入线上所剪下的琴弦长度完全正确（如前文"更换琴弦的程序"部分所介绍的），保持线圈紧固、整洁。对琴弦施加一定的拉力，并逐渐将其拉上来。然后对它们进行微调。不久后，可能要对这些琴弦进行调音，但是目前为止，你可以从容接受现状，无需过于担忧。

D：音板

本书第二章介绍了音板与弦桥的功能与构造，而第五章与第七章则解释了音板与弦桥如何能够导致问题发生。现在，笔者将告诉大家，如何解决那些问题。

随着钢琴老化，其音板更有可能会出现裂缝。在此，我们简单地回顾一下，音板主体是由许多相互平行的木条（通常是云杉木）粘合在一起组成，其背面加有木肋条，与正面木条形成交叉，起着加强巩固作用。音板中部朝着琴弦所在方向稍微隆起。音板上装有弦桥，琴弦通过弦桥向音板所施加的拉力将近半吨（453千克）。

所有的木材都会收缩，其收缩程度受使用年限、原始建造品质以及是否暴露于中央供暖系统下等因素所影响。严重的收缩会导致构成音板主体的不同木条之间分裂，使得音板产生裂缝，影响音板的功能。在一些严重情况下，构成音板主体的木条本身产生裂缝。任何一种音板裂缝都会导致钢琴内部产生隆隆隆的噪声，该种噪音通常与钢琴的某一个音发声共鸣反应。该种噪音是由于振动时裂缝的边沿相互摩擦所产生的。如果没有裂缝，该种振动属于正常振动。

事实上，即使发生一些裂缝，音板也能够继续正常发挥作用的，因此音板出现裂缝并不是世界末日。但是如果出现以下现象，则意味着钢琴的丧钟已经敲响。

- 隆隆声非常刺耳，使得钢琴无法弹奏。
- 在音板（现在）分裂部分，调音变得非常困难。
- 由于音板在结构上失去了完整性，钢琴无法弹出任何声音。

可供选择的维修方案

不幸的是，如果音板裂纹情况非常严重，则意味着对钢琴进行维修是不划算的，对于立式钢琴而言尤为如此。如果钢琴的价值非常高或者具有特殊历史意义，那么我们也许有理由将整台钢琴拆开，对其进行完全重构或翻新。然而，对于大部分钢琴而言，如果音板出现裂纹情况非常严重，那么意味着钢琴行将就木。

音板维修中的主要问题是我们很难接触到音板，因为大部分音板都被琴弦与铸铁框架所遮挡。卧式钢琴的音板相对而言较为容易接近，有时钢琴构件之间有足够间隙供钢琴技师在维修过程中回旋腾挪，但更多时候，构件之间是没有足够空间供技师接近音板的。在大多数钢琴里，如果钢琴装有厚重的木框，那么要接近（卧式钢琴）音板的底部或者（立式钢琴）音板的背部就有一定困难。因此，除非裂缝恰好位于音板很有限的、可以接近的部位上，否则维修音板裂缝将涉及大量工作。所有常规维修应当在琴弦所在的一侧进行，而且至少得将一些琴弦拧松（更通常的情况是将所有琴弦拧松），以便在重新拧紧琴弦时所产生的拉力可以对塞在音板裂缝中的维修材料施加巨大的压力，并将其挤入音板裂缝中。况且，在进行这项工作之后的许多年里，你需要更频繁地对钢琴进行调音。对于大多数钢琴而言，是不值得如此大费周章的。

一些现代立式钢琴没有装木框，这为维修音板提供了一丝希望，因为在这种类型钢琴中，音板的背部是完全不受任何遮挡的，你可以完全接触得到（图

8d.1

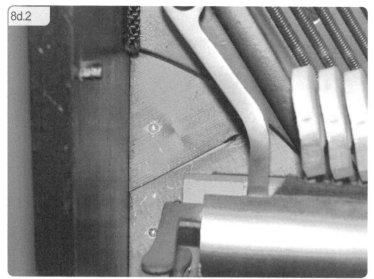

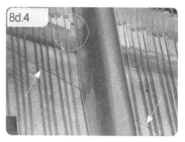

8d.1）。虽然要在琴弦所在一侧进行"适当"的维修还是不可能的，但是笔者曾经听说过，一些技师能够在音板背部对其进行维修。他们的做法如下。将音板有裂缝部分所对应的琴弦拧松，然后将非常坚硬的双组分车身填料（two-pack vehicle body filler）强行压入裂缝中。这种属于非常规的维修方法，可能会在音板上一侧或两侧都残留泡泡，然而，无论如何，这种方法还是奏效的。在没有任何其他解决办法的时候，这不失为延长钢琴寿命的一种方法，值得一试。

另外一种非常规的、孤注一掷的做法是在裂缝上插入一根螺丝，将裂缝的两个边沿分开，以令隆隆声的噪声停止。将裂缝挤开，会导致裂缝延伸，理论上会令问题更严重，但实际上却能够非常有效地解决问题。一次在非常紧急的情况下，笔者对一台酒吧钢琴采用了这种方法（是的，酒吧钢琴也会遇到紧急情况的），并成功地消除了隆隆声，

使得钢琴继续坚持了许多年。尽管如此，除非万不得已，笔者还是不愿意再次使用这种方法。

供你记录之用，卧式钢琴的音板裂缝应当在对钢琴进行翻新重构时进行（也就是在琴弦与框架被拆卸下来时进行）：使用V形刮刀将裂缝刮开，使用与音板类似的木料（通常取自旧音板废弃木料）切割一小片V形木条，在V形木条上涂上粘胶，再使用木槌将该V形木条钉入音板裂缝中。在粘胶干燥之后，将维修区域刨平，并用砂纸磨平，对音板进行重新抛光。要获得关于音板维修的更多信息，请参考本书的"有用的联系方式"部分。

图8d.2展示了一款非常典型的音板裂缝，图片还显示了有人试图对其进行维修的痕迹。这是一台20世纪四五十年代生产的查伦（Challen）牌钢琴。当笔者接收这台钢琴时，这台钢琴已经远远超出了其使用寿命了，也没有什么价值。虽然该钢琴已经过妥善调音，音高也达到合理水平，

但是音板这条裂缝一直延续到铸铁框架之后，而且框架后面那部分裂缝是无法接近的。可以说，这台钢琴正在苟延残喘。一块黑色的薄片被楔入裂缝中，估计是要将裂缝的两边沿分开。也许是某人出于善意而拧入了两颗螺丝钉。这两颗螺丝钉如此接近音板的边沿，以至于不可能产生太多的不利影响；一些制作商会在音板的边沿拧入螺丝钉，而一些则不会，这只是因为不同的制作商有不同的选择。笔者唯一要批评的是，对于这台值得尊敬的英国钢琴，制作商至少得使用优质的旧式有槽螺丝钉，而不是仅仅使用与其生产年代的风格格格不入的十字头螺丝钉！

图8d.4与图8d.3则展示了卧式钢琴音板与弦桥上的裂缝，这些裂缝是如此严重，使人们无法对该钢琴进行重构翻新：该钢琴基本已经走到穷途末路了。

弦桥出现裂缝

图8d.5展示了顶端低音弦桥，一个典型的弦桥问题：用于固定琴弦的销钉迫使弦桥出现一条裂缝，该裂缝一直延伸至弦桥的末端。结果裂缝处的那根销钉抵御不住琴弦的反作用发生歪斜，进而导致琴弦也从某种程度上直挺起来。在弹奏时，出问题的琴弦所对应的音会发出咯咯声，让钢琴失去效用。而且该裂缝迟早会延伸至相邻的一根销钉，然后再到下一根销钉，这样一直延续下去。图8d.4展示了卧式钢琴间断区的高音弦桥上的类似问题（画圈处），发生问题的位置正好与我们所估计的相符合。

此问题可以通过两种途径解决。

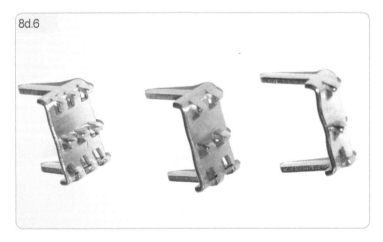

1 钢质弦桥盖

如果弦桥裂缝不算太长，可以先将受影响的琴弦拆卸下来，并使用锯子或凿子将开裂的弦桥的顶部削除一些。然后，从钢琴供应商处购买一块钢质弦桥盖（steel bridge cap），该种弦桥盖配有销钉。一种弦桥盖上钻有小孔，可供拧入螺丝钉，以将弦桥盖固定在弦桥上；而另一种弦桥盖的背部则设有插销，该插销可以插入引导孔（你得自己钻孔），以将弦桥盖固定在弦桥上。然后用锤子将弦桥盖子钉到弦桥上。图8d.6所展示的是配有前述插销的弦桥盖（单和弦、双和弦与三和弦）。原来的弦桥销钉周围必须有足够的木料以供插销插入；一旦插销妥善地插入引导孔，琴弦安装后所产生的拉力将有助于将它们固定在正确的位置上。

如果你选择采用钢质弦桥盖，那么采用如下操作。

■ 你必须对弦桥进行处理，使得新零件安装上去后尽可能与原来的弦桥高度一致，否则将影响钢琴的下承受（downbearing）。

■ 弦桥不得进一步裂开，如果弦桥裂缝进一步延长，可能使得维修工作变得凶吉难卜。图8d.7展示了所要达到的目标：最末端两颗销钉的右边必须有足够的木料，以防止产生裂缝。【在判断一台钢琴的使用寿命还有多长，观察这个部位，也许可以获得一些线索。如果钢琴设计得较好，在弦桥与框架之间会留有更多空间，而且在弦桥的末端留有更多"肉"。尽管更为宽容的看法认为，经历了80年后，该设计缺陷（也即弦桥末端出现裂缝）才浮出水面，该台钢琴的设计也算是成功成仁了，但是，在合理情况下，当制作者在20世纪20年代设计制造该台钢琴时，本应该已经预见这一结果。】

■ 你得有心理准备，弦桥经过维修后，受影响的音与维修前的音有所差异，通常其音色更具金属感。

2 更换弦桥

另外一个途径是将整条弦桥拆除，制作并换上新的弦桥。这一方案的费用很昂贵，你得将旧弦桥交给供应商，以供其参考。更换程序与下文所介绍的"架子式"弦桥（shelf bridges）脱落时的做法相似，只是操作起来更为容易。

8d.7

木肋条脱落

有时，音板背面的木肋条脱落。如果从钢琴前方能够找到木肋条的准确位置，而且从钢琴前方能够接近该位置，笔者会对木肋条重新上粘胶，并拧上一颗螺丝钉，螺丝钉需加装一颗大号纽扣形垫圈，以分散负荷（图8d.8展示了现代版塑料纽扣形垫圈）。

如果该问题影响到较大面积，笔者会钻通音板与木肋条，并用一根细栓子穿过木肋条与音板，两侧各加一颗大垫圈。这样的做法听上去颇为粗野，但是却十分奏效，因为笔者从来没有听过这样做会导致任何音质上的差异。如果一台钢琴非常珍贵，而且其音板上没有任何螺丝钉，那么在对其进行此项维修工作时，笔者会在稍后时间里将栓子去除，将槌柄缩短以使栓子完全贴合，然后将其粘贴在小孔中。接下来，再将末端去除；用砂纸打磨维修位置，并涂上清漆。经过这样处理，可以使维修位置看上去比较顺眼，能够迎合传统主义者的胃口（这类人对"带工业痕迹的"紧固方法感到反感恶心）。然而，在笔者看来，这样做反而大大降低了维修效果。

"架子式"弦桥脱落

在一些钢琴上，低音弦桥直接安装于音板上；而在另一些钢琴上，低音弦桥是安装在"架子"（shelf）上的，而该架子再依附在音板之上。该架子可以有效地将弦桥与音板的接触点从边沿位置移开，一般认为，这能够改善钢琴的音质。

一般情况下，通过图片很难清楚地展示弦桥架子，然而，图8d.7却或多或少地展示了一个弦桥架子（有4颗螺丝钉从该架子的正面拧入，借此我们能够从图片中看到架子的存在）。对于大多数弦桥架子而言，其螺丝钉是从架子的背面拧入的，或者，它是通过粘胶粘到音板上的。而该图片中的架子螺丝钉却是从正面拧入的，这其实是非常罕见的；然而，这却为笔者在此展示弦桥架子提供了方便，因为我们能够以该四颗螺丝钉所形成的线为参照而看到架子的存在及其是如何依附到音板上的。琴弦所经过的弦桥盖（bridge cap）位于架子的几英寸之下；随着音越来越低，弦桥主体与架子之间所形成的间隙越来越大。

架子式弦桥常常会渐渐松脱。当松脱时，所有低音琴弦都根本无法正常工作；你最多只能听到"砰"的一声。鉴于弦桥架子所承受的负荷，发生这样的故障不足为奇，然而，根据笔者的经验，导致此问题的真正原因是将弦桥固定在架子上时只是单纯使用了粘胶而不是同时使用粘胶与螺丝钉。一台钢琴的音板组合

如果纯粹依靠粘胶，那么当该台钢琴从潮湿环境转移到温暖、干燥的环境中时，其弦桥就非常容易脱落，直到近年来还在被制造商所采用的动物粘胶是根本无法承担长久固定组合音板构件这一重任的。相反，笔者从未听说过使用螺丝钉固定的低音弦桥发生脱落的现象，而且，笔者从来就无法光凭钢琴所产生的乐音就能判断出钢琴的弦桥或音板中是否有使用螺丝钉固定构件（换言之，使用螺丝钉固定音板构件对钢琴的音质并不会产生任何影响）。这说明，一些制造商青睐粘胶而弃用螺丝钉的观念只是源于一种误解。因此，每当遇到弦桥脱落的情况，笔者都会采用粘胶，同时拧入螺丝钉。

对脱落弦桥进行维修的具体程序如下（在此过程中，你需要一位助手）。

1 将所有低音琴弦拆卸下来（"低音琴弦的乐音很'沉闷'"部分）。

2 将旧粘胶铲掉，用砂纸对原来涂粘胶的表面进行打磨，

直至其变得平滑。

3 沿着弦桥安装线在音板上钻三或四个小孔（根据图8d.7的引导），确保从音板背面能够接近这些小孔。

4 将弦桥固定在适当的位置，在弦桥的背部钻螺丝钉引导小孔。

5 选择长度正确的8号螺丝钉，注意螺丝钉长度应该正确，以防止螺丝钉扭曲或钻裂木材。

6 将螺丝钉引导孔扩大，以使其适合所选的螺丝钉。弦桥的构成木料相当坚硬，通常是枫木。引导孔的大小应该与螺纹芯的尺寸相匹配，以确保螺纹能正好旋入木料之中。笔者通常会分两个阶段钻孔：先为带螺纹部分钻小孔；再为不带螺纹的螺丝钉柄部分钻稍微较大的孔。

7 使用钢琴制作专用粘胶将弦桥黏合到适当的位置上。

8 进行本步骤你得请一名助手，当你从后面安装和拧紧螺丝时，让助手在前面帮你扶着弦桥。为每颗螺丝钉配一个大的纽扣形垫圈（请参考图8d.8）。

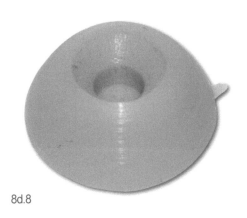

8d.8

9 让粘胶过夜，使其完全干燥后，再重新将低音琴弦装上。

10 为整部钢琴进行调音。（几乎可以肯定地说，拆卸与重装低音琴弦也会对高音琴弦造成影响。）

尽管笔者至今还未在卧式钢琴上遇到过以上问题，但是我们无法完全排除此种情况也会在卧式钢琴上发生。在卧式钢琴上，解决该问题的程序与在立式钢琴上的做法相同；只是在卧式钢琴上进行维修通常都更为直接、更为便捷。

🎹 低音弦桥脱落

图8d.9展示了一种"双重危险"的情况——弦桥架子从音板上脱落，同时弦桥盖也脱离了弦桥架子。（从音板上和架子上的原来安装痕迹可以清楚地知道架子和弦桥盖的正确摆放位置。）整个低音区只能发出微弱的刮擦声。制作该钢琴时，没有使用任何螺丝钉；如果有使用的话，就不会产生这样的构件脱落现象。针对这一问题进行维修本来并不困难，但是，由于其他一些原因，对该台钢琴进行维修已经不甚划算。类似这样的问题，可以将架子与弦桥盖拆卸下来，置于工作台上，拧上螺丝钉，然后再按照以上的步骤将架子与弦桥重新安装到音板上。这一过程可能需要耗费钢琴技师两三个小时。

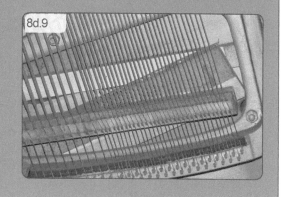

8d.9

第九章

卧式钢琴的保养

　　卧式钢琴的维修有一个非常令人厌烦的地方，就是你需要反复不断地拆卸键盘框（keyframe）组件，然后再将其重新安装到钢琴上，除此之外，大多数卧式钢琴的维修工作都可以直截了当地进行。卧式钢琴的使用寿命介于30～100年；在其大限之期到来之前，大多数卧式钢琴一般都能保持良好的性能，然而，那些长期被放置在不适宜环境之中（比如，长期受到学校大厅供暖设备的烘烤）的钢琴除外。令人惊奇的是，如果卧式钢琴状况不佳，在大多数情况下，你只需采取一些小措施，即可解决有关问题，使其恢复正常状态。

▥▥ 卧式钢琴——或者，这还是一台卧式钢琴吗？

一般而言，与立式钢琴相比，卧式钢琴的制作更为精良，外观更为精美，这意味着卧式钢琴的使用寿命通常会更长。然而，不幸的是，一些琴主却错误地利用了卧式钢琴的使用寿命，他们通常在应当抛弃它们的时候才意识到要珍惜自己的钢琴。笔者经常会接到客户的邀请为卧式钢琴进行调音，到了工作现场，往往发现钢琴已经病入膏肓，无法经过维修而成为可供正式弹奏的乐器，充其量只是一件类似家具的庞然大物。

因此，在对一台较为陈旧的卧式钢琴进行维修保养工作之前，我们得先弄清楚一个问题：该台钢琴可供弹奏的状况是否能够提供足够的理由，以让我们对其进行维修保养工作？对于这一问题，如果你自己不太确定，你可以向调琴师或钢琴技师咨询，你也可以向其他演奏者征求意见。此时由不得你感情用事。如果一台卧式钢琴除了对其进行彻底的翻新重构之外，你无论采取任何其他方法都无法改善其所产生的乐音，那么拆开这台钢琴对其进行维修保养只是徒劳一场，毫无意义可言。

做笔记

你最有用的工具之一就是一支笔再加上一张纸。解决卧式钢琴问题的第一步，也是重要一步就是做笔记（对，用书面形式进行记录）：有哪些问题；钢琴到底哪些部分会受到影响；你将采取什么措施？对卧式钢琴进行维护保养工作不能操之过急，否则，你很可能会遗漏一些促使你采取养护措施的初衷（或者说是"原因"）。在维修保养过程中，你得频繁地将击弦器拆卸下来，一些细节你是无法通过弹奏钢琴而进行核查的，因此，你也得依靠笔记来提醒自己。

早期诊断

老化的卧式钢琴所出现的问题与老化的立式钢琴所出现的问题颇为相似。解决该等问题的流程也甚为相似。事实上，我们要介绍的，是两者之间那些不同的部分。

卧式钢琴所出现的最常见的问题是平衡轨垫圈压损、蛾虫侵咬以及击弦器调节不当。诊断这些问题的流程如下。

平衡轨垫圈

■ 跪下去观察一下键盘。键盘的中部是否有出现下沉？如果是，说明平衡轨垫圈已经被压损。

■ 为了进一步确认该问题的存在，可以按压下沉部位的中间几个琴键，同时观察钢琴的内部。如果平衡轨垫圈已经被压损，那么弦槌会弹起，无法精确果断地停留在背触的正确位置上。【如果弦槌事实上在琴弦上撞击了两次，这叫作"哭闹"（blubbering）。】

■ 使用钢尺测量琴键下沉——也即，测量受影响的琴键向下的冲程是多少。一般而言，琴键冲程至少为9.5毫米（约3/8英寸），但是许多钢琴的琴键冲程为11毫米（约7/16英寸）。在键盘的不同部分上进行测量，并对黑键下沉与白

键下沉进行测量。特别要将能够正常工作的琴键的冲程测量值记录下来，具体操作请参考下文的"调节击弦器"部分。可能只有键盘末端的琴键才能正确工作。将所得的测量值记下来！

■ 在琴弦之间滑动尺子，测量各弦槌顶端到相应各琴弦之间的确切距离。这一距离原本应该介于45.7～50.8毫米（17/8 ～2英寸）。注意，各个高度是否规则——也即，高度是否相等。

■ 检查各个琴键的状况，在钢琴上弹奏一段时间。仔细听听是否有咯咯声（rattling）

或咔嗒声（clattering），是否有任何反应迟缓的情况，是否有制音器无法正常工作。将有问题的琴键或区域记录下来。

蛾虫侵咬

■ 跪下来观察键盘，如果发现各琴键高低不平，那么基本上可以肯定已经发生蛾虫侵咬问题。为了进一步确定此问题是否存在，你得将所有琴键拆卸下来，并检查中盘托毡料的情况；但是，现阶段，你还不能执行这一步骤（请参考下文的步骤34），但稍后，你得执行这一步骤，并进行仔细检查……

调整击弦器

■ 沿着键盘进行抽样检查，依次慢慢地下按几个琴键。

■ 各支弦槌应当适当抬起，直至其与对应琴弦之间的距离约为2毫米（1/16英寸），其往下运动的距离也应当约为2毫米（1/16 英寸）。

■ 在抽样检查并以非常慢的速度下按琴键的过程中，你能否感觉到鼓轮之下的顶杆抬起来的那一点？（请参考本书第二章关于卧式钢琴击弦器如何工作的详细描述。）在那一点上，你能否听到任何刮擦声？如果可以听到，那么你需要为鼓轮与顶杆添加一点黑铅（black lead）了（步骤32）。

■ 当用力弹奏一个音时，弦槌的

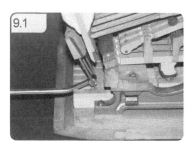

停留位置应当是在距离琴弦的15.8毫米（约5/8英寸）处。

■ 当弦槌位于此位置时，稍微松开琴键，弦槌应该能够稍微抬起。

■ 当弦槌向上运动到一半时，制音器应当开始从琴弦上抬起。

■ 如果在下按琴弦时，击弦器的运转不符合以上所描述的状况，你得将对应的琴键记录下来，因为你需要在稍后对其击弦器进行调整。

防止关于击弦器调节的误诊

■ 一些音是时好时坏，还是完全无法工作？检查是否显示，当按下琴键时，托木（Backcheck）阻碍了弦槌的背部，使其无法抬起？如果是这样，人们一般会将托木往后稍微拗一拗，而笔者所接触的卧式钢琴中，前任技师通常已经采取了这个措施。当然，采取此措施之后，对应的音确实能够正常工作了，然而，真正的问题却很可能没有得到解决。以上问题的根本原因几乎总是以击弦器中某种形式的失位，而失位只能通过以下所介绍的所有调节程序才能纠正。

现在，有趣的事情发生了。与立式钢琴相比，对卧式钢琴击弦器进行任何维修工作都是较为复杂的。首先，卧式钢琴的击弦器是以螺丝钉固定在键盘框（keyframe）之上的，位于琴键之上；因此，如果你不先将整个键盘框拆卸下来，并将击弦器从键盘框上拆卸下来，那么你是无法拆卸任何一个琴键的。（例如，如果有一个琴键稍微下沉，需要在它下面垫一块平衡轨纸垫片，那么，对于如此琐碎的工作，即使钢琴技师的经验非常丰富，也得花费半个小时或更长时间，而同样问题如果发生在立式钢琴上，你只需20秒就能解决问题。）

键盘框组件的拆卸

1 准备一张工作台，以供放置键盘框组件。（图9.3中所展示的折叠式键盘架就可以很好地起作用，而且它能够让击弦器的底部暴露出来，以便于进行清洁工作。注意，该架子的高度要比中盘托稍微高一些。这将鼓励你将组件抬起到足够高度以供拆卸——步骤11——以避免将钢琴的前部弄坏，破坏你的雅兴。）

2 将降板拆卸下来。降板两端上通常各有一个叫作降落板（fall plate）的黄铜插槽（图9.4），该插槽可以安装到从钢琴外壳各个旋转点上伸出来钢制或黄铜销钉上（图9.5）。（该销钉的头部有凹槽，供拧入与调整；该销钉还配有一个下凹垫圈，用以防止其太过深入木质构件中。）将降板往上拉，直至黄铜插槽脱离销钉，然后再往外拉。然而，对于些卧式钢琴（如施坦威），得先将键侧木（key blocks）（步骤7）拆卸下来，才能拆卸降板：被拆卸下来时，降板与键侧木是连接在一起的。

3 你得非常小心，以防止将钢琴的抛光外壳刮花。将降板放在光滑的平面上。小心保护弹簧系统与"渐降"（soft fall）系统，特别对于现代雅马哈钢琴，更要格外小心。这些系统通常位于低音端。仔细检查内侧"脸颊"——也即紧靠降板末端的钢琴外壳——看看之前的拆卸过程是否遗留有弄花的痕迹。一些降板安装得过紧，以至于

9.3

9.4

9.5

会在钢琴上产生安装疤痕。如果发生这种情况，可以将降板拆卸下来，用砂纸对其两端进行打磨，使得降板安装时更为吻合。只能对降板两端进行打磨。对两端进行打磨是有风险的，因为降板的顶端与底端都是展露在外边，可以看见的，而且是经过抛光的，打磨时很容易损伤这些抛光部分。遇到这种情况，尽管有风险，笔者还是会进行打磨，因为如果降板过紧而不采取

措施，等到下次别人对其拆卸时，就会将钢琴表面弄花。

4 将顶盖的前半部分折起放在后半部分之上。安全第一：在掀起盖之前，请仔细检查以确保铰链销（"hinge pin"，即"合叶轴"）存在，而且是安装妥当到位的！

5 使用最长的一根支柱将顶盖撑起来。（大多数较旧式的钢琴只有一根支柱，但是现代卧式钢琴都有两或三根不同长度的支柱。）

6 将谱架拆卸下来。谱架通常可以向前滑出来，但是谱架可能会安装有安全系统，以防止其太容易直接滑出来。如果有安装安全系统，你可以感觉到；大多数安全系统都可以通过将谱架一端垂直抬起而越过。图9.6展示了典型的黄铜制引导轨系统（位于右侧，以螺丝钉固定在钢琴的木结

构上），谱架可以在上面滑动。

7 将键侧木（位于键盘末端的木块，正好位于"脸颊"的内侧）拆除下来。查看钢琴下面，通常可以看到一颗巨型指旋螺丝钉（thumbscrew），或类似的紧固零件，穿过中盘托底部，锁在各个键侧木的中部。注意，周围还有其他几颗螺丝钉，因此，你得注意，不要能错螺丝钉了。

8 将键侧木拆除后，键档（keyslip）通常会垂下来，或者抬起来【如果键档有木销钉（dowel peg）的话】。键档通常是通过一块凸出的"木桩"（图9.7）固定。该木桩与在键侧木上的挖切出来的凹口相吻合（就好像两块拼图拼接在一起一样）。图9.8展示键档与木桩拼接起来、还未安装到钢琴上的样子，旁边是高音端的键侧木，其被挖切出来的部分位于右下角。（注意，一些卧式钢琴的中盘托前部边沿下有几根螺丝钉，这些螺丝钉向上穿过中盘托，并拧入键档中。这些螺丝钉必须先拧下来。）

现在，中盘托显露出来了，一般如图9.9所示。你只能看到一只钢质销钉从键盘框组件的末端伸出来。这一销钉及其配件位于高音区末端，能阻止击弦器前后移动，但是允许击弦器向两侧移动，以使得una corda（见第二章踏板内容的"选择钢琴"小节）系统（如果钢琴有此系统的话）能够运作。展示了高音端的键侧木，该键侧木上有凹槽，以供安装到钢质销钉上。木块中的螺丝钉限制了una corda系统的移动，木销钉可以正确地安装键侧木。

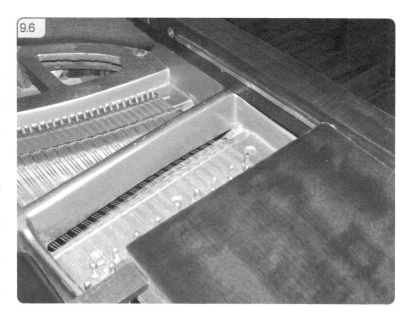

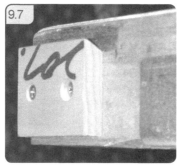

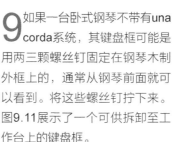

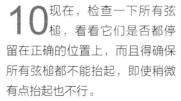

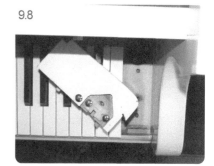

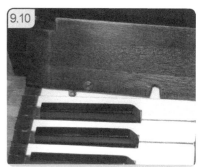

9 如果一台卧式钢琴不带有una corda系统，其键盘框可能是用两三颗螺丝钉固定在钢琴木制外框上的，通常从钢琴前面就可以看到。将这些螺丝钉拧下来。图9.11展示了一个可供拆卸至工作台上的键盘框。

10 现在，检查一下所有弦槌，看看它们是否都停留在正确的位置上，而且得确保所有弦槌都不能抬起，即使稍微有点抬起也不行。

在进行下一步之前，千万得小心！笔者所见过的卧式钢琴中，五台中就有一台在拆卸键盘框过程中弄断末端弦槌，导致需要对钢琴进行维修。你得非常小心，防止这

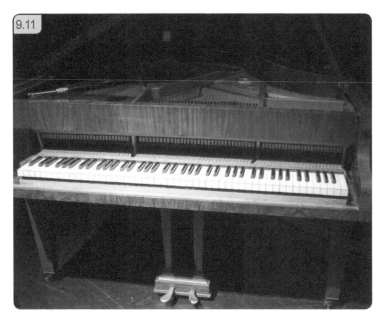

9.11

种事故发生。与立式钢琴弦槌柄相比较，卧式钢琴的弦槌柄要负责很多，请参考图9.12与图9.13。这种弦槌柄一旦出现问题，只能更换，无法维修。因此，如果钢琴技师的装备较为完善，他一般会带上几根新的弦槌柄以及相关的小零件——轴架、鼓轮以及备用弦槌等。图9.14展示了被拆卸下来的键盘框组件，说明这个拆卸工作成功完成。

11 抓住钢质手把，开始小心地将击弦器取出来。对于中等身材的人而言，击弦器的跨度较大，因此，在端击弦器时，小心你的手不要碰到两端几个琴键。假如你的手稍微碰到末端琴键，其对应的弦槌就会稍微抬起。由于要将击弦器拉出来，通常得使用相当大的力量，任何弦槌，即使稍微有所抬起，都将会在这过程中折断。扣弦板（Wrest Plank）与铸铁框架之下的空隙非常小，请参考图9.15。当键盘框组件经过钢琴外壳前部边沿时，

将该组件稍微抬起，以防止将抛光表面弄花，特别防止在滑行过程中将抛光表面弄花（请参考下文）。要将该组件抬起来，最好要有两人协助进行；一个人也可以进行此项工作，但是中将组件抬起来之后，一个人要保持组件的平衡状态就比较困难。

12 将键盘框组件放在你事先准备好的平面上。

13 在原来供安装键盘框组件的空位上，检查制音器状况是否正常，所有外露的螺丝钉是否拧紧。图9.16展示了制音杆（damper lever）以及延音踏板（sustain pedal）系统。当键盘被装入钢琴中时，琴键的后端安装在一小块绿色的粗呢衬垫之下。

9.14

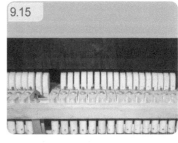

9.15

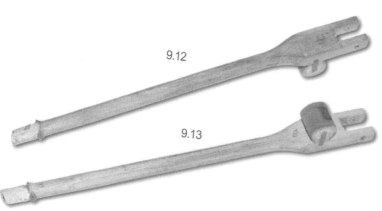

9.12

9.13

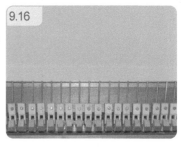

9.16

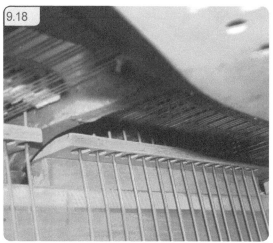

这些制音杆（damper lever）在轴架上移动；该轴架则被用螺丝钉固定在一条轨道上；该轨道则位于带毡料边沿的带子之后，用于限制制音杆的向上移动。这是通过两颗头部带有垫圈的大螺丝钉固定的。如果在这种类型的钢琴上，只能找到一个伸出来的轴架，那么这简直是钢琴技师的恶梦，因为如果是这样的话，要接近该轴架进行维修工作（尽管该维修工作非常简单）的唯一途径是将所有制音器拆卸下来。难怪会出现图9.17展示的极为糟糕的维修；该图展示的是一台旧式的演奏会专用施坦威（Steinway）钢琴，该钢琴有四个制音器向上抬起，有人为了避免因为一个轻微的维修动作而进行冗长的拆卸工作，直接在制音器上加装了铅坠（lead weight），以将制音器向下推回去。钢琴技师采取这一做法，确实有其难言之痛，虽然值得同情，但是并不能因此而赦免其避重就轻、逃避责任之罪。这样做会使得演奏者弹奏钢琴时非常费力，每次表演之后都会感到非常疲劳。

14 各制音丝杆（damper wire）各穿过一个内有毡料衬套的小孔，该小孔可以让制音丝杆呈垂直状态，请参考图9.18。如果你发现一只制音器向上伸出来，或者向下移动时非常缓慢，你得祈求上帝保佑，是制音丝杆固定小孔里的毡料衬套出了问题，而不是轴架出了问题（请参考上一段的介绍），因为要接近衬套更加容易，而且衬套的维修过程与中心销钉衬套的维修过程类似（请参考本书第八章的B部分）。

15 检查一下，看看制音器是否与琴弦对齐。如果发现制音器发生如图9.19所示的歪斜情况，找到制音器丝杆固定轴架（retainer flange）（图9.20），将其螺丝拧松，直至制音器头部足够松动，可以在轴架上垂直旋转与活动。调整制音器的高度，使之与相邻的制音器对齐，然后将轴架螺丝拧紧。检查其他制音器，因为很可能还有其他制音器会发生歪斜。

顺便进行清洁工作

如果键盘框组件已经很久没有被拆卸下来，那么在安装位置以及击弦器上一定积聚了大量了灰尘与碎屑，下文将向你展示几张图片。供学校使用的钢琴里，键盘框安装位置上几乎一定会有变脆的袋子、变硬的三文治碎屑

等杂物，而击弦器中常常会发现铅笔：抬起的降板形成了一条滑道，常常会将铅笔送到击弦器中。

■ 用吸尘器将所有灰尘、碎屑与杂物清除，但要注意避免将隐藏在安装位置背后的毡料配件以及制音器零件吸走。

■ 使用最细的白洁丝对中盘托进行清洁工作，然后再用吸尘器清洁其表面。

■ 找找看，是否有滑石粉（French chalk）或蜡烛脂

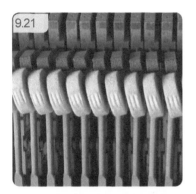

的痕迹（用于润滑配有una corda踏板装置的钢琴上键盘框）。如果有，将其清理干净。有时候，一些钢琴技师会同时使用滑石粉与蜡烛脂，他们错误地认为两者润滑剂同时使用效果更佳。两者润滑剂在一起形成黏稠的胶状——非常难以清除。

清洁工作完成后，我们接着到工作台上进行工作。

16 检查一下，以确保所有弦槌与琴弦对齐。弦槌与琴弦不对齐是非常常见的问题。从弦槌切损位置可以看出来：如果弦槌切损凹痕不位于弦槌的中部，则表示弦槌与琴弦不对齐。一些三和弦音所对应的弦槌可能只有两条切损凹痕，或者其中一条切损凹痕正好位于弦槌边沿，导致图9.21所示的切损高低不平的情况。图中所展示的一排三和弦弦槌中，其中一个只撞击两根琴弦，许多弦槌的边沿撞击琴弦。这不但可能导致钢琴的音质很差，而且还可能导致弦槌、轴架中心销钉以及轴承同时磨损。如果所有或者是大多数弦槌的切损凹痕位于偏右的位置，则问题出在una corda踏板上。请参考步骤21。

17 要对弦槌进行调整，请将轴架螺丝钉稍微拧松，再将弦槌移动至正确的位置上，同时将螺丝钉拧紧。（有一种专门用于调整弦槌间距的工具，但是笔者从来不使用。笔者会直接将弦槌对齐，然后再将另外一支螺丝刀插入弦槌轴架与右边相邻轴架之间，如图9.22所示。当拧紧螺丝钉时，弦槌轴架往往会向右边移动；插入另外一只螺丝刀可以防止弦槌轴架向右边移动，当然，前提是，右边相邻的那一个轴架是牢固安装着的。）

18 有时候，在静止时，弦槌之间的间距是均匀的，但是弦槌表面的切损凹痕却不整齐。问题所在：弦槌移动时并不是完全垂直向前的。解决方法：在弦槌所转向一侧的轴架之下塞入一条薄的纸垫片。垫入纸条后，可以将轴架稍微抬起，进而可以纠正弦槌转向的问题。（如果你发现其他轴架下有类似的垫片，将它们放回原位；现在，你应该知道为什么轴架下会有这些纸垫片了吧？）

19 如果有必要进行大量的弦槌调整工作，那么在调整工作完成后，可以将键盘框架组件安装到钢琴里，仔细观察各支弦槌，以确保它们能够准确无误地撞击琴弦。

20 通过以下操作，可以对弦槌进行进一步微调：将键盘框组件稍微拉出来，使得你刚刚好有足够空间接近弦槌轴架螺丝钉即可——但是，如果钢琴装有una corda系统，那么在将

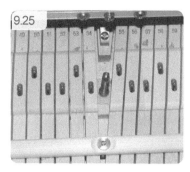

键盘框组件重新推入钢琴时，你会遇到来自una corda复位弹簧所产生的阻力（图9.23）。你只需让组件保持方正，并继续推：到了某一点，组件会突然弹入。警惕：由于键盘框组件处于被拆卸状态，当你将键盘框组件推入钢琴时，不要按压任何琴键（即使是最轻微的按压也不允许）。

如果钢琴上装有una corda踏板

21 将键盘框组件安装到钢琴上之后，检查一下una corda踏板的工作情况。当踩下该踏板时，整个键盘框组件应该能够向右边移动，使得双和弦只有一根弦受到弦槌撞击、而三和弦中只有两根弦受到撞击。确保键盘框组件能够很顺畅地移动，如有必要，可以使用滑石粉进行润滑。如果出现步骤16最后所提到的问题，这说明una corda踏板的缓冲带（buffer）出了问题。

如图9.24所示，缓冲带是低音端位于中盘托与键盘框组件之间一条毡带。由于压损或蛾虫侵咬，缓冲带的缓冲功能减弱，导致复位弹簧将键盘框组件向左边推得太远，导致所有弦槌无法以其正确的部位敲击琴弦。如果是这样，你得更换缓冲带，或者在缓冲带上加垫片，直至能让尽可能多的弦槌以其正确的部位敲击琴弦。剩下无法用此方式进行纠正的弦槌，可以根据步骤17所介绍的方法进行校准。

22 在某些卧式钢琴上，键盘框组件是在滑鼓（glide）上移动的——这滑鼓通常是由两个或更多个黄铜圆顶零件（brass dome）组成；黄铜圆顶零件的尺寸为12~18毫米（1/2~3/4英寸）；圆顶从键盘框底部伸出一小部分。在许多卧式钢琴中，滑鼓在中盘托中的硬木小盘上移动。你也许需要对滑鼓进行调整，调整时通常会应用到螺丝刀，但有时也会用到调音杠杆工具，如图9.25所示的雅马哈C5钢琴，就需要调音杠杆工具。调节器是位于54号与55号琴键之间的黄铜"手指"；在另一端是滑鼓本身，请参考图9.26。

对滑鼓进行正确地调节是非常重要的。键盘框作为一个结构，其所具有的力量非常有限。这一结构并不需要太大的力量，因为它位于平面上，但是，如果这一结构从中部被抬高，那么它会发生弯曲，而且弯曲情况可以很严重。因此，如果滑鼓的伸出部分稍微太多，就会令键盘框结构的中部抬起，导致前述的弯曲，使得击弦器无法正常工作。如果滑鼓的设置是正确的，你应该可以在键盘框下放一张纸，然后猛地将该张纸片拉出来，而纸片不会撕破。然而，在你确定有必要对滑鼓进行调节之前，千万不要调整滑鼓——在中盘托的清扫工作完成之前，你是无法确定是否需要对滑鼓进行调节的。如果una corda系统无法顺畅地工作，那么，最常见的原因并非滑鼓本身有问题，而是在中盘托上的所积下的灰尘与碎屑。

23 una corda踏板推动键盘框顶着图9.23中所示的大弹簧；当踏板被松开时，该弹簧又将键盘框推回来。如果键盘框与该弹簧接触时会产生吱吱声，也许你需要在弹簧上加一点蜡烛脂，以作润滑。

24 在一些钢琴上，上述弹簧中包含一个小滚筒，该滚筒可能会被卡住。如果是这样，将弹簧从钢琴上拆卸下来；

再将滚筒拆卸出来，使用硅润滑喷剂对其进行润滑；然后，更换弹簧。拆卸与更换过程的要点是不要将硅润滑喷剂喷到钢琴的其他零件上。

25 针对踏板系统中的失位问题进行调整。踏板座（lyre）下有金属杆延伸到钢琴的底部，该金属杆顶部通常带有调节螺帽与锁定螺帽。在图9.27所展示的雅马哈C5钢琴中，调节器与锁定螺帽得用两把扳手分开。然后正确地设定调节器，并将锁定螺帽拧回去。对于较陈旧的钢琴，请注意锈蚀的金属；同时还要注意棱角被磨平的锁定螺帽——这是很常见的问题，因为流动调琴师常常不使用适当的扳手，而是使用老虎钳或拔钉钳夹着螺帽进行拧紧。

检查键盘

26 再次将键盘框组件拆卸下来，将其放置在工作台上。现在，针对在"早期诊断"阶段所发现的问题，你可以尝试找出问题的根源了。钢琴如果发出咯咯声，很可能是螺丝钉与弦轴松动所引起的。如果钢琴反应速度不快，很可能是中心销钉过于艰涩所致。其他问题很可能是由于零件磨损导致。以下步骤中，我们将解决这些问题。

27 如果弦槌已经被严重切损或磨平，可重新修整其表面。（关于如何修整弦槌的表面，请参考图9.28以及本书第八章的B部分。）

28 将所有击弦器弦轴螺丝钉拧紧。如果弦槌破损非常严重，请参考"弦槌的更换"部分。

29 有八至十颗螺丝钉用于将击弦器固定在键盘框板之上，将这些螺丝钉全部拧下来（图9.29展示了两颗螺丝钉），小心地将击弦器拆卸下来。

30 检查所有零件的磨损情况——特别是鼓轮（位于槌柄之下的圆形皮革零件），将弦槌向上、向后拉，即可看见鼓轮，请参考图9.30。当按下琴键时，顶杆（jack）通过将鼓轮向上推而将弦槌往上推。如果鼓轮有磨损，或者如果顶杆与鼓轮不协调（请参考本书的"顶杆的调整"部分），下按琴键时会感觉软绵绵的或者感觉琴键很艰涩、难以弹奏。

31 如果你发现一些鼓轮已经破损，那么，非常可能地，其他鼓轮大部分也已经破损，因此最好的解决方法是将所有鼓轮都更换掉——但是，笔者得提醒你，新鼓轮的价格是非常昂贵的。用镊子将损坏的鼓轮夹出来，交给零件供应商，以供其参考。新鼓轮的安装很简单：上粘胶，并将其按压到正确的位置上。（有一种专业工具，看上去像镊子，但是它装有一颗可调节螺丝，可以控制夹头的宽度，这样就可以防止夹头在夹鼓轮时损伤鼓轮木芯。如果你无法控制自己夹鼓轮时的力度，该种专业工具不失为一个好帮手！）

有两种孤注一掷的措施，你也许可以尝试一下，当然，前提是，如果你不采取该两种措施的话，钢琴就会报废。第一个措施：如果鼓轮上的皮革并未被磨损到使鼓轮木芯露出来的程度，

但是鼓轮已经变形，那么你可以尝试在核心材料上缝上纱线，使鼓轮恢复原来的形状。第二个措施：笔者曾经听过有人这样做，也即直接将鼓轮拆卸下来，然后将鼓轮的另一面安装到击弦器上。

32 在鼓轮皮革上通常会有黑铅润滑剂的痕迹。如果该种润滑剂已经所剩不多，或者如果在关于击弦器调整的早期诊断中，你能够感觉到顶杆从鼓轮下抬起来那一点——那么你需要在鼓轮皮革以及顶杆头部添加一点黑铅了，如图9.30所示。（黑铅可以在钢琴供应商那里买到。）只需添加非常少量即可，小心不要让黑铅脱落到其他零件上，一点也不行，因为这会让钢琴内部看上去很不雅观。

中盘托与键盘

卧式钢琴中盘托与键盘的维护程序与立式钢琴非常相似，因此，如果有需要，你可以参考本书第九章。

33 现在，击弦器与键盘已经分开（图9.31），检查一下，琴键可以自由活动，琴键之间不会相互阻碍。

34 如果键盘某些地方稍微有点凹凸不平，而且键盘毡料的状况良好，那么可能可以通过在平衡轨垫圈下加入纸垫，使凹凸不平处变得平整。在进行更彻底检查之前，图9.32暗示着一台钢琴的背触、平衡轨与前轨状况基本良好（尽管沾满了灰尘）。

35 如果键盘毡料的状况良好，但是在早期诊断中发现平衡轨垫圈已经被压损，那

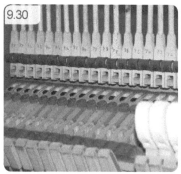

么你用不着浪费时间，以尝试通过塞入纸垫来解决键盘的凹凸不平问题。平衡轨垫圈并不昂贵，所以只需要购买一整套新垫圈并将它们安装到钢琴上就行——注意，你需要参考压损程度最小的旧垫圈，测量所需垫圈的准确厚度。

36 如果在早期诊断中发现有可疑的蛾虫侵咬迹象，将所有琴键拆卸下来，检查中盘托毡料的状况。如果确实存在蛾虫侵咬问题，你需要将所有毡料与垫圈更换掉，具体步骤如本书第七章的相关介绍。关于键盘的水平校准，请参考下文的介绍。如果有疑问，先将毡料取出来。

37 对琴键外壳进行一切所需的维护保养工作。其程序与立式钢琴相同，请参考本书第八章的A部分。（在此笔者只是一笔带过，而事实上，琴键外壳维护保养涉及许多工作。）

键盘的水平校准

和立式钢琴一样，卧式钢琴键盘的水平校准也是通过在平衡轨垫圈下增加或减少纸垫进行的。如果你的运气较好，而且你也准备了一整套新垫圈用以更换，

你只需为少数几个垫圈加纸垫。

对于卧式钢琴，为了加强键盘的耐久性，键盘的中部稍微隆起——也就是，让钢琴的中央琴键（中央C上行的E音）稍微地高于两端的琴键。键盘校准使用直尺，分为两个阶段进行：从中央E音开始到低音端，再从中央E音开始到高音端。所形成的倾斜度非常细微，只有那些意识到这一点的人（通常也就是那些需要知道这一点的人）才能觉察出来。先对白色琴键进行水平校准，然后再对黑色琴键进行水平校准。在大多数卧式钢琴中，当击弦器被拆卸下来后，琴键的自然倾向是向前往下倾倒。要对琴键进行

水平校准，你可以使用以下方法：

■ 对琴键的后端施加重力，使它们处于"向上"抬起的位置。你可以购买一种特殊的小砝码，该种砝码可以夹在托木（backcheck）上，因此能够使得琴键的前端可以保持向上抬起。然而，笔者通常只会使用旧的科学秤砝码，在每个砝码下加一点能够容易清除的粘胶（例如蓝丁胶）。在图9.33中，由于A1琴键的后端放置了砝码，该琴键的前端处于正常的可供弹奏的位置上。你得准备许多砝码，因为每一次你得在一半数量的白色琴键上放

置砝码，以便进行以上所介绍的水平校准工作。

■ 在A1与中央E音琴键下的前销钉下插入纸板垫片（用于调节高度的标准纸垫片就行），以将这些琴键垫高至正确的位置，以使琴键隆起，然后在这两个琴键的最前端摆放一把直尺。依次轻轻地将各个未被垫高的白色琴键的后端按下去：如果某一个琴键的后端被下按时，被抬起的一端无法接触到直尺，那么需要在该琴键的平衡轨垫圈之下加纸垫，直至下按时，琴键能够接触到直尺。以上过程还需要再进行三遍——分别针对高音区白色琴键、低音区黑色琴键、高音区黑色琴键。

为每个琴键设置下降冲程（key dip）

一旦键盘呈水平状态，就可以着手检查琴键的下降冲程了。所谓琴键的下降冲程，是指琴键从最顶端位置移动到最底端位置的距离。使用钢尺，尽可能选择

更多的琴键，测量其下降冲程。

由于琴键已经呈水平状态，而且已经更换了新的平衡轨垫圈（或者已经在水平校准过程中将平衡轨垫圈垫高），因此，琴键的下降冲程一般都是接近正确状态的。在你确定了一些琴键的下降冲程已经达到你的要求后，你得确保其他琴键的下降冲程与这些已经达标的琴键的下降冲程完全一样。在早期诊断过程中，你可以找出能正常工作的琴键，并测量其下降冲程，并以此下降冲程作为参照。但是，如果你不太确定正确的下降冲程为多少，使用11毫米（约7/16英寸）作为可供参照的标准琴键下降冲程。

如果琴键下降冲程不均等，那么，很可能是前轨出了问题。

■ 如果各琴键的下降冲程非常不均等，那么，你得更换前轨垫圈。

■ 如果各琴键的下降冲程只是稍微地不均等，在前轨垫圈下增加或减少纸垫圈，直至各琴键的下降冲程均等化。在立式钢琴中，在调整各个

琴键时，可以即时对其进行"真实测试"——也即，在击弦器已经被安装在钢琴里面的情况下，对琴键进行测试。在卧式钢琴中则不同了，进行任何维护工作之前，你得先将击弦器拆卸下来，因此要对各个琴键进行测试，唯一途径是先将整个击弦器组装起来，并重新安装到钢琴上去，然后进行测试。因此，为了确保准确度、工作效率以及一致性，笔者会使用"琴键冲程测量器"，其实这只是一块可供放置在琴键上的木块而已，其厚度各有不同——最常用的厚度为11毫米（约7/16英寸）。图9.34展示了一块正在使用中的冲程测量器。按下琴键，同时增加或减少前轨垫圈下的纸垫圈，直至测量器木块的顶部与相邻两侧的琴键水平高度相同。你需要按照上文"键盘的水平校准"部分所介绍那样在琴键的后端放置砝码，或者你可以沿着键盘，每次同时按下相邻的三个白色琴键，使其前端抬起。然后，将中间的琴键松开，将冲程测量器木块放在该琴键之上，并轻轻地往下按。

对于黑色琴键下降冲程的测量，有一种特殊工具可供使用，然而，笔者直接对笔者认为能够正确工作的琴键（根据"早期诊断"的结果）的下降冲程进行测量，并以此测量结果为参照，设定其他黑色琴键的下降冲程。

击弦器的维护

1 趁着击弦器与键盘仍然处于分开状态，检查一下所有中心销钉的状况。本书的第八章的D节的"中心销钉"部分解释了如何重新定位立式钢琴击弦器的各种零件，其技术也同样适用于卧式钢琴。在一般的卧式钢琴中，每一个所对应的击弦器有五个中心销钉连接处。如图9.35所标示的，这些销钉位于：

1 弦槌轴架。
2 震奏杆。
3 顶杆本身。
4 联动器轴架。
5 制音杆轴架。
6 制音丝杆轴架。
7 sostenuto踏板轴架（如有——大多数卧式钢琴都没有此踏板）。
8 震奏杆弹簧轴承。

2 仔细检查，看看顶杆是否位于联动器的中心位置（从左右两侧判断）。如果不是，那么你得轻轻将它们从轴架上撬下来（顶杆是用胶水粘贴在轴架上的），然后重新上胶水。另外一种方法可能是：让顶杆保持在原位，再使用烙铁将原有。粘胶熔化，接着再将顶杆移动到适当位置上，再等胶水凝固。然而，笔者更倾向采用第一种方法。在图9.36里，通过将弦槌抬起，展示

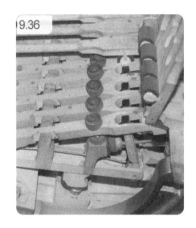
9.36

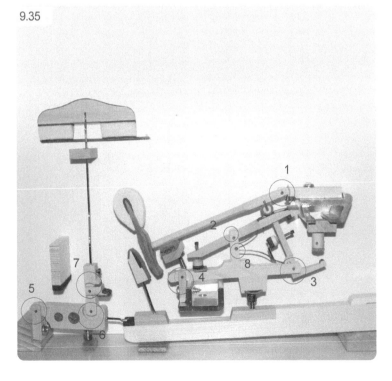
9.35

9.37

了这一钢琴里最前面四个顶杆（方形、黑色）的头部。图9.37展示了顶杆位于正确位置上的情形。

3 在大多数卧式钢琴中，震奏杆弹簧被安装在一个凹槽上。按一按几支震奏杆，仔细听听是否有噪声。如果黑铅已经消耗殆尽，或者木质部分变得粗糙，对凹槽与弹簧进行清洁工作。不幸的是，要进行这项清洁工作，得先将击弦器以及各个联动器拆卸下来，这涉及大量的工作。图9.38展示了新的震奏杆弹簧组件，上面涂有黑铅，而图9.39展示了旧的震奏杆弹簧组件，上面的黑铅已经被消耗完，

因此可能会产生噪声。

将键盘与击弦器重新组装起来。在正确安装设置键盘与击弦器之后，用螺丝钉将击弦器固定到键盘框上。你现在可以开始对击弦器进行调节，以使之与键盘相协调了。

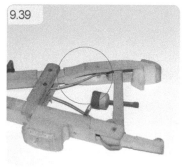

调节

维护工作到了这个阶段，大多数卧式钢琴都有很好的弹奏表现了。平衡轨是钢琴系统中最为薄弱的一环。即使钢琴非常耐用，已经服务了几十年，但是到最后，其唯一故障往往会发生在平衡轨上面。如果你能够正确地安装、设置与保养平衡轨，你就无需在其他零部件上花费太多的精力。但是，请注意，我们现在要介绍一下各个方面的调节工作。

顶杆的调节

在静止时，顶杆必须是正对着鼓轮木芯的。顶杆的前沿（也即，靠近弦槌的一侧）应当指向鼓轮木芯的前沿部分（也即，靠近弦槌的一侧），如图9.40所示。在图9.41中，震奏杆被按

下，以展露顶杆的顶部。将所有弦槌的后部抬起，然后依次放下弦槌，每次放下一只。这样，可以逐一对顶杆进行检查。

- 如果顶杆所指向的方向稍微向后，那么受影响的琴键弹奏上去感觉软绵绵的，或者根本无法按下去。最糟糕的是，顶杆可能只会稍微发生故障，而且只是偶尔发生，我们无法预见其发生。

- 如果顶杆所指向方向稍微向前，钢琴是可以继续工作的，只是其所产生的音量无法达到正常水平。

- 通过对图9.41中所示的螺丝钉与毡料红色"纽扣"进行调整，可以调节顶杆静止时的位置。

震奏杆的调节

顶杆的顶部与震奏杆的顶部之间的距离非常小（约0.075毫米，0.003英寸）。

9.41

- 如果顶杆过高，它将无法回到鼓轮底下，快速重复弹奏功能将受到影响。
- 如果鼓轮受到磨损——也即，在顶杆的作用下，布满凹痕——击弦器将会出现失位问题。

可以将震奏杆降低，以弥补此磨损造成的影响。调节震奏杆

最常用的方法是调节震奏杆尾部的小螺丝——请参考图9.43。顺时针旋转该螺丝，可以增加顶杆顶端的外露部分，反之，可以减少顶杆顶端的外露部分。调节时要适当，不能过度，合则钢琴弹上去会感觉软绵绵的。弦槌静止时，顶杆必须能够滑到滚筒之下。用手指将顶杆推出试一试。

装有释放架的工作台

在对击弦器进行调节，并将整个键盘框组件重新组装起来之后，你可以趁机对琴键水平高度以及琴键下降冲程进行微调。这也许是对卧式钢琴进行维修时最为烦人的事情：微调意味着大动作。然而卧式钢琴的好处在于：在原厂设置之后，在其整个使用年期里，它应当只需要一次这样的细心呵护。鉴于这一点，维修保养过程中，无论所遇到的情况是多么令人心烦，我们都得冷静对待。

为了便于进行卧式钢琴的维修保养工作，你可以购买一张专业工作台，该种工作台上装有释放架（let-off rack）。释放架是由一系列可调节木档组成。当你对某一击弦器进行维修保养工作时，可将木档调节到与该击弦器所对应琴弦同等的高度上。这样就可以模拟钢琴弹奏时的效果，使得你在无需反复安装与拆卸键盘框组件的情况下可以进行更多的调整工作。你可以购买独立式的调节木档，这种木档可以直接放工作台上以及弦槌后面，你也可以自己做一架，成本会低很多——图9.42所展示的是笔者所使用的木档。当然，不需要这种释放架，你也可以进行本节所介绍的各种维修保养工作。然而，如果你拥有一台这样的装置，工作起来会方便很多，而且心情也会比较舒畅起来。

图9.36展示了另外一种调节方法。调节螺丝位于震奏杆的顶部，通过该调节螺丝上的绿色毛毡与红色皮革垫圈可以找到该螺丝。

弦槌高度

弦槌静止时，其顶端与琴弦之间的距离应当为45.7～50.8毫米（17⁄8 ～ 2英寸）。钢琴的品牌不同，此距离也稍微有所不同。因此，进行弦槌高度调节工作时，应当以你在早期诊断中所得到的测量数据为依据。如果弦槌的表面经过重修，那么该距离可能有所增加。

弦槌可能已经排成一条直线，

且高度正确，也可能高低不平。

1 现在键盘框组件已经安装在钢琴里了，你可以使用一根尺子，在琴键与弦槌之间测量，并记下哪些弦槌的高度是正确的。

2 检查一下，看看这些音符是否能够正确工作，但是你得记住，到此阶段，我们还未能真

9.43

正完成调节工作。将键盘框组件拆卸下来。放回工作台上。

3 在琴键上找到黄铜调节绞盘（capstan），该绞盘将联动器向上推；联动器静止时是停留在绞盘上的。图9.44展示了单一琴键的后端、托木（backcheck）以及绞盘，而图9.40则展示了位于联动器之下的绞盘。

4 使用绞盘工具，将所有弦槌的高度调整至正确的高度。如果有需要，可使用直尺，或者将释放架降低至接近弦槌高度，以用作直尺。

弦槌停留轨

接下来，检查一下弦槌停留轨（图9.45所示的厚厚的绿色毡带）。如果由于弦槌柄的撞击，停留轨毡带上已经起了深深的凹痕，那么将毡带更换掉。一些人会将整条毡带稍微往一边挪一挪，以使弦槌柄撞击在毡带尚未被压损的位置上，这样可能可以使毡带还能够使用一段时间。然而，笔者还是建议采取前一种做法，也即更换整条毡带。

静止时，弦槌是不应当停留在停留轨上的！尽管这听上去似乎有点奇怪，但是停留轨确实只是起着缓冲作用的衬垫，当激烈弹奏时，可供弦槌柄撞击到它上

面并反弹回来。如果停留轨毡带经久变硬，受弦槌柄撞击时，就会产生噪音，因此需要将其更换。更换程序很简单：只需将所有弦槌抬起来，再将旧毡带撕去。准确地测量毡带的尺寸，并以之作为参考，购买新的毡带，使用毡料胶水将新毡带粘贴上去。

静止时，弦槌柄应当位于停留轨之上的3.1毫米（约1/8英寸）处。如果弦槌高度设置是正确的，但是停留轨与弦槌柄之间的间隙距离太宽或太窄，使用尺寸正确的毡带替换旧毡带。

注意，笔者以上介绍的都是一般的卧式钢琴停留轨设计。有一些卧式钢琴并不采用这种停留轨设计，而是在每只弦槌对应的联动器上安装了一小块停留衬垫。例如，图9.41展示了的布洛德伍德（Broadwood）钢琴的联动器；该联动器上有一块被灰蓝色毡料包裹着的白色衬垫；当猛烈弹奏时，弦槌柄会撞击到该衬垫上。这种衬垫，如果要一个个地更换，需要耗费大量时间，而且对手工精确度要求很高。（如果各个衬垫的压损程度一致，你可以考虑使用一小块毡料包裹在各个压损旧衬垫之上，以增加各压损衬垫的厚度。如果各个衬垫的压损程度不一致，那么你得将

它们一个个地更换。）

发射点的调节

当弦槌距离琴弦1.5毫米（约1/16英寸）时，顶杆应当从鼓轮下面冒出来。在大多数卧式钢琴中，有一排看上去像棉线轴一样的木质绞盘，该绞盘可以与安装到位的击弦器相互作用，对发射点进行调节。图9.46展示了一排这样的绞盘。然而，你得留心，一些钢琴上使用其他类型的调节器对发射点进行调节。

缓缓地下按各只弦槌；在发射点时，它应该能够弹起来。如果发射点距离大于1.5毫米（约1/16英寸），那么，将绞盘拧转上去（从下往上看，朝顺时针方向拧转）。如果发射点距离小于1.5毫米（约1/16英寸），那么，将绞盘拧转下去（从下往上看，朝逆时针方向拧转）。你应当只需要做非常细微的调节。【如果各发射点一致地大于1.5毫米（约1/16英寸），也许是有人故意将发射点增大，以降低钢琴的音量。例如，如果一台大型钢琴放在小房子里，那么就有需要这么做。如果各发射点的参差不齐，你得检查一下绞盘上的毡料的状况。】

进行此项工作时，如果你想

9.44

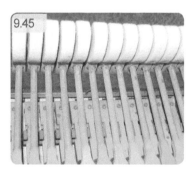

9.45

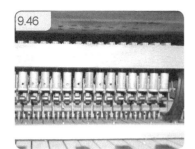

确保精确度最大化，而不是仅仅是可以接受，那么你需要一台在"装有释放架的工作台"部分所介绍的工作台，如图9.42所示。

1 调节释放架，以使得横木（cross spar）正好在琴弦所在位置之下的1.5毫米（约1/16英寸）处。

2 过度地调节发射点（顺时针旋转），直至弦槌顶住工作台上的横木。

3 牢牢地按住琴键，但不能过于用力地按，让弦槌顶住横木。借助调节螺丝缓缓地将发射点调低（逆时针方向），直至弦槌离开横木。对各支弦槌重复进行此步骤。

通过这一流程，你能够使得调节工作变得极度精准而统一。

回跌螺丝的调节

仍然是在释放架上，将横木设置为与琴弦同高。（如果不借助释放架，这将是一项沉闷冗长的工作，因为在调节过程中，你得不断地将击弦器拆卸出来又重新安装上去。）

1 慢慢地下按琴键。弦槌应当在距离琴弦1.5毫米（约1/16英寸）时发射，然后再弹回1/16英寸，因此其静止时距离琴弦应当是3毫米（约1/8英寸）。

2 如果弦槌的运动并不符合上述描述，将回跌螺丝（Drop screw）调整至正确的设定。该螺丝直接穿透弦槌转击器；该螺丝非常特别，其头部呈半球形，而且没有凹槽。就在弦槌撞击琴弦之前，该螺丝可以抑制震奏杆的向上运动。当非常缓慢地下按琴键时，该螺丝可以限制弦槌在发射之后的回落距离。调节该螺丝的"尖头"一端（图9.47），该"尖头"一端或者有一个凹槽，可供使用小螺丝刀对螺丝进行调节，或者其头部可使用多功能工具套装中的发射点调节器进行调节。

托木的调节

需要对托木进行调节的情况比较罕见：一般情况下，托木的耐用程度足以使其在钢琴的整个使用寿命期间无需任何调节。托木是一块木块，安装在琴键后端一根粗短木杆之上，该木块表面由毡料或皮革材料覆盖。如果弦槌已经撞击琴弦，而琴键仍然未被松开，弦槌会弹回，并停留在托木上。这样，弦槌就为进行快速重复弹奏准备就绪了，也就是弦槌处于"受控制"（in check）的状态。

图9.44展示了一只托木，该托木被安装在被拆卸下来的琴键上，而图9.40则展示了A1音所对应的托木是如何与对应的弦槌相互关联的。（A1琴键是两个末端琴键之一，也是容易使用相机对其内部进行拍照的两个琴键之一。）

1 键盘框组件被安装到钢琴中或者释放架被设置在正确的琴弦高度时，用力弹奏各琴键。

2 弦槌应当会回到停留位置（处于"受控制"状态），距离琴弦16毫米（约5/8英寸）。

3 使用多功能工具套件中的托木杆弯曲工具将托木杆拗一拗，进行调节，以达到正确的弦槌"受控制"距离。（这里有一个问题，也即弦槌必须真真正正地撞击到某个对象，才能弹回来，并适当地"受控制"，而这项调节工作只能在键盘框被安装到钢琴里的时候才能进行。因此，使用释放架非常很重要。）

4 将托木杆向内拗，可以抬高弦槌的停留位置；向外拗，则可以降低停留位置。有一点很重要，也即托木毡料与弦槌尾部相遇时，应当彼此平行（尽管这是两条弧线之间的平行关系），这使得两个零件之间接触面积大

大增加。如果校准不当，使得两个零件之间的接触面积太小，托木很快将会破损，而且无法再对其进行调节；如果托木毡料破损情况非常严重，那么，你是不可能顺畅地弹奏钢琴的。因此，要对托木进行调节，你也许需要分两步走：首先在接近托木杆底部的地方，将托木杆拗一拗，使托木过度地向前倾（图9.48），然后，再在托木杆顶端，将托木杆稍微拗一拗，以使托木毡垫与弦槌尾部接触时，彼此相互平行（图9.49）。

5 检查一下，托木是否笔直且与弦槌对齐。（在小型卧式钢琴中，为了配合交叉弦列设计，托木也许是呈锐角。时间一长，这些托木会缠住相邻音符所对应的弦槌。）

震奏杆弹簧

1 弹奏任何一个琴键，使其处于受托木控制状态，然后非常缓慢地松开琴键。弦槌应当只稍微抬起。如果弦槌抬不起来，震奏杆弹簧力量不足；如果弦槌弹跳起来，则说明震奏杆弹簧力量太大。

2 将无法正常工作的弹簧从凹槽中取出，将该弹簧稍微拗一拗，以增加或减少其张力。如果钢琴采用的是类似图9.36所示的维尔玛（Welmar）钢琴上的击弦器，你可以利用该种击弦器上的震奏杆弹簧螺丝调节器对震奏杆弹簧进行调节。该种调节器所采用的是最小号的螺丝，正好位于固定弹簧的小中心销钉（由红色毡料包裹）上面。震奏杆弹簧缠绕着该中心销钉，其末端位于调节螺丝底下，因此，当你拧紧螺丝时，可以增加弹簧的张力。

并非所有震奏杆弹簧都是如此。例如，图9.41展示了布洛德伍德（Broadwood）钢琴击弦器上的震奏杆弹簧。该种弹簧的一端安装在线轴（cord bushing）上，然后再绕过中心销钉，最后，另一端安装到顶杆凹槽中。要增加或减弱该种弹簧的张力，只能使用多功能工具套件中的丝杆弯曲工具将该弹簧拗一拗。

3 任何弹簧如果已经折断或者锈蚀，或者其张力已经无法得到有效地增加，你都得将其更换掉。这意味着，你得将整file击弦器拆卸下来，重新安装各个受到影响的弹簧。如果你发现钢琴中许多震奏杆弹簧已经或多或少有上述症状，那么你可以考虑将所有弹簧更换掉，因为这些弹簧的状况很快也会达到上述损坏程度。

4 在将弹簧安装到凹槽中时，确保弹簧不要向侧面弯曲，否则，用不了多久，弹簧就会脱落。

琴键条木（keystrip）

大多数卧式钢琴中，有一条木条横跨在所有琴键之上，通常该木条的底部粘贴了毡料作为衬垫，而且在琴键前部下方才能看得到——请参考图9.25的下方。琴键条木的作用在于：在钢琴受到猛烈弹奏时，可以防止琴键回弹得太远。该条木最好不要与琴键接触；该条木由三四颗螺丝固定（在图9.25中，你可以看到其中一颗螺帽），通过稍微拧紧或拧松这些螺帽，你可以调节该条木。在条木之下通常有螺帽，用于调节条木的高度；而条木之上则有螺帽，用于固定条木以及限制条木的高度。你不能上方螺帽拧得太紧，否则条木会开始下压琴弦。

制音器

当键盘框组件被安装到钢琴上之后。

1 依次按压各琴键，并仔细观察制音器。当琴键下行大约至一半时，各制音器应当开始抬起。对于那些琴键下行至一半时仍未能抬起的制音器，你得记录下来。

2 再次将键盘框组件拆卸下来。根据你钢琴的制音器系统类型，对有问题的制音器进行调节。

制音器工作系统分为几个不同的类型。

1 最常见的一个类型是琴键的后部直接令一条杠杆抬起，该杠杆进而将制音器抬起。琴键与杠杆之间的木质接触表面通常由毡料覆盖。如果在工作时，制音器抬起时间太迟或者制音器抬起高度不足，则最可能的原因是该覆盖毡料已经变得太薄。该毡料通常被安置在制音杆之上，如图9.20所示，但是在某些钢琴，该毡料则位于琴键上。如果有许多制音器受到影响，使用适当厚度的新毡料更换所有已磨损的旧毡料。如果只是一两个制音器受到影响，那么将毡料拆卸下来，在下面粘贴上一块纸垫，再将毡料粘贴到原位上。

2 一些钢琴装有螺丝调节器，这一种设计有许多优胜之处；事实上，人们很少需要注意到这一调节器。击弦器中通常有一条由毡料覆盖的轨道，可以限制制音器的抬起高度。如果制音器达不到轨道所在的高度，当弹奏一个音时，制音器很明显地会颤抖。对于这种工作系统，有许多不同种类的调节器。一些调节器使用起来非常困难。

3 还有许多非正统的系统，千奇百怪，难以在此一一介绍。笔者曾经遇到过一台卧式钢琴，其制音器是通过金属勺子操作的，与一般的立式钢琴制音器非常相似，但是其所使用的丝杆更细。经过多年的使用，这些金属勺子已经渐渐变形，最终导致制音器无法抬起离开琴弦，键盘中部所产生的乐音几乎完全听不到。这解决这一问题比较容易，但是制音器的前景却不容乐观：将变形的金属勺子拗一拗，使其恢复原来形状；但是这样做，几乎一定会使得金属勺子变得更加脆弱，进而加快了旧病复发的速度。最终，唯一的解决方法是将原用的金属勺子更换掉，装上配

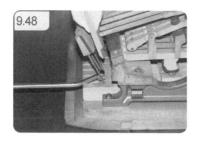

有更粗丝杆的新金属勺子。

延音踏板与半敲击踏板的调节

几乎在延音踏板被踩下的同时，制音器就应当开始抬起了。如果有任何空隙，可以使用调节器将其消除（图9.27展示了最为常见的调节器）。

在前文中，我们已经介绍了如何调节una corda踏板。还有一些卧式钢琴可能会采用半敲击柔音踏板设计，这种踏板与立式钢琴的半敲击柔音踏板颇为相似。但是采用这种踏板设计的卧式钢琴是少之又少。当踩下这种踏板时，一条由毡料覆盖的轨道（这一轨道通常还充当停留轨）会将正处于运动行程一半的弦槌抬起

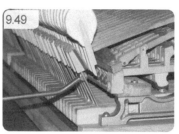

来。如果这一轨道无法正常工作，那么很可能无法将弦槌抬到适当的高度。正当踏板刚刚开始下行时，该轨道就应当抬起来。如果该轨道抬起时间太迟，则需要对其进行调节。

在一些采用半敲击踏板设计的卧式钢琴上，当踩下该踏板时，琴键会稍微下垂，这一点颇为令人不安。如果琴键外壳磨损，琴键也会左右摇摆。其实这些都不必担心；正如笔者在前文所解释的，在大多数卧式钢琴上，除非在击弦器作用下可保持水平状态，琴键在静止时往往都是稍微下垂的，这只是地心引力在起作用。

其他维护工作

踏板座斜杆（lyre rod）

卧式钢琴最常见的一个问题就是踏板座斜杆的缺失，对此在本书第五章已经有所介绍。（踏板座斜杆通常会在卧式钢琴的搬迁过程中遗失。）踏板座斜杆通常是由黄铜制成，但也可能由木材制成——如果是木材制成，那么该斜杆将配有木销钉，其直径至少为约13毫米（半英寸），以便于安装更换。

大多数黄铜踏板座斜杆是平口的（plain end），因此，从DIY商店购买粗细适宜的黄铜杆【直径通常为9.5~11.1毫米（3/8~7/16英寸）】，就能够很容易地进行安装更换。斜杆的长度必须绝对正确，因此在测量时必须十分小心：切割出来的斜杆即使稍微有那么一点短也是没有用的。因为斜杆位于小孔中，所以只有先将用于固定踏板座的巨型指旋螺丝拧松，才能够安装斜杆。当你重新将指旋螺丝拧紧，

以将踏板座重新固定时，斜杆就会被推送至适当的位置，并被牢牢固定住。

然而，遗憾的是，一些钢琴采用的是定制化设计的踏板座斜杆，该斜杆还配有合页或支架（或者两者都有配备）。例如，图9.50展示了卡瓦依牌现代钢琴上，配有两根黄铜踏板座斜杆，而且斜杆两端均安装了配有合页的支架。如果该钢琴仍然未停产或者相关售后服务仍然存在，那

么要更换这样的斜杆非常简单；否则，你需要聘请技艺高超的钢琴技师为钢琴做一个小小的"整形手术"。

真正重要的是，一台卧式钢琴必须安装踏板座斜杆。踏板座斜杆这种飞拱式（flying buttress）的支持至关重要，如果没有这种支持，钢琴的外壳将遭受严重的损坏。一开始，踏板看上去似乎能够正常工作（也许会感觉有点松垮）。然而，事实上，相对于踏板座的固定栓而言，踏板座本身就是一种长杠杆，对该固定栓起着反作用；演奏者脚踩踏板所产生的力量会渐渐撬动固定栓，使其从钢琴外壳中松脱出来。等到你发现这一问题时，往往为时已晚。到这一时候，聘请一位技艺高超的木工师傅所产生的费用，往往会令你大吃一惊。

更换断弦

为卧式钢琴更换断弦的程序与立式钢琴相同——具体程序请参考第八章的C节。

更换少数几颗（记住，只是少数几颗！）松动的调音弦轴。

与立式钢琴相比，在卧式钢琴上，如果有调音弦轴发生松动，使用更大号的弦轴进行更换要困难得多。

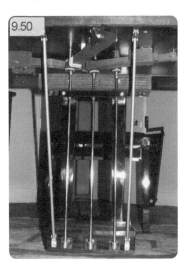

事实上，一台钢琴如果有较多数量的调音弦轴发生松动，则是时候物色新钢琴了，或者你得对该台钢琴进行彻底翻新重构。因此，如果卧式钢琴上发生松动的弦轴较少，你可以使用以下程序。否则，你不要自寻烦恼；而是应当就该钢琴的状况向专业人士征求意见。

卧式钢琴的扣弦板（Wrest Plank）悬挂在钢琴框架之下（请参考图9.51），并由穿透框架顶端的大型螺丝钉固定着。（例如，在图9.52展示的C型号的施坦威钢琴中：在图片前方有两颗大型螺栓，在"C"与序列号之间的螺丝钉，以及琴弦之下灰尘中隐隐若现的螺丝钉；所有这些螺栓与螺丝钉都是穿透扣弦板的。）你可以参考第八章的C节所介绍的步骤，将松动的调音弦轴卸下来，这过程与立式钢琴一样——但是，自此之后，处理方式就不同了。如果你不假思索，就使用锤子将一颗更大号的新调音弦轴销钉钉入扣弦板中，那么你非常可能会为扣弦板的另外一面制造出一个丑陋的、带裂纹的火山堆形状。你甚至可能将扣弦板弄裂，造成严重的损坏。

你必须采取正确做法应当如图9.53展示的那样：在准备钉入新调音弦轴的位置下放置一小块坚硬的木块（尺寸为75毫米×50毫米，或者3英寸×2英寸），并使用车用剪刀形千斤顶将小木块托起来，顶着扣弦板。这样能够有效地防止将扣弦板弄裂。你可以购买一种特殊的工具，该种工具类似小型的车用瓶式千斤顶，但是比起剪刀形千斤顶，笔者并不觉得这种千斤顶有任何优胜之处。

大多数卧式钢琴的中盘托底座都很坚固，足以承受以上做法所产生的负荷。然而，在对钢琴进行翻新重

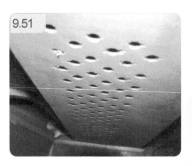

构的过程中，笔者会采取双保险的做法：也即在中盘托下放置另外一架剪刀形千斤顶（该千斤顶放置在一两个啤酒板条箱上；或者放置在牛奶板条箱上，如果你更偏爱牛奶板条箱的话）。在千斤顶与中盘托之间放置一块结实的木块以分散负荷，然后将千斤顶升高，直至其差不多顶着钢琴为止。因此，所有施加到调音弦轴上的多余的冲力都会经过钢琴，并被分散到地板上。现在，可以说，我们能安全地用锤子将更大号的调音弦轴钉入扣弦板了。

如何选取更大号的调音弦轴？在本书第八章的C节中，笔者对弦轴尺码进行了相关的介绍。一般都选大一号的弦轴进行安装，除非原装弦轴的松动情况非常严重（在这种情况下，可以选取大两号的弦轴进行安装）。对于卧式钢琴，所选取调音弦轴的长度不得超出原装弦轴。选用适当的冲头——也即，能够与调音弦轴销钉匹配的冲头（请参考图9.54）——用锤子将调音弦轴钉入

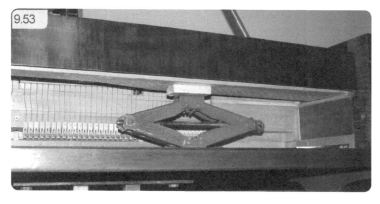

9.53

9.54

钉入水平与周围弦轴相同。然后，按照即将安装在上面的钢琴线的圈数，将调音弦轴向外拧转——请参考第八章的C节。

开始，对调音弦轴进行调整、调音等步骤都与立式钢琴相同。

弦槌的更换

如果弦槌严重损坏，你得将其更换；然而，如果连弦槌也损坏了，那么很可能钢琴击弦器的所有其他零件都已经损坏。因此，弦槌更换更多情况下属于对钢琴进行彻底翻新重构的一部分工作；而钢琴的翻新重构并不属于本书的介绍范围。如果你对钢琴的翻新重构有兴趣，请参考本书的"参考书目"部分。

卧式钢琴的弦槌更换程序与本书第八章的B节所介绍的立式钢琴弦槌更换程序相似。主要的不同点在于，在卧式钢琴中，弦槌柄是直穿槌头的，在槌头以看到弦槌柄。将弦槌柄拔出来，即可将槌头卸下来，这样，槌头经过修整后，还可以再安装回去；或者，如果要用新槌头更换旧的槌头，你也可以选择直接将槌头切割下来。请参考图9.55，注意，笔者使用的工具其实是一只经过改造的G形夹子：负荷分散装置已经被拆除，夹子的头部被钻成了一个U形。专业工具看上去要复杂得多而且价格要高得很多，但是其功能未必会好很多。

因为你需要做以下工作，所以与立式钢琴相比，卧式钢琴的弦槌更换要更为复杂。

- 将托木与弦槌精确对准。
- 百分之百地确保弦槌后部的质地适当（如果质地太光滑，则其难以受托木控制；太粗糙，则托木难以将其放行）。
- （很可能地，你需要）将新弦槌进行塑造，以防止它们在弹奏过程中相互纠缠阻碍。

"架子式"弦桥脱落

"架子式"弦桥脱落（本书第八章的D节）这一问题主要出现在立式钢琴上。笔者还从未遇见过一台卧式钢琴会发生此问题，然而，这并不排除卧式钢琴会发生此种问题。在卧式钢琴上，处理该问题的程序也是一样的，而且可能还会更容易一些，因为与立式钢琴相比，卧式钢琴的低音弦桥更容易接近。主要的差异如下。

- 在拆卸低音琴弦时，将琴弦抬起来，放在旧毛毯或类似的保护衬垫上，以防止它们将音板损坏或刮花。
- 你得格外小心，以防止损坏或将制音器弄歪。

在较大型的卧式钢琴上，弦桥并不是安装在架子上的，而是通过螺丝或粘胶（或者同时使用螺丝和粘胶）直接固定在音板上的。在这种情况下，发生弦桥脱落的可能性是非常小的。

9.55

第十章

自己动手，为钢琴调音

如果你的耳朵天生或者经过后天训练而能够鉴别乐音（这一假设确实比较离谱，毕竟，很多人都并非这么幸运），那么你就能够动手为自己的钢琴调音。然而，你是否乐意这样做，则是另外一回事了。偶尔为一根跑调的琴弦调音，是很容易的事情；然而，一次性要为200根琴弦调音，却是一项令人望而却步的任务。阅读本章，你能够了解如何为钢琴调音——除此之外，你还能够以不同的视角审视评价专业调琴师。

在钢琴中，乐音是如何产生与变化的

了解关于声音产生的基本物理知识，对于钢琴调音是有帮助的。关于声音产生的物理知识非常复杂，但是其中大多数都对调音没有任何作用，因此我们只需了解其中的基本知识。

钢琴的乐音来源于振动的琴弦。经拉伸的琴弦经过两个点，该两点定义了琴弦的发声长度。其中一点是木质弦桥，用于将琴弦的振动传输到音板上，而音板的作用则是将声音扩大。

受到弦槌的撞击之后，琴弦首先会前后振动。然后，振动平面开始旋转，并不断地变化着。在放大镜之下，这不断变化的振动平面呈一片模糊状。

琴弦振动的速度就是它的频率。这是通过在一定时间内，测量琴弦完成往后、再往前运动的循环次数而得到的。其单位表达是"次/秒（cps）"或者更现代化一点，是"赫兹（Hz）"。

中央C音上行的A音的cps速度应当为440。振动压缩并拉伸琴弦周围的空气，这一干扰导致我们的耳膜以同样的速度（440cps）振动。我们的大脑就会意识到这不只是一般的声音，而是某一个音符或音高。

被我们的头脑辨认为音乐的声音是由一系列振动组成，而这些振动被组织成有节奏的形式。不同的乐器以不同的方式制造乐音，而不同的乐音产生方式就好象给乐音贴上了"条形码"，使得我们能够辨认出我们所听到的是笛声，还是竖琴声，抑或是喇叭声；即使这些乐器在"制造"

同样一个音符，我们也能分辨出来是什么乐器发出的。

上述"条形码"中包含着乐音的另外两个特性：乐音的动力学（dynamics）与乐音的谐波结构（harmonic structure）。

乐音的动力学

这一特性决定了我们如何感知音量。一些乐器，例如小提琴或电子琴，能够产生具有恒定音量的音。但是钢琴却不一样，当琴弦被撞击时，它会产生一种打击乐音，其音量在瞬时间变大，并迅速消失；在大约2秒之后，这一乐音基本完全消失，尽管如果我们按着琴键不放，还能够在随后几秒中里模模糊糊地听到该乐音。

乐音的谐波结构

当我们听到由钢琴所产生的具有某一频率的乐音时，该主乐音中同时还包含了具有其他不同频率的乐音。这就是乐音的谐波结构。很多时候，我们并未意识到，我们所听到的钢琴主乐音背后还有若干不同频率的乐音的支持。也许只有当我们听过一个没有其他频率的乐音支持的音【也即单音（monotone）】时，我们才能真正感受到钢琴所产生的乐音是如此丰富而美妙。单音的例子有：调音叉（tuning fork）或电视测试信号所发出的声音。两种音都是只具有一种频率的"纯"音；虽然这两种音都具有特殊用途，但是单一频率也使得它们没有个性，无聊乏味——因此只能用"单调"

（monotonous）来形容。

怎么才能够实现弹奏一个音符，却有数中不同频率的音同时发出？当弦槌敲击一根琴弦时，该琴弦以弹奏者所预期的频率（如440cps）振动。这一频率被称为基本频率（fundamental frequency）。然而，琴弦振动时还产生了一些演奏者无法预期的效果：振动能够产生将琴弦细分为若干小段的效果。如果琴弦被分为两段，那么每一小段本身各自能够产生乐音，该乐音比以基本频率发出的乐音要高出一个八度音。振动还能够将琴弦细分为三、四、五段，或者逐级将其分为更短的"虚拟"琴弦段，各分段本身都能产生自已的乐音。因此，尽管我们以为我们只是听到一个乐音，但是其实我们所听到乐音是由一组相互联系着的乐音共同作用的结果。一般而言，琴弦振动得越久，其所产生的这种和音（或曰泛音）（overtones or harmonics）就越复杂。钢琴的低音部尤其如此。

经过训练的人士只能够大概听出泛音中的最低音的一两个音，但是未经训练的正常人听到所有这些和音时，感觉它们是融为一体的"单音"。我们作为一般人，有时可能听到某些较高的和音，这些和音听上去相当刺耳——但是，钢琴设计的其中一个精妙之处在于弦槌敲击琴弦的点是经过特别计算的，以消除刺耳的和音，同时加强较为悦耳的和音。

三和弦——由三根弦发出一个音

在钢琴的大部分音域里，各个音符都是由三和弦（trichord）产生的。三和弦，顾名思义，是三根彼此独立的琴弦。二和弦设计能够增加增加音符的音量，因为如果当三根琴弦彼此相邻（而且非常靠近），且具有相同的频率，那么当受到敲击时，它们往往会以更快的速度释放能量——也就是说，它们所产生的声音音量更大。然而，不管一个音符拥有一根弦还是三根弦，由弦槌释放出来的能量都是相同的，由于能量释放速度加快，因此音量在增大的同时音符的持续时间也缩短。总之，在弦槌能量给定的情况下，音符音量越大，其消失速度就越快。

到目前为止，一切似乎都不成问题。但是，事实上，要让三根弦的频率完全保持一致是有一定难度的。让我们以双和弦（bichord）为例（为什么以双和弦，而不是三和弦为例？因为与双和弦相比，三和弦在数学上更加复杂，因此也更加难以解释），来看看当两根相互非常靠近（而且彼此相邻）的琴弦的频率稍微不同时，会发生什么情况。假设一根弦的振动频率为440cps，而另一根弦的振动频率为439cps。这两个频率之间的差异非常小，以至于两根琴弦所产生的乐音听上去还是一个音；但是这却对音量产生了显著的影响。接下来，笔者要解释为什么会发生这样的现象。

拍音

在任何1秒的过程中，两根琴弦几乎将是完全同相的（in phase）——也就是，步调一致地移动与改变方向，相互放大。但在0.5秒之后，它们也几乎将是完全异相的（out of phase）：其中一根朝向我们运动至极限，另外一根则背离我们运动至极限。当两根弦为异相时，它们相互削弱，使彼此趋向安静。

在音符发生的过程中，乐音被放大，然后趋向安静，如此不断重复。我们听到的是一种有规律的波动（throb）：同样的声音，但是会变大声，再变小声。这种音量的忽大忽小交替变化被钢琴调音师称为拍音（beats）。拍音的频率（简称"拍频"）等于不同琴弦之间的振速之差。因此，如果一根弦以440的频率振因此，可以得出以下结论：如果三和弦中的所有三根琴弦以完全相同的速度振动，那么它们会按人们所预期那样相互放大。但是，如果琴弦的振动速度不同，即使该差异非常细微，你将能够听到拍音，而且乐音的音量将较小。调琴师的任务就是将三和弦中的拍频（beat rate）减少至零。

声音消除

为了使不同琴弦振动速度的负波消除效应形象化，在浴盆中放一些水，打开一只水龙头，让其滴水。当水滴撞击水面时，涟漪会在浴盆里扩散。现在，将两只水龙头都开启，让它们滴水。最终，两滴水会同时发生——你会看到，两个滴水点之间是没有涟漪的。它们彼此将对方消除了。

如果你想节约用水而不采用以上形象化的方法，那么在立体声扬声器中选取一个，将其红色与黑色终端以不正确的方式进行连接。这样，从音响两侧所放出来的声音就是完全异相的（out of phase）：当一个扬声器振盆（speaker cone）向前移动，另外一个则向后移动，因此，它们能够彼此消音。两个扬声器越靠近，这一消音效果就更加明显。现代声音消除设备也是遵循这一工作原理的。为了消除工厂机器所产生的噪声，可以设置一台处理器对该噪音进行分析，找出其音高并模拟该噪音，但是所模拟出来的噪声与原噪声是完全异相的。然后使用一台放大器与扬声器向着工厂机器输出所模拟出来的"负"噪声。这样，持续不断而喧闹的工厂机器噪音就被转化为音量较低的、有规律地忽大忽小的声音（throb）。

重温平均律理论

在本书的第一章中，笔者对平均律调音（equal temperament tuning）的历史重要性作了解释。在此处，笔者需要对这一理论稍微作进一步的解释。

试想一下钢琴琴键上的一个八度音阶（从C到c），假设低音C以100cps的频率振动。（钢琴上并不存在这样的音，这样假设是为了让数字更简单，更容易理解。你知道，中央C音的振动频率为261.6255 cps；这么复杂的数字，谁看了都眼花，不是吗？）

根据和声（harmony）的基本规则，要使两个音听上去是"和谐"的，那么以其中较低音的频率为基础得出的振动速度为：
1 对于一个八度（octave），乘以2；
2 对于一个小三度（minor third），乘以1.2；
3 对于一个大三度（major third），乘以1.25；
4 对于一个五度（fifth），乘以1.5。

因此，如果我们从C = 100开始，那么根据规则1，相隔一个八度的c音的频率为200cps。

使用规则2为小三度调音，获得高音c振动频率为207.36cps——乐音过于尖锐，让人难以接受。（如果你有兴趣了解的话，计算过程是这样的：C=100，D#=120，F#=144，A=172.8，c=207.36。）

还有更糟糕的情况。使用规则3，高音c的振动频率为195.3125cps（C=100，E=125，G#=156.25，c=195.31。）所得到的乐音将非常低。

最后，根据规则4，以同样的间距，为五度调音——在必要时，将频率减半，以使我们保持在此八度音阶里面——我们能够获得一个尖锐的c音，而且我们能够听到它，其振动频率为202.73cps【$(100 \times 1.5^{12})/2^6$】。此处所得到的c音不像根据规则2所得出c音那么糟糕，但是仍然是一个令人反感的声音。

哎呀！四个不同的和声规则，得到四个不同版本的c音。任何心理承受力不够强的人到此都会选择放弃。在这里，除了制造麻烦，和声的基本规律好像没有任何其他作用。

为诸如C大三（C major）之类的大和弦（major chord）进行调音是比较容易的。关于大和弦的规则是一个根音（root）、一个大三度以及一个小三度。对C大三进行调音时，使用规则3，然后再使用规则2，那么C大三听上去将会非常棒。因为$1.25 \times 1.2 = 1.5$，所以先使用大三度的规则，再使用小三度的规则，将会得到使用五度的规则所产生的效果（根据规则4）。

我们也能够对C小三和弦（C minor chord）进行调音：一个根音，一个小三度以及一个大三度。所得出的乐音也非常悦耳。同样地，五度与这些规则是相一致的。

然而，如果小三度的音调准确，那么诸如C减和弦（C diminished）之类的和弦——C D# F# A c——是无法弹奏出来的。正如按照规则2计算所示，八度将被"超出"。如果我们请五个人各弹奏该和弦中的一个音，只有弹奏C

音（正好相隔一个八度）的两个弹奏者所弹的音听上去是正确的。其他三个弹奏者弹奏时得稍微降音——降音的量要完全一致——才能将和弦维持在一个八度之内。这样的音是不可能弹奏出来的。在钢琴上也不例外。

如果我们只需要弹奏简单的曲调，光靠和声规则可能就够了。例如"One Man Went to Mow"这首曲子只有两个简单和弦以及一个基于音阶的简单旋律。这些音放在一起很和谐，听上去比平均律更好。如果我们想弹奏一些哪怕是稍微复杂的曲子，那么根据和音规则所进行的"正确"调音就无法起作用了。

要解决这一问题，得采用由约翰·塞巴斯蒂安·巴赫（Johann Sebastian Bach）所创制的纯数学方法：也即将每一半音（semitone）的频率比上一个半音调高"二的十二分之一次方"。这听上去比较复杂，但事实上并非如此——这与实际上与根据年利息计算出月利息的方法是一样的。唯一的不同之处在于将每年的12月改成音乐音程中的12个级别。

一旦借助数学公式，钢琴的调音变得较为清楚明了，因为每一音的振动速度可以计算出来并以表格列出来（请参考本书"附录2"）。在平均律体系中，除了八度之外，所有音程都稍微走音，而且每一琴键所对应的音的走音程度都是均等的。

现在，我们差不多能够自己为钢琴调音了……

必备的能力与工具

要为钢琴调音，你需要具备以下能力。

1 对平均律理论有适当的了解。（前文刚刚做了介绍，在本书第一章也有相关介绍。）

2 能使用笨重工具的同时，还需具备外科医生一样的灵敏大脑（请参考下文的"杠杆技术"部分。）

3 听力足够灵敏，能够分辨出乐音的和声构成。据称，人类中只有20%的人具备这种能力。在经过音乐训练或音乐能力较强的人群中，具有此种能力的人的比率可能要高很多。

你还需要用以下工具武装自己。

1 调音杠杆

在市面上出售的有几种调音杠杆，而且不同的调音杠杆的价格各有不同——请参考本书"有用的联系方式"部分。如果你想购买最好的调音杠杆，可以找找与图10.1所示的杠杆相似的产品。该种杠杆具有加长型手把，可以增强杠杆的力量；其头部还可以更换，以适用于不同尺码的调音弦轴以及应对不同的接近问题。例如，在为卧式钢琴进行调音工作时，在钢琴的中部，笔者使用的是一支短杠杆头，但是到了弦轴较难以接近的高音一端时，笔者会改用较长杠杆头，以在钢琴外壳上面获得更多的工作空间。大多数调音杠杆都配有星形冲头，理论上能够适用于八种不同的位置；但是具有方形冲头的杠杆，头部固定，工具端直径更小，对于一些现代紧凑型钢琴的调音工作而言，可能更为灵巧，能够更容易接近一些弦轴。（一些调琴师之所以偏爱方形冲头，是因为此种冲头能够更牢固地抓住调音弦轴。）

杠杆技术

虽然从设计上看，调音杠杆像是专供你施加巨大扭矩的工具似的，但事实上，这并非调音杠杆的功能。这一点，笔者无论如何强调也不为过。你只能使用该种杠杆对调音弦轴作非常轻微的旋转，而且旋转调音弦轴时，你得非常小心；事实上，旋转幅度是如此细微，你甚至可以这样认为，你没有对调音弦轴做任何改变。你可以尽管放心，稍微转动一下杠杆，琴弦的音高就会产生巨大的改变。即使杠杆旋转稍微有点过头，都会弄断琴弦。（当年笔者第一次使用调音杠杆时，就把琴弦弄断了。三十年以来，笔者总共弄断了九根琴弦。）

为了避免重复性劳损（repetitive strain injury），建议你用手指拉杠杆（以将音高调低），用手掌推杠杆（以将音高调高）——图10.2展示了在卧式钢琴上使用杠杆，图10.3则展示了在立式钢琴上使用杠杆。为了追求效率，一些人往往会使用短

10.1

10.2

10.3

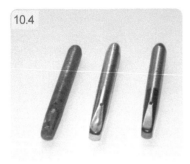

而轻的调音杠杆。一些人也喜欢用手紧握杠杆，同时推拉杠杆，以旋转弦轴。笔者就亲身经历长期接受肩峰下间隙减压术(subacromial decompression)治疗以及腕管手术（carpal tunnel surgery）的痛苦，在此强烈建议你吸取笔者的教训：使用杠杆时，应采用手指与手掌技法，并辅以较长、较重的杠杆。杠杆越长，就越省力。笔者现在使用的就是较为昂贵的可延长式杠杆。

注意：不要为了节省购买调音杠杆的开支而随便使用你DIY工具箱里的可调节式扳手或承槽之类的工具。多年以来，笔者所接到的维修案例中，就有许多是由于客户试图以这种方式节省开支而引起的。图10.4展示了一个

例子：最左边的那颗调音弦轴由于受到临时找来的非专业工具的"袭击"，已经变得面目全非。

2 静音器

静音器（mutes）的作用是将各组三和弦相互孤立起来。在卧式钢琴中，在需要静音的三和弦及其两侧相邻三和弦之间插入橡胶或毡料楔子（图10.5），以孤立中间一组三和弦。楔子插入时通常都能直接触碰到音板，因此，在调琴师为钢琴调音之后，其使用的楔子通常会在音板或框架的积尘上留下一小排"脚印"。从这些"脚印"可以大概判断钢琴上一次调音的时间：如果音板或框架上只有积尘而没有任何"脚印"，这说明上一次调

音发生在很久很久之前。

在立式钢琴中，由于铸铁框架的阻隔，如果使用上述楔子，则其插入琴弦的深度不足。因此，人们会使用"帕普静音器"（Papp's mute）。这种静音器有点像镊子。在插入时，这种静音器的两条腿是合并在一起的；插入到位被释放时，该两条腿才张开，接触到两侧的琴弦。帕普静音器是原装配套工具，因此，每组三和弦各有一只。然而，现代钢琴已经变得更加紧凑，因此三和弦中各根琴弦相距太近，没有足够空间为每组三和弦各插入一只帕普静音器。大多数调琴师使用帕普静音器的方法与在卧式钢琴上使用楔子的方法相同（图10.6）。然而，在每排琴弦的终端，都会有一组琴弦，它的其中一侧是没有相邻琴弦组的，因此在该侧是无法插入静音器的。在此种情况下，我们别无他选，只能使用一只帕普静音器插入该组三和弦中，以孤立中间那根琴弦，然而，这样做并不容易：请参考图10.7。（顺便提一提，图中这支蓝色静音器是由塑料制成的。以前的静音器是由

尼龙材料制成。后来塑料静音器取代了尼龙静音器。塑料静音器只能使用大约三个星期，而尼龙静音器则可以使用20年。塑料静音器能够取代尼龙静音器，只能归功于其出色的市场营销策略。如果有可能，你最好买尼龙材料的制音器。）

3 调音叉

调音叉并不贵，而且一般在乐器店都能买到。一直以来，调音师一般只使用一把调音叉，对

起始音（通常是中央C音）进行调音。即使你已经拥有电子调音器，但是准备一把调音叉，不时使用它检查一下钢琴的音准还是有必要的。

4 电子钢琴调音器

如果你的钢琴的音准已经可以接受，那么是否需要配备电子钢琴调音器由你自己决定（本章第6节）；但是，如果钢琴的音高过低，准备一台电子钢琴调音器就变

得很有必要了（本章第7节）。请参考下一页方框里"是否需要电子钢琴调音器"的相关内容。如果对于这一工具很热衷，那么你可以买一台二手的或者选购一台价格较为便宜的试试看——也许一款可在电脑上使用的软件版调音器就够了。然而，你必须明白，无论你购买的是哪一种，也不管你花了多少钱，电子钢琴调音器都无法代替钢琴调音师的地位。

是否需要数码钢琴调音器

对于吉他以及其他只有几根弦的乐器，有许多价格适宜、简单易用的数码调音器；然而，对于拥有200多根独立琴弦的钢琴而言，这些调音器的作用却不大。

可供选择的数码钢琴【或者数码半音（digital chromatic）】调音器种类也非常有限。这是因为，这种调音器需要做更为复杂的工作，这种设备的价格通常比较昂贵，而且如果使用者不够熟练的话，是很难使用的。当今的电子钢琴调音器有几种形式：独立硬件形式，或者是可供在手提电脑、掌上电脑甚至是移动电话上使用的软件形式。（请参考本书的"有用的联系方式"部分。）这种调音器大多数都是针对专业人士而设计的，因此，关于这种调音器，一个最大的问题是：对于一般琴主，这种数码电子钢琴调音器的作用有多大？

泛泛地回答是：是有一些作用的，但是其作用远远无法达到琴主的期望值。从业余人士的角度看，这种数码电子钢琴调音器也许有四个明显的优点。

■ 用这种调音器代替调音叉，有利于使得调音工作有一个好的开始。

■ 这种调音器有利于音律的调节（请参考本章第5节）。

■ 这种调音器非常有利于检查调音的准确性。

■ 这种调音器还非常有利于快速地将钢琴稳定下来（请参考本章第7节）。

即使是专业的调琴师，也非常欣赏这些优点；在没有这种调音器的帮助下，很少调琴师敢于在单一部分里尝试大幅度地提升音高。

一些制造商声称其生产的数码电子钢琴调音器具有拉伸调音的功能（请参考本章第6节）；然而，这种功能是通过一种"欺诈"方式实现的，非常巧妙，这一点毋庸置疑，但是其产生的效果是不可能与经验丰富的调琴师所得到的调音效果相提并论的。

该种调音器的其他功能可能只能惠及专业人士：例如，能够储存许多钢琴的音准（tunings）、音律（temperament）转换（在笔者过去30年的从业生涯中，只遇到两个客户，要求对钢琴的音律进行转换）、同时为两台钢琴调音以及在嘈杂环境中准确调音等。调音器的功能越复杂，价格越贵；最昂贵的调音器还包括了一些非常罕见的功能，即使是专业人士也很少用到。

对于专业调音师而言，数码电子调音器能够改善工作效率，这一点毋庸置疑——但是电子调音器却无法完全取代人工技能，正是这个原因，对于业余人士而言，这种工具的作用是有限的。由于当前的数码调音器技术所限，一个人如果无法听辨音乐，那么他/她是无法借助电子调音器为整台钢琴调音的。

为什么不能？首先，你必须得先将音高调整至与正确音符接近的水平，否则，电子调音器是无法起太大作用的。从这个角度看，电子调音器就好像一只患近视眼的牧羊犬。在戴上眼镜之前，它是无法为人们服务的。其次，电子调音器只能测量频率——而且，只在钢琴中间的两三个八度音阶上，"频率正确"才意味着（但并非百分之百地意味着）"音准正确"。在该两三个八度之外的其他区域，每台钢琴都各具特性，因此只能凭借听觉才能准确地对这些区域进行调音。

总而言之，对于业余人士而言，电子调音器确实能够帮助你更容易、更快捷地进行一部分工作，但是大部分调音工作还是只能依赖训练有素的听觉才能做好。

试着为几个走音的琴键调音

也许最简单易行的"试水"方式是：先请专业人士为你的钢琴进行准确调音，然后等待几个星期或几个月，直至有一两个音开始出现与众不同的、刺耳的"酒吧钢琴"（honky-tonk）音，这意味着，这一两个音已经开始走音了。与为整台钢琴进行调音相比，为少数几个被孤立开来的音符进行调音要容易得多，但是，从这当中，你将学会基本的调音技巧，你也能较好地了解调音所需要花费的时间与劳力。

在此，笔者假设：（1）你已经购买或借来了调音所必需的硬件工具；（2）你将对三和弦进行调音，因为三和弦是最可能首先出现走音问题的。（事实上，双和弦的调音工作比较容易进行——在笔者进行以下介绍时，你可以从心理上忽略单和弦的调音工作。）

以下是你需要采取的步骤。

1 找出走音的三和弦。现在，你得找出该三和弦中，哪根琴弦是需要进行调音的，因此：

2 利用一对静音器，将中间那根弦孤立开来。

3 如果走音的三和弦位于高音部，则同时弹奏相隔一个八度的较低音以及该三和弦音；如果走音的三和弦位于低音部，则同时弹奏相隔一个八度的较高音以及该三和弦音。当你弹奏时，听上去是否会走音？

4 如果听上去不会走音，那么将其中一只静音器取出，这样，你就能听到（左侧与中间的）两根琴弦发音。此时，听上去是否还会走音？

5 如果听上去还是没有问题，那么将另一只静音器取下，这样，你能听到右侧与中间的琴弦发音。此时，听上去是否还会走音？

6 如果在步骤3、步骤4或步骤5任何一个步骤中，你的回答是"是"，那么这说明你已经找到疑似有问题的琴弦了。不要在那根有问题的琴弦以及一根你认为音准正确的琴弦上使用静音器。

7 将调音杠杆放在疑似有问题的琴弦所对应的调音弦轴上。如果你是为立式钢琴调音，杠杆的摆放角度应当使得杠杆位于（从调音弦轴的正上方看过去的）时钟的十二点与两点之间；在卧式钢琴中，杠杆的摆放角度应当使得杠杆位于（从调音弦轴的正上方看过去的）时钟的一点与三点之间。这些是让调音弦轴处于稳定状态的最佳位置。尽量在钢琴内部确定摆放杠杆的角度；只在钢琴外壳的形状不允许在内部确定摆放角度时，才在钢琴外部确定摆放角度。

8 将弦轴朝逆时针方向旋转，稍微将音高调低。

安全第一！ 带有"酒吧钢琴音"的琴弦的音总是偏低的，因为正常情况下，琴弦不会自动绷得更紧。因此，从逻辑上讲，在步骤8中，是否一定应该将音高调高？不，如果比较聪明的话，你应当说不。在经过一些异常的气候变化之后，或者上一位调琴师没有将弦轴所施加的拉力放松时，琴弦确实会自动绷得更紧。因此，当琴弦所发出的音偏高，你得先将音高调低试着看。如果该音变得更糟糕，你可以确信已经看出问题所在了。

9 如果钢琴的音并未改变，检查一下，看看你是否拧错调音弦轴了。调音弦轴的排布非常复杂，因此你很容易因看走眼而拧错弦轴。或者，也许琴弦被卡在压弦条（pressure bar）或弦桥上了。如果不查明原因就尝试将琴弦的音调高，那么你很可能会将琴弦弄断。

10 朝着顺时针方向非常轻微、非常缓慢地旋转调音弦轴，以开始将音高调高。小心，旋转的幅度一点也不能超出所需幅度。

11 如果你的运气较好，音高会直接升高，琴弦所发出的音准是正确的。如果是这样，该琴弦的调音工作就已经大功告成。

12 然而，调音工作很可能不会这么顺利即可完成，调整的幅度通常过大，使得琴弦所发出的音太高、太尖锐。如果是这样的话，那么你得轻轻地将调音杠杆往回扳（逆时针）。事实上，在为立式钢琴调音时，将琴弦的音调整得偏高，然后再稍微往回调整，这有利于让琴弦的音处于稳定状态。

停下来，反省一下

这样，你就完成了第一根钢琴琴弦的调音工作。如果这一过程出乎你的预料、并不像教科书描述的那么顺利，那么你也不要气馁。钢琴有时会闹一下别扭，这是很正常的。事实上，基本的调音原理是很容易的，但是每台钢琴都有其自身特性，因此相对于其他钢琴而言，对某一些钢琴调音是比较难的。

在一些钢琴中，调音弦轴过于容易旋转；而在另外一些钢琴中，调音弦轴则过于艰涩，很难旋转。一些调音弦轴则有点"神经质"——也就是，它们易于旋转，但是钢琴音高变化却飘忽不定，这是因为琴弦无法在顶端弦桥上以及压弦条（pressure bar）下自由滑动。例如，在大多数卧式钢琴上，琴弦会经过一大块正好置于调音弦轴之前的毡垫。这能够产生许多摩擦力，因

此，当你试图将音调低时，调音杠杆需要移动一定幅度，音高才会开始下降——而且一旦开始下降，音高就会急剧下降。

钢琴类别多种多样，变化多端，因此要对各种情况应付自如，需要许多凭借丰富的调琴经验；而正是这些经验，将专业调琴师与业余调琴者区分开来，使专业调琴师位于更高的层次之上。然而，即使你所拥有的钢琴属于一块"难啃的骨头"，但是只要有足够的耐心，你还是能够将它调好的。在大多数情况下，你需要的是时间——而且是大量的时间。

接下来的步骤

如果你的钢琴距离上一次调音已经有一段时间了，而且你已经在为个别琴弦调音过程中积累了足够的经验，有信心进入到下一个技术层次，那么你可以尝试为整台钢琴调音了。

你最好将整台钢琴的调音工作分为两个阶段考虑。

■ 首先对钢琴中部的一两个八度音阶进行调音。这叫做"设定基准音律"（setting the temperament）或者"设定基准音阶"（laying the scale）。

■ 在确定你已经正确地设定基准音律之后，可以对钢琴的其余部分进行调音。

好，让我们现在开始吧……

设定基准音律

关于调音工作，有几种不同的程序。各个调音师都有自己偏好的程序，但是，不论采取何种程序，最后都是殊途同归。我们即将采用的调音程序是经笔者修改的由J•克里•费舍尔（J.Cree Fischer）于1905年创制的体系（请参考本书的"参考书目"部分），该体系被广泛地认为是最简单、最适合初学者学习的体系。

根据费舍尔所创制的体系，你只需按照八度音阶往上、往下调音，并以五度音阶往上调音——因为与其他音程相比较，五度音阶的拍频（beat rate）是最小的。

从键盘上的哪个位置开始

理论上，任何位置都可以。

为了确保调音的速度与效率，大多数调音师都会选取一个模进器（sequence），并依照模进器进行调音。在实际操作中，最适合初学者开始调音的位置是键盘的中部；这是因为，在这个位置上，电子调音器所录得的数据是最可靠的（这确实是一个相当务实的理由）。

所选取的模进器要具备内置校验（built-in check）功能，这一点也很重要，因为所有错误都需要快速地挑出来。如果模进器没有内置校验功能，那么会产生累积效应，导致之后的几小时的重复工作。

笔者偏爱从位于键盘中部的两个八度音阶开始调音。有其他一些程序则建议从位于键盘中部

的一个八度或一个半八度音阶开始进行调音。其实是一个、一个半，还是两个八度，并不是非常重要，然而，笔者还是偏爱两个八度，因为这能够提供更详细的内置校验。

为最初的两个八度音阶调音这项工作被称为"设定音律"或"设定音阶"，而这些音阶所对应的那部分键盘被称为"基准音律"（the temperament）。设定音律就好比为浴室地板铺瓷砖：最先铺下的两三行瓷砖是否整齐，决定了剩下其余各行的整齐程度。因此，对于设定基准音律这项工作，你得格外用功去做。

预先计划

■ 本章第5节与第6节假设你

的钢琴的音准状况相对较好。（如果你无法记得上一次调音是何时进行的，那么很可能你的钢琴的音准状况不太好。）基于这样的假设，你可以迅速地了解：如果钢琴音准没有严重问题，只是音高偏低，那么为这些琴弦进行调音是如何地直接了当。

■ 本章最后一节告诉你当钢琴的音准有严重问题时，你要怎么办。

■ 在这两节中，笔者都假设你现在已经对基本调音杠杆操作技术有了充分地了解，因此，再无需有人向你提醒诸如旋动杠杆时动作必须细微、谨慎等之类的重要注意事项。如果你对这些重要注意事项还是比较生疏，那么请重新阅读本章第4节。

为中间两个八度调音

为中央C音调音

1 使用静音器，为中央C音三和弦外侧的两根琴弦消音。对于卧式钢琴，使用楔子；对于立式钢琴，使用帕普静音器。

2 找出需要调音的那根弦所对应的调音弦轴。这个地方很容易出错，因此需要用手指沿着琴弦"顺藤摸瓜"，才能准确找到相应的弦轴。

现在，笔者要趁热打铁，给你一条建议；在调音时，你得一直牢记这条建议：如果你在旋转调音弦轴之后，琴弦的音高并没有任何变化，请立即停止旋转弦轴！如果出现这种情况，发声的琴弦很可能并不是你正在拉伸或放松的那根琴弦。仔细检查一下，看看你所拧动的调音弦轴是

否确实与需要调音的那根琴弦相对应？琴弦与调音弦轴不对应，通常是由于在操作过程中，调音者注意力分散所致；但是也可能是由于有人（也许是通过再利用在末端附近断裂的琴弦而已）改变了琴弦原来的位置所致。

3a 使用电子调音器或调音叉检查琴弦的音高。如果你使用的是电子调音器，仔细观察琴弦的表现，并为琴弦调音（步骤4和步骤6），直至音准正确。

3b 如果你使用的是调音叉，通常利用采用中央C音上行的C音为中央C调音。这是因为该C音的拍频更容易辨认。（事实上，与直接采用中央C音相比，该C音的拍频要快一倍。）敲击调音叉，并在钢琴内部某个位置手持该调音叉，而且如果在该位置留下些许痕迹并无大碍。

4 将调音杠杆放在调音弦轴之上，沿着顺时针方向非常轻微地、非常缓慢地旋动调音弦轴，以将增加琴弦的音高。琴弦的音高应该几乎是马上有所提升；当接近正确的音高时，你能清楚听到拍音（beat）。

5 如果所得的音偏高，则轻轻地将杠杆往回旋转。（在此有必要提醒你：事实上，在为立式钢琴调音时，将琴弦的音调整得偏高，然后再稍微往回调整，这有利于让琴弦的音处于稳定状态。）

6 如果一切顺利，那么至此该琴弦的调音工作就大功告成了。

7 还是在中央C三和弦，将左侧的静音器取下，以你刚刚调好的中间弦为基准，为左侧弦调音，使其与中间弦相协调。当该两根弦的音接近和谐状态时，

你应当能够听到拍音。拍频应当会下降，然后消失。

8 现在，以同样的方法为右侧弦调音，使之与中间弦相协调。（当然，你得将静音器调换一下。）

9 现在，聆听一下所有三根弦同时发出的声音。当没有拍音，而且你也觉得满意时，那么中央C音的调音工作也就大功告成了。

为中央C音下行一个八度的C音调音

10 如果中央C音下行一个八度的C音所对应的琴弦是双和弦，那么使用静音器为其中一根琴弦消音；如果所对应的琴弦是三和弦，则为外侧两根琴弦消音。

11 同时弹奏中央C音以及下行一个八度的C音。

12 将较低C音调高，直至其与较高C音将近和谐状态。与之前一样，当两个音接近和谐状态时，你应当能够听到逐渐减小的拍音。

13 继续将较低C音调高，直至拍音消失。如果你调得太过头，那么已经消失的拍音会重新出现。

你现在所听到的是较低C音的第一和声（harmonic）与较高C音的基音（fundamental）的相互作用。它们属于同一音符。较低C音的第一和声只是较低C音所产生的总音量的一小部分，但是如果你仔细听，应当能够听到这一和声的相互作用。

14 以你刚刚调好的琴弦音为基准，为（双和弦的）另一根琴弦调音或者为（三和弦的）另外两根琴弦调音。这

样，第二个C音的调音工作也就大功告成了！

为比中央C音上行一个八度的C音调音

这一C音所对应的琴弦组一定是三和弦，除此之外，该音的调音程序与中央C音下行一个八度的C音的调音程序是差不多的。当这一个音的调音工作完成，那么你就完成了键盘中部的所有三个C音的调音工作。至此，你可以停下来，喝杯茶，并自我陶醉一番。

为中央C音下行的G音调音

下一个阶段是为著名的"五度循环"（cycle of fifths）区域进行调音了。这一模进中的第一个音是G：这是你要处理的第一个非八度音程的音。

15 找出中央C音下行的三和弦G音，用静音器为其外侧两根琴弦消音。

16 快速果断地同时按下较低C音与G音，并按住琴键不放。

17 开始将G音调高。

18 当G音逐渐与C音相和谐，你将能听到一个拍音。

19 将拍音消除后，G音与较低C音将完全和谐。

现在，开始要变得比较复杂了。根据平均律理论，五度音应当被稍微地降低或者说"调和"（tempered）。

20 开始将此G音调低。在以下相互作用过程中，仔细聆听一个拍音。

■ 由较低C音所产生的第二和

声，也就是中央C音上行的G音。

■ 来自中央C音下行的G音的第一和声，也就是同一个音符。（在仔细聆听轻弹中央C音上行的G音时所发出的乐音的同时，仔细聆听同时弹奏C与G音所发出的音，有助于你找出此和声。）

该音程的拍频是每秒0.45，或者说发生一个拍音所需要的时间超过两秒。（"附录3"给出了中央两个八度中的五度的所有拍频。数值精确到小数点后两位。）

为中央C音上行的G音调音

21 与下行一个八度的五度音相比较，音程C至G的拍频应该高出1倍；从步骤20开始应当为0.90，但是实际上是0.89拍音/秒。此处具有内置校验：该八度的振动频率应当完全一致，不会产生任何拍音。中央C音至上行G音的这一较高音五度的拍频较快，如果觉得这较快的拍频能更容易听出来，你可以先为该音程中的G音进行调音，然后再对下行一个八度的G音进行调音。当同时弹奏该两个G音时，应当完全没有拍音。

为中央C音上行D音至中央C音下行G音调音

22 对这个音程的调音应当音，然后再将其调和（稍微调低）至大约1.3拍音/秒。可以准确计算测量拍频的方法各种各样，在书上和互联网上也可以找到详细列出拍频的表格。然而，笔者还是觉得，最好不要把调音过程弄得过于严密、过于技术化。我们最好还是把钢

琴调音当成一门艺术来看待。只要这一音程的拍频介于刚刚调好的两个音程（C至G）的拍频之间，你应当就可以欣然接受——因为G至D差不多位于低音C至G以及高音C至G之间。

继续调音……

23 在G至D之后，为下行一个八度的D音调音。

24 现在为该D音至A音调音。此处的拍频几乎等于1拍/秒（确切地说，是0.994）。

25 为上行一个八度的五度（D至A，拍频增加一倍）调音。

26 检查一下，确保两个A音之间的音程的拍频为零。

在下一个步骤之后，你将能够弹奏大和弦了。

27 为中央C音下行的A音至中央C音上行的E音调音。一旦这一音程的调音工作完成，你获得了另外一个准确性校验基准。A至E音的拍频应该是每秒1.1次——但是现在你可以弹奏C至E音，作为一个大三度（major third），其拍频刚刚超出每秒10次。（即使很难听出拍音或者很难判断拍频，你也不必过于担忧。随着调音经验越来越丰富，你听辨拍音、计算拍频的能力就能够逐渐提高。）

28 现在可以将该音程的音稍微降低，将拍音完全消除，这一过程是很有趣的。这一步骤完成后，你就能听到完美的大三度，也许这是你第一次听到自己调出来的完美大三度。这一乐音听上去非常"圆润"，令人愉悦。

29 现在，再将该音程的音升高，使其拍频为每秒10次。如果拍频太快，你无法判断，那么以A音为参照进行调整。到此，只要能够正确地将该五度音稍微地降低或者说"调和"（tempered），就可以了。

30 为此E音至下行一个八度的E音进行调音，使该八度的拍音完全消失。在中央C音下行的第三个C音至此E音这一音程中，拍频应当正好大于每秒5次；即使你无法准确地数出该拍频，你应当能够听得到拍音。发出拍音的音符是：C音的第四和声与E音的第三和声相互作用所产生的（也就是上行两个八度的E音）。轻弹此音，并仔细聆听，能够帮助你提高听辨力。

31 现在，你可以在钢琴的中部弹奏大三和弦（major triad）G、C、E了。这是多么令人兴奋的事情——对于许多人而言，这是人生第一次经历这一重大发现。其实，如果一个人的音乐辨听能力很强，但是之前却从未为钢琴调音，那么，他/她一定会以为自己在某些地方出错了，因为这一大三和弦听上去并不那么悦耳，即使该和弦其实是正确的。

继续继续

32 继续以五度进行调音，将各个新音符当作一个大和弦之上的一个大三度，对其进行检查。

33 中央C音上行E至B音以每秒1.11的拍频波动；下行一个八度，则拍频减半。

34 中央C音两侧的B至F#音以每秒0.83的拍频波动。

35 F#至C#音的拍频大约为每秒1.25。

36 C#至G#音的拍频大约为每秒0.94。

此时，一个新的校验基准出现了

除了可以将以上最后一个音作为大三度试弹大三和弦（major triad）之外，现在还能够以E为小三度，在G#、C#、E位置上试弹"C#小三"（C# minor）这一三和弦。在此和弦与G、C、E之间转换。

在C大三和弦里，E音极高，而在C#小三和弦里，E音极低——几乎达到我们能够忍受的极限。在此模进中的各个新音都可以以此种方式试弹。因此，你又得到可用于衡量调音准确度的另外一个校验基准。这同时还提醒你：自从你对琴弦进行调音以来，是否有琴弦的音已经被降低。

37 G#至D#音的拍频为每秒1.37。

38 中央C音上行一个八度的D#至A#音的拍频为每秒1.05；下行一个八度，则拍频减半。

39 A#至F音的拍频为每秒0.78。

40 现在，F音至C音的音准应当是正确的。如果不正确，那么可能是之前的某一个或某几个步骤的操作出了问题，并且逐渐累积，直至现在出现严重问题。F至C音的音准可能成为对之前调音准确性的报应。在过去，此音程往往被调音者视为

"虎狼"，每当出现问题，令人颤抖。在电子调音器出现之前，任何初学者如果无法听出三度中的快速拍音就去为五度调音，F至C音的音准往往会出现问题；当发现此问题时，往往意味着前功尽弃，但调音者至此已经无力回天。

真相大白的一刻——终极测试

现在，你可以让经过调音后的钢琴音准接受最敏感的测试了。许多电子钢琴（即使是由数学家设计的电子钢琴）都无法进行该种测试，而电子钢琴的敏感度要比电子调音器要高许多。这是事实，但是笔者可能会因为泄漏这一行业秘密而被驱除出境。

41 弹奏中央C音至E音。用力敲击琴键，并仔细聆听。拍频应当为10拍音/秒。

42 再试弹下行一个八度的C音至E音。其拍频应当减半，或者说是5拍音/秒。

43 从中央C音与E音开始，下行半音以大三度试弹：B与D#、A#与D等等。拍频应当逐级减缓。

在任何音程上（六度、十度等），应当都能听辨出拍频逐级减缓的效果。在低音部，十度能够发出美妙的轰鸣声。然而，关键点在于，在每一下行级别中，拍频应当能完美地逐级下降。如果你下行半个音程，而拍频反而上升，或者不会下降，那么其中一定出问题了。

要追溯或锁定问题的原因可能比较困难。最常见的原因是当你为琴弦调音时，漏掉了一个调音弦轴，因此一度将"走音"，

这导致了一个问题（这个问题至少应当可以解决）。当进入缠弦区域时，如果拍频稍微上升，有时你得容忍一些小缺陷。进一步进入低音部时，有较多/较重铜丝缠绕的缠弦可能会出现问题；从

双和弦切换到单和弦的区域也可能会出现问题。如果随着不断朝向低音部下行，所有拍频都（在你可以接受的范围内）逐渐下降，那么，可以说，你的调音工作完成得不错。

至此，你可以停下来喝一杯茶犒劳一下自己，然后再继续为其他琴弦调音。

为钢琴的其他琴弦调音

你已经为钢琴中间两个八度进行了调音，因此，钢琴剩余部分的调音工作也将以八度为单位进行。然而，你应当不时地使用其他音程进行检测。

例如：对于高音部，在一个大和弦之上以一个三度对各个刚刚完成调音的音进行试弹，然后在一个小和弦之上以一个三度对其进行试弹。如果试弹的音偏高，那么该音用作一个大三度时，听上去将会令人难受；如果试弹的音偏低，那么该音用作一个小三度时，听上去将会令人难受。

对于低音部，将各个刚刚完成调音的音与上行一个十度一起试弹，并确保拍频逐级下降。

是先为低音部调音，还是先为高音部先调音，这一点并不重要。而笔者自己则习惯于从低音部开始调音，因此，在此我们也从低音部开始；但是，从高音部开始调音也完全没有问题。

为低音部调音

以八度为单位，为中央C下行的B音至再下行的B音调音

1 使用静音器将双和弦的左侧琴弦消音。

2 调整该琴弦，使之与上行一个八度的琴弦相和谐，同时振动时拍频为零。

3 将静音器取下，以刚刚调好的琴弦为基准，为双和弦的另一根琴弦调音。

4 重复步骤1步骤3，以半音为级别，向低音部方向调音。

不幸的是，随着你越往低音部方向走，你可能会遇到更多困难。例如，你可能会觉得要听辨出较低音的基本频率（fundamental frequency）比较困难，在小型立式钢琴上尤为如此。或者你可能会被自己同时听到的数个波动和音（beating harmonics）弄得头晕脑涨。你还可能遇到这种情况：当你调整音高时，一些拍音好像在加速，而另一些拍音则好像在变缓。对于这些困难，唯一比较实际的解决方法是：当你能够听出钢琴已经到达某一最佳的平衡点时，你就应当停下来——虽然要做到这一点很难，特别是当你根本无法听辨出令你满意的平衡点时！

另外一个更棘手的问题是琴弦本身就有和声缺陷。

八度音阶的拉伸

如本书"乐音的谐波结构"

部分所解释的，琴弦又细分两段、三段、四段等和声段。钢琴线是如此坚硬而不易弯曲，而且在低音区，钢琴线是如此之粗，以至于变音拐点（point of inflation）——钢琴线上从一个和声过渡到另外一个和声的平稳点——需要占据钢琴线的一定长度，进而使得钢琴线的演奏或"发声"长度（playing or "speaking" length）变短。因此，两段和声段中的各段长度短于1/2钢琴线长度，而三段和声段中的各段长短则短于1/3钢琴线长度，以此类推。这意味着，和声一定比基本音更高，而且，和声段越多，各和声段的和声就越高。（但是还好，各和声段的和声越高，其音量也就越小。）

调琴师得通过一个称为"拉伸八度"（stretching the octaves）的过程，以应对以上情况。随着逐渐往低音部调音，调琴师必须将低音琴弦的音逐步降低，以使得第一和声听上去与上行一个八度的音符相和谐。

在此过程中，电子调音器是没有任何作用的。大多数电子调音器只会告诉你，音符的音偏低，而事实上该音符的音听上去是正确的。从理论上而言，在一

些电子调音器里，通过将调音器设置在正在接受调音的音符的上行一个八度的音符上，是可以找到"拉伸"音准的。这样，电子调音器就会"聆听"该和音，与该和声相协调的音准就是所谓的正确的拉伸音准（stretch tuning）。然而，笔者认为，这一做法并不令人满意，因为这种做法没有考虑同时存在的许多其他和声。

到目前为止，与其说拉伸八度音阶是一项技术，不如说它是一门艺术。因为对于调低音高，各台钢琴的要求各有不同；而要调整到何种程度方为适宜，不同的调琴师对此的理解也不尽相同。

为高音部调音

从中央八度或者基准音律八度（the middle or temperament octaves）开始向高音端进行调音一般是一项相当直截了当的工作；但是，到了某一点之后，与低音部一样，在高音部的某些琴弦上，你会遇到上述的聆听与"拉伸"问题：音符听上去偏低，即使你的电子调音器显示它们的频率正确。当你真正弹奏一首曲调时，能够更为明显地听出音符偏低的问题。

这一部分是技术性的问题，一半则与人耳的工作机制有关。

先谈谈技术方面。与诸如吉他琴弦之类的其他琴弦相比，即使较细的钢琴线也相当坚硬。最高音八度（the top octave）对应的琴弦的发声长度非常短——最高音所对应的琴弦的发声长度通常只有50毫米（2英寸）多一些，而且还得除去琴弦和音分段的变音拐点所占据的长度，这使得和声变得更高。

人耳因素方面，当听到较高音音符或旋律时，我们总是倾向于将其听成偏低的音，即使从技术上讲，其音高是正确的。20世纪80年代，当第一代数码电子钢琴问世时，无意间展示了人耳的这种倾向。由于当时存储器空间非常小，数码钢琴生产厂家只能从一台卧式钢琴上取了一个音符的样本。然后通过乘以或除以该音符的频率，利用电子手段制造出其他87个音符。结果，在最高音八度里，每一个音听上去都明显偏低。（这一有趣的现象现在已经成为历史。随着存储器空间的增大，制造商现在可以对所有88个音符采样，而且每个音的采样时间可长达7秒，包括踩下踏板时的音与不踩踏板时的音，由fff（极强）到ppp（极弱）七级不同弹奏力度所产生的音等等。所有近年所生产的电子钢琴都具有拉伸调音功能——有时，这些功能配置甚至有点过火了。）

对于高音部，我们需要正确地进行八度音阶拉伸——也许用于独奏的钢琴比用于小组演奏的钢琴更需要进行八度音阶拉伸工作。然而，笔者不认为，在该等八度中应当存在明显的拍音，因为这将会让这些音听上去更糟糕。

🎹 钢琴的音会自然变高吗

会，但是很少见。一般而言，随着制作材料受到巨大琴弦拉力的作用，钢琴所产生的音会变低，这是自然的倾向。如果钢琴的音会自然变高，那么琴弦一定是在某个部位获得了能量。导致这种特殊能量的一个常见原因是潮湿天气：音板吸收水分并膨胀，迫使弦桥升高，进而使琴弦绷得更紧。这种情况总会让调琴师进退两难：如果将钢琴的音降低，使其恢复到正确的音高，那么当天气转好时（也即天气变得不那么潮湿时），钢琴的音会迅速变得更低；如果对这种由潮湿天气引起的情况听之任之，那么你很可能会激怒钢琴家，因为他/她很可能急着要使用该台钢琴。【很快地（如果不是当场），调琴师将会采取一种脱身之计，也即遗憾地摇摇头，并埋怨起天气变化来；其实，采取这种计策是无可厚非的。】

如果你发现钢琴的音故意地被调高，那么这种现象是非常之不寻常的；因为除非能力不够或者是恶意行为，否则调琴师一般是不会这样做的。然而，过去有一个比A440偏高的音高，称为"交响音乐会音高"（orchestral concert pitch）；为了演奏某个时期的音乐时，通常会把钢琴的音调到该音高。【在可以想象的范围内，你也可能会遇到其他音高。在标准音高于1939年得到国际认可之前（标准音高的认可，是经过激烈的学术争论的，该争论可被称为"音高大战"），有许多不同的音高；一些表演组合比如管乐队（brass bands）都不愿意放弃这些音高，因为采用国际标准音高意味着许多昂贵乐器的报废。】

总而言之，按照常理，经过一定时间，钢琴的音只会变得更低。

为音高远低于标准的钢琴调音

几乎可以肯定地说，为了进行此项工作，你需要借助一台电子调音器。一名专业调琴师可以不需借助电子调音器，但是对于业余人士而言，如果没有这一设备，要进行此项工作的难度极高。

如果你的调音叉或电子调音器显示，钢琴的中央C弦所产生的音是如此之低，简直可以当成升一个B音的升音，那么你所遇到的问题较为棘手。你得确定以下几点。

- 该钢琴能否调整到正确音高？
- 如果是，单次调音能否将钢琴调整到正确音高？
- 如果答案还是肯定的，那么经调整至正确音高之后，钢琴音高能否保持稳定，以供弹奏之用？

钢琴的使用年期当然是其中一个因素；钢琴越旧，单次调音就足以将该钢琴调至适当音准的概率就越低。但是，也许问题的关键在于：钢琴将作何用途？

如果钢琴用于独奏，而演奏者并不介意或者根本没有注意到钢琴的音是否达到正确音高，那么可以先将钢琴的音稍微调高，然后在稍后一段时间再继续调高一些，也许需要经过数次调音，才能将钢琴调至正确音高。我们将这种方法称为方案A。

如果钢琴需要为演唱者或其他乐器伴奏，或者要与因特网或CD/DVD教学材料一起使用，那么你没有太多的选择。在这种情况下，你必须得一次性将钢琴调至正确音高，否则，你得将钢琴报废，启用另外一台钢琴。我们将这种方法称为方案B。

如果你并不急于求成，可以采取方案A，这一方案更为合理，因为如果一次性骤然地将钢琴的音调高，钢琴很快就会走音。只有在迫不得已时，才能采用方案B，支持这一方案的理由是：音高如果低于标准，那么钢琴听上去沉闷而没有生命力，而且与具有正确音高的钢琴相比，其音量要小得多。

然而，令人遗憾的是，你也许得在不知道钢琴真实状况的情况下作出抉择。在设定大部分基准音律之前，你可能是无法看出钢琴的真实状况的。对于一台多年未经调音的钢琴而言，如果骤然将其音高调高，会产生什么效果，我们是无法预测的。一些钢琴可能会反应良好，而另一些则未必。如果你打算放手一搏，采

🎹 如何稳定钢琴的音高——如果你敢试的话

一根钢琴琴弦分为三部分。

- 位于顶端弦桥与底端弦桥之间的发音部分（speaking length）。
- 位于顶端弦桥与调音弦轴之间的调音端（live end）。
- 位于底端弦桥与挂弦钉之间的固定端（dead end）。

如果琴弦三部分所承受拉力不均等，那么钢琴的音高是无法稳定下来的。在将钢琴线拉过顶端弦桥之上、压弦条之下时，会产生很大的摩擦力。随着琴弦所承受拉力越来越大，调琴师必须尽最大努力消除摩擦力的影响，使得琴弦各部分所受拉力变得均等。然而，这一过程通常无法一帆风顺，因为调音端所受拉力总是较大，琴弦的发音部分次之，固定端再次之。这就是我们有必要进行多轮调音的原因——为了稳定钢琴的音高。

还有一种可以大大提高效率的解决方法，该种方法颇为另类，可以说是"创造性思维"的产物。笔者曾经经营过一门生意——向娱乐场地出租旧的、但是功能尚佳的钢琴。笔者用农用拖车运载这些钢琴。传统的智慧告诉我们，在搬运过程中，很可能会在一定程度上使得琴弦所承受拉力变小，因为琴弦会在运输过程变松。一开始，笔者以为自己需要提早到场，以准备足够时间为钢琴进行全面调音。但是令笔者惊奇的是，所有钢琴的音高很快就稳定下来。因为这样，后来笔者所预留的时间常常只需足以卸载钢琴以及为几根琴弦调音就够了。对于这一意外现象，笔者的解释是：在拖车上的颠簸摇晃使得钢琴琴弦各部分的所承受的拉力均等化。据此，我们可能可以得出一个经验：如果你想真正快速地稳定钢琴的音高，你应当先为钢琴调音，然后将它搬到简陋的拖车上，并在路况较差的公路上颠簸摇晃644米，然后再对钢琴进行调音……

用方案B，那么在你还在调整基本音律时，前面一些已经调好的音很可能已经会发生突然降低的情况。至此，你别无选择，只能从头开始，并被迫采取方案A。

如果你的钢琴已经多年没有调音，你可能会发现，在旋转调音弦轴之后，钢琴的音高并未提升——即使你已经确定自己并未拧错琴弦。如果是这样，你必须立即停止旋转调音弦轴，因为拉力再稍微一增加，就会弄断琴弦。在这种情况下，琴弦很可能被顶端弦桥卡住了。（被牵引的钢质琴弦与铸铁弦桥之间有时会发生电子化学反应，导致两者之间会产生一小块锈蚀，进而使琴弦被顶端弦桥卡住。）如果真有

锈蚀产生，即使琴弦未被完全卡住，它也无法在弦桥上、压弦条之下自由滑动。有时，你可以发现具体证据（如调音弦轴或琴弦上的锈迹等）以支持你的直觉。

在以上两种情况下，你都得朝着逆时针方向稍微旋转一下调音弦轴，以降低琴弦所承受的拉力，使琴弦放松下来（当琴弦放松时，你通常会听到"砰"地一声）。然而，至此，你还未真正解决问题。虽然你已经避免琴弦被弄断，但是此时琴弦的音高远远低于标准，而且要将其调整至合理音高并让它保持该音高水平可能是很困难的。

现在，让我们采取一些应对措施吧。

根据方案A，需要先将钢琴的音稍微调高一点，那么第一次需要调高多少，调高后的音高距离正确音高多少？

1 使用电子调音器，检查钢琴的整个音域音高偏低的总体情况。（与低音部琴弦相比，高音部琴弦的音高偏低情况通常更严重一些，因为高音部琴弦如果出现任何程度的"松动"，其所释放出来的琴弦长度在琴弦总长度中所占比例更大。）

2 当你决定目标音高之后，在电子调音器上进行设置，使得中央C音在调音器中被表示为C。（一直按住"调低"按钮，直至达到该刻度。如果你的调音器没有足够的刻度范围，那么你

得将钢琴上的C音调整至与电子调音器上的B刻度相对应。你也许得将调音器的音高调高，以使得B刻度可以进入有关刻度范围内，并被用作C刻度——在这种情况下，你所调出来的每一个音都将比键盘上的音符名称要低半音。在特别的情况下，你可能还得将C设置得更低——迄今为止，笔者最低记录为C = A♭。）

3 然后，直接按照前文第5节、第6节的步骤进行调音，但是，不同的是，所有拍频都将相应地变得更低。

根据方案B，你得孤注一掷，一次性将钢琴调至正确音高。笔者所偏爱的方法如下。

1 将电子调音器调高5～10分（半音的几百分之一）。

2 快速粗略地进行调音，无需过于准确。

3 用力在整个键盘弹奏，让钢琴产生巨大音量。

4 让钢琴过夜。在过夜这段时间里，琴弦在一定程度上变松——如果你运气够好的话，琴弦变松的程度正好与琴弦音高升高的程度相等或相近。

5 第二天，按照上文第5、6节的步骤进行调音。或者，至少你得试着为钢琴调音。如果你已经正确地预测钢琴隔夜后音高下降的程度，那么你也许能够成功地让钢琴的音高稳定下来——否则，你可能还需要对钢琴进行第二次调音。

6 无论如何，在几个礼拜之后，你必须再次为钢琴进行调音。

附录

■□■
其他信息

附录

■ 附录1

频率（frequency rates）

续表

音符名称	音符号码	音符频率	音符名称	音符号码	音符频率
A	1	27.5	F	45	349.2
A #	2	29.1	F #	46	370.0
接下来的每一个音符的频率（包括此频率）等于上一个音符的频率乘 "2的十二分之一次方"			G	47	392.0
			G #	48	415.3
B	3	30.9	A	49	440.0
C	4	32.7	A #	50	466.2
C #	5	34.6	B	51	493.9
D	6	36.7	C	52	523.3
D #	7	38.9	C #	53	554.4
E	8	41.2	D	54	587.3
F	9	43.7	D #	55	622.3
F #	10	46.2	E	56	659.3
G	11	49.0	F	57	698.5
G #	12	51.9	F #	58	740.0
A	13	55.0	G	59	784.0
A #	14	58.3	G #	60	830.6
B	15	61.7	A	61	880.0
C	16	65.4	A #	62	932.3
C #	17	69.3	B	63	987.8
D	18	73.4	C	64	1046.5
D #	19	77.8	C #	65	1108.7
E	20	82.4	D	66	1174.7
F	21	87.3	D #	67	1244.5
F #	22	92.5	E	68	1318.5
G	23	98.0	F	69	1396.9
G #	24	103.8	F #	70	1480.0
A	25	110.0	G	71	1568.0
A #	26	116.5	G #	72	1661.2
B	27	123.5	A	73	1760.0
C	28	130.8	A #	74	1864.7
C #	29	138.6	B	75	1975.5
D	30	146.8	C	76	2093.0
D #	31	155.6	C #	77	2217.5
E	32	164.8	D	78	2349.3
F	33	174.6	D #	79	2489.0
F #	34	185.0	E	80	2637.0
G	35	196.0	F	81	2793.8
G #	36	207.7	F #	82	2960.0
A	37	220.0	G	83	3136.0
A #	38	233.1	G #	84	3322.4
B	39	246.9	A	85	3520.0
中央C	**40**	**261.6**	A #	86	3729.3
C #	41	277.2	B	87	3951.1
D	42	293.7	C	88	4186.0
D #	43	311.1	精确到小数点后1位数		
E	44	329.6			

■ 附录2

拍频（beat rates）

基准音律：钢琴中部围绕中央C音的两个八度。

五度的拍频。

续表

音符名称	音符号码	音符频率	五度	拍频
C	28	G	35	0.44
C#	29	G#	36	0.47
D	30	A	37	0.5
D#	31	A#	38	0.53
E	32	B	39	0.56
F	33	C	40	0.59
F#	34	C#	41	0.63
G	35	D	42	0.66
G#	36	D#	43	0.7
A	37	E	44	0.75
A#	38	F	45	0.79
B	39	F#	46	0.84
中央C	40	G	47	0.89

音符名称	音符号码	音符频率	五度	拍频
C#	41	G#	48	0.94
D	42	A	49	1
D#	43	A#	50	1.06
E	44	B	51	1.12
F	45	C	52	1.18
F#	46	C#	53	1.26
G	47	D	54	1.33
G#	48	D#	55	1.41
A	49	E	56	1.49
A#	50	F	57	1.58
B	51	F#	58	1.67
C	52	G	59	1.77

音符名称	音符号码	音符频率	1	2	3	4	5	6	7	8
C	28	130.813	261.6	392.439	523.3	654.1	784.88	915.69	1046.5	1177.32
C#	29	138.6	277.2	415.775	554.4	692.96	831.55	970.14	1108.73	1247.32
D	30	146.8	293.7	440.498	587.3	734.16	881	1027.83	1174.66	1321.49
D#	31	155.6	311.1	466.691	622.3	777.82	933.38	1088.95	1244.51	1400.07
E	32	164.8	329.6	494.442	659.3	824.07	988.88	1153.7	1318.51	1483.33
F	33	174.6	349.2	523.843	698.5	873.07	1047.69	1222.3	1396.92	1571.53
F#	34	185.0	370.0	554.993	740.0	924.99	1109.99	1294.98	1479.98	1664.98
G	35	196.0	392.0	587.994	784.0	979.99	1175.99	1371.99	1567.98	1763.98
G#	36	207.7	415.3	622.958	830.6	1038.26	1245.92	1453.57	1661.22	1868.87
A	37	220.0	440.0	660.001	880.0	1100	1320	1540	1760	1980
A#	38	233.1	466.2	699.247	932.3	1165.41	1398.49	1631.58	1864.66	2097.74
B	39	246.9	493.9	740.826	987.8	1234.71	1481.65	1728.59	1975.54	2222.48
中央C	40	261.6	523.3	784.878	1046.5	1308.13	1569.76	1031.38	2093.01	2354.63
C#	41	277.2	554.4	831.549	1108.7	1385.92	1663.1	1940.28	2217.46	2494.65
D	42	293.7	587.3	880.996	1174.7	1468.33	1761.99	2055.66	2349.32	2642.99
D#	43	311.1	622.3	933.382	1244.5	1555.64	1866.76	2177.89	2489.02	2800.15
E	44	329.6	659.3	988.884	1318.5	1648.14	1977.77	2307.4	2637.02	2966.65
F	45	349.2	698.5	1047.686	1396.9	1746.14	2095.37	2444.6	2793.83	3143.06
F#	46	370.0	740.0	1109.985	1480.0	1849.98	2219.97	2589.97	2959.96	3329.96
G	47	392.0	784.0	1175.988	1568.0	1959.99	2351.98	2743.97	3135.97	3527.96
G#	48	415.3	830.6	1245.916	1661.2	2076.53	2491.83	2907.14	3322.44	3737.75
A	49	440.0	880.0	1320.000	1760.0	2200	2640	3080	3520	3960
A#	50	466.2	932.3	1398.491	1864.7	2330.82	2796.98	3263.15	3729.31	4195.47
B	51	493.9	987.8	1481.650	1975.5	2469.42	2963.3	3457.18	3951.07	4444.95
C	52	523.3	1046.5	1569.753	2093.0	2616.26	3139.51	3662.76	4186.01	4709.26

拍频的计算

拍频是通过以下方式计算的：在两个正接受调音的音符中找出其最相近的和声，并用其中一个和声减去另外一个和声，便得出拍频。

在"附录2"的表格2中，笔者根据"附录1"中的数据，列出了钢琴中间两个八度各个音符的基本频率（fundamental frequenc）。每行的第一个和声的频率由基本频率乘二得出。第二和声的频率由基本频率乘三得出；第三和声的频率则由基本频率乘四得出；以此类推。

现在，我们以"附录2"表格2中涂成红色的数值为例，演示一下和声频率的计算过程。

C28的振动频率为130.813cps。

其第二和声的振动频率为130.813 × 3，也即392.439。

G35的振动频率为196cps。

在根据平均律对这两个音符进行正确调音后，该两个音符所合成的乐音的强弱波动频率等于该两个音符振动频率之差，也即每秒0.439个音拍，或者说，每2.28秒一个音拍。这时，我们在此强弱波动中所听到的乐音就是中央C音之上的G音，也即G47（G47的频率正好为392）。（此处为了举例说明，笔者假设本部分的钢琴和弦不会像本书第十章"八度音阶的拉伸"部分所解释那样变高。事实上，并不是所有钢琴和弦都不会变高的。）好了，让我们继续以上的计算。

C28的第五和声的振动频率为130.813 × 6 = 784.8766。

G35的第三和声的振动频率为196 × 4 = 784。

这表示，这几乎是共同和声（common harmonic），其波动频率为0.87cps，听上去与由中央C音上行一个半八度的音（也即G59）相同。这一和声较上面计算出来的G47拍音上行一个八度，其拍频是G47拍音的拍频的两倍。在整个音符所发出的音量中，该和声只占很小一部分，但是，如果你的听觉非常敏锐，你也许刚刚好能够在原拍音中听辨到这一拍音。

在此音程中，再也没有其他和声能产生人耳所能听得见的拍音。C28的第九和声的振动频率为1177.315，而G35的第六和声的振动频率为

1175.986，这是我们能够得到的频率最接近的两个和声。这一共同和声将以每秒1.33次的频率振动——这与D66（频率为1174.66）相当接近，但是其音高比D66要高。这一和声听上去颇为刺耳，但是，幸好，我们很少有人能够在诸多其他乐音中听辨出这一和声。

通过构建这样的表格以及进行这样的计算，在调音过程中，你能够为所有音程找出拍频。但是在你兴致勃勃地构建表格和进行计算之前，笔者必须提醒你，对于钢琴调音，不要使用过于"技术性"的手段。每台钢琴都有自己的独特气质以及和声个性，使用"放之四海而皆准"的方法，只会让你一次次地受到挫败。如果想要钢琴经过调音后大放异彩，那么你得仔细聆听，相信自己的耳朵，而不是计算数据。

■ **附录3**

音乐用线标准规格

"音乐用线标准规格"	英寸的千分之几	毫米
12	29	0.074
12.5	30	0.076
13	31	0.079
13.5	32	0.081
14	33	0.084
14.5	34	0.086
15	35	0.089
15.5	36	0.091
16	37	0.094
16.5	38	0.097
17	39	0.099
17.5	40	0.102
18	41	0.104
18.5	42	0.107
19	43	0.109
19.5	44	0.112
20	45	0.114
21	47	0.119
22	49	0.124
23	51	0.130
24	53	0.135
25	55	0.140
26	57	0.145

可根据此表查看钢琴线与中心销钉的尺寸。

■ 附录4

钢琴技师必备的工具箱

你可以从钢琴供应商处购买专业工具（请参考"有用的联系方式"部分），有时你还能在互联网上找到用过的专业工具以作参考。其实，你的DIY工具箱里也许已经包括了许多专业工具与材料，而且在五金商店一般也能买到大多数专业工具和材料。

适用于所有工作的一般工具与材料

■ 粘胶 —— 各种黏胶都可以，但主要还是用于粘合毡料。

■ 可调式扳手或管扳钳 —— 用于移动卧式钢琴的琴腿，拧转顽固击弦器螺丝钉或螺栓，以及进行其他一些强力工作。

■ 刀片 —— 工艺刀专用的标准可弃置刀片。

■ 喷灯（blowlamp）—— 很少会用到；将顽固接头弄松的终极工具（最后一招）。

■ 车用千斤顶 —— 外加几块木块。在用锤子钉入新的调音弦轴时，可用于支撑卧式钢琴。请参考图9.53。你也许可以购买一支专业千斤顶专门用于进行此项工作，但是这只是在此提一提，让你知道有这种工具罢了，事实上，笔者从来不觉得有必要使用专业千斤顶。

■ 凿子 —— 宽口型凿子。品质并非特别重要，因为大多数情况下，该凿子是用来铲除残留黏胶的。

■ 夹钳（clamps）—— 各种尺寸的夹钳，因为你需要用它进行各种不同的工作。使用率最高的还是小码、能自动夹紧的夹钳，该种夹钳用于将刚刚上胶的接口夹紧，直至黏胶干燥固定。图8a.3给出了一个例子。

■ 工艺刀或外科手术刀。

■ 电动冲击钻/电钻 —— 小码，刀头/钻头应尽量配套齐全。

■ 工程用虎钳 —— 爪头应配有衬垫。

■ 千分尺 —— 用于对毡料厚度进行精确测量。

■ 报纸或旧毛毯 —— 在各种工作中，起铺垫与保护作用。

■ 封包带。

■ 铅笔 —— 铅笔经常会丢失，因此要准备好。

■ 老虎钳 —— 至少两把，一把为标准钳子，另

一把为圆嘴钳子。

■ 砂纸 —— 各种不同粗细级别的砂纸，包括最细级别的砂纸。

■ 由砂纸覆盖的小棒 —— 请参考本书图8b.70。

■ 剪刀 —— 必须得非常锋利。

■ 螺丝刀 —— 一系列螺丝刀，包括若干种类型与尺寸。至少有两把是非常长而且非常细的 —— 一把是普通的细长杆螺丝刀，另一把是飞利浦细长杆螺丝刀，而且螺丝刀的工作一端都得非常小（参考图8b.51，你就会明白为什么需要长杆螺丝刀）。在螺丝刀系列的另外一个极端，你需要一把"粗短"的螺丝刀，以用于固定键侧木。

■ 镊子 —— 你最好准备一把牙科大镊子，其末端弯曲度为45°。镊子可能是笔者使用最为频繁的工具（请参考图8b.11）。你还得找一只长度尽量长的镊子，用以伸入钢琴内纠正偏移的零件。

调节与维修专业工具

多功能工具套件里面可能会没有这些专业工具，笔者建议你只在需要时才购买。

■ 击弦器中心轴承铰刀（reamer）—— 请参考图8b.34。

■ 扩孔器（broach）—— 请参考图8b.35。

■ 绞盘工具 —— 请参考图7.4。

■ 中心销钉切割器 —— 请参考图8b.36与图8b.60。

■ 线圈推杆（coil lifter）—— 请参考图8c.12。

■ 离心工具 —— 与图8b.41所示的手持式离心工具相比，台式离心器能够更快速、更准确地进行工作。

■ 大弦槌拆卸工具 —— 请参考图8b.82。

■ 弦槌针刺工具 —— 为钢琴开声的工具。请参考图8b.74。

■ 弦槌柄切割工具 —— 请参考图8b.90。

■ 弦槌柄拆卸工具（立式钢琴）—— 请参考图8b.8。

■ 琴键放松钳子 —— 当琴键衬套过紧时，需要使用这一种工具。较小的一半抓头用于挤压衬套，较大的一半抓头则用于将钳子所施加的负

荷分散到琴键的侧面各处，以防止琴键被挤压破裂。请参考图7.39。

■ 释放架（let-off rack）—— 请参考图9.42。

■ 带有可拆式手把的多工具套件 —— 请参考图7.26与图8b.20。图7.26中，顺时针：手把、通用弯曲工具（图8b.25展示了该种工具正在使用中）、琴键间隔器（key spacer）、托木弯曲工具、大托木弯曲工具（图9.48展示了该种工具正在使用中）。

■ 钢琴线量尺 —— 请参考图8b.33。

■ 发射点调节工具 —— 图8b.21展示了该种工具正在使用中。

■ T形调音扳手 —— 用于将新琴弦缠绕在钢琴上。

■ 调音弦轴金属衬套 —— 请参考图8c.23。

■ 调音弦轴冲头 —— 请参考图8c.21。

专业调音工具

■ 数码钢琴调音器 —— 如果你的钢琴的音准状况良好，你可以自行决定选用或不选用此工具，但是如果你的钢琴的音高大大低于标准，那么你必须选用此工具。请参考本书第十章的"是否需要数码钢琴调音器"部分。在购买此种工具之前，请咨询一下相关人士，因为那些专为专业人士而设计的调音器里包含了许多你将永远不会用到的功能。如果买这样的调音器，你等于把钱浪费在一些你根本不需要的功能上。

■ 静音器 —— 在卧式钢琴中，可以使用橡胶或毡料楔子（图10.5），但是在立式钢琴中，由于铸铁框架的阻隔，如果使用上述楔子，则其插入琴弦的深度不足；因此，你得使用"帕普静音器"（请参考本书第十章）。现代钢琴中的三和弦中各根琴弦相距太近，没有足够空间可为每组三和弦各插入一只帕普静音器，因此，每组三和弦你得使用两支静音器。最好使用尼龙材料制作的静音器。现在大多数帕普静音器都由塑料制作，比起尼龙静音器，其耐用性要差很远。

■ 调音杠杆 —— 不要购买最便宜的那种调音杠杆，因为你是"只是一名初学者"。许多廉价的调音杠杆都太短，无法进行准确调音，而且杠杆头很容易断裂。最好购买类似图10.1所示的那种杠杆。该种杠杆具有加长型手把，可以增强杠杆的力量；其头部还可以更换，以适用于不同尺码的调音弦轴以及应对不同的接近问题。如果你拥有的是紧凑型的现代钢琴，你可以找一种具有方形冲头（而不是星形冲头）的杠杆，因为该种杠杆（通常）更为小巧，其工具端直径更小，让你更容易接近一些弦轴。一些调琴师之所以偏爱方形冲头，是因为此种冲头能够更牢固地抓住调音弦轴。

■ 调音叉 —— 调音叉并不贵，而且一般在乐器店都能买到。即使你已经拥有数码调音器，但是准备一把调音叉，不时使用它检查一下钢琴的音准还是有必要的。

术语表

击弦器（action）：是指一种机械组件，可将琴键向下的小移动转化为弦槌向前（在立式钢琴中）或向上（在卧式钢琴中）的较大移动。19世纪设计天才的伟大贡献，使得钢琴这种乐器真正形成。

击弦器支架（action bracket）：请参考"击弦器柱子"（action posts）。

击弦器柱子（action posts）：在美国又称为"击弦器支架"（action bracket）。是指击弦器上的端点支撑，可使击弦器零件固定在适当位置。在现代钢琴中，其材料常为铸造金属；而在较旧式钢琴中，其材料则为木材。

弦钮（agraffes）：如果钢琴上安装了这种零件，那么每根琴弦就好象各自拥有一个独立的微型弦桥。这种零件由黄铜制造，呈钮状，内有几个小孔供琴弦穿过，使得琴弦能完全校准。弦钮是插入钢琴框架中的，可以替代一般弦桥，而且人们常常认为弦钮设计较普通弦桥设计更为优胜。

共鸣弦系统（Aliquot Stringing）： 允许琴弦未被弦槌敲击的一部分（或几个部分）（调音端与固定端）产生共振的任何方法均可称为共鸣弦系统。在较旧式的博兰斯勒（Blüthner）卧式钢琴中，在正常琴弦之上还另外加了琴弦，该制作商对此设计一度颇为热衷。

托木（backcheck）： 美国人称此构件为"捕捉器"（catcher）。在立式钢琴上，此构件属于击弦器的一部分；但是在卧式钢琴上，此构件则位于各个琴键的后端。该构件用于将从琴弦上弹回来的弦槌捕捉住。在英语中，通常简称为"check"。

背触（backtouch）： 是指位于中盘托上由毡料覆盖的横木，当琴键静止时，就停留在此背触上。

平衡槌（balance hammer）： 立式钢琴弦槌系统的一部分，在弦槌从琴弦上弹回来之后，被托木所捕捉住。

平衡销钉（balance pin）： 是指一种垂直镀铜小销钉，在弹奏钢琴时，琴键以该销钉为枢轴旋转。

平衡轨（balance rail）： 是指位于中盘托上的一根横木，供安装插入平衡销钉之用。

拍音（beats）： 是指两根非常接近、但是频率却不太相同的琴弦相互作用而产生的听觉可以感知的音量有规律模制或者说音量有规律变化。

双和弦弦列（bichord stringing）： 钢琴上的一部分，在该部分中，每个音符均由弦槌同时敲击两根琴弦而产生。

哭闹（blubbering）： 是指钢琴击弦器失灵情况非常严重，以至于弦槌撞击琴弦的次数超过一次，从而发出的非正常声音。

底板（bottom board）： 是指位于立式钢琴中盘托下的可拆卸部分，属于钢琴外壳的一部分。

弦桥（bridge）： 附着于音板上的硬木条，可供琴弦拉伸跨过。弦桥将琴弦的振动传递至音板。

弦桥销钉（bridge pins）： 是指一种无头销钉，用于钉入弦桥以固定琴弦。如果弦桥过于陈旧，那么该销钉周围弦桥木会出现裂缝。

衬套式框架（bushed frame）： 这一术语的确切意思取决于钢琴的年龄。在较旧式的钢琴中，衬套式框架是指钢琴扣弦板部分包裹了一层薄的铸铁；并在铸铁上钻孔以供安装调音弦轴；与单纯由扣弦板木质固定调音弦轴相比，由铸铁层包裹的扣弦板可以将调音弦轴固定得更牢。在现代钢琴里，弦轴固定孔带有衬套，并具有硬木栓。

衬套（bushing）： 这是一个通用工程设计术语，指装在供另一些零件穿过或移动的孔里的衬里。衬套的作用通常是使移动更便易以及减少摩擦与磨损。在钢琴里，最常见的衬套是布料制成，这些衬套能让金属零件更容易地进入木质零件里，特别是在击弦器的移动部分以及琴键里，这些衬套的使用尤为频繁。

弦槌转击器金属板（butt plate）： 在一些品质较高的立式钢琴击弦器里，弦槌轴架销钉不是直接被钉入弦槌转击器里的，而是通过一小块以螺丝安装在转击器上的金属板固定在适当位置上的。

盖子或覆盖片（capping piece）： 一些四分之三框架【美式英语称为"半金属板"（half plate）】钢琴的制造商所采用的暧昧做法。他们会用一块铸铁片将框架"覆盖"住，该铸铁片完全是为了掩人耳目，企图令钢琴看上去像是全铸铁框架。这种做法简直是一种恶作剧，已经完全站不住脚跟了！

压弦杆(capo d astra)： 是指卧式钢琴中的一条杆子，通常与钢琴框架铸在一起，琴弦从其下面穿过。在一些卧式钢琴中，所有琴弦都穿过压弦杆（capo）；但是，在大多数卧式钢琴中，只有最高音三个（或三个左右）八度的琴弦才穿过此压弦杆。据说，这一设计能够避免弦槌迫使琴弦脱离框架所产生的音质问题。

绞盘（capstan）： 是指一个安装在垂直金属螺丝上的小构件（通常是木质的）。形状与轮船上的绞盘很相似，但是尺寸要小很多。旋转螺丝，可以将绞盘往上或往下调节，以缩小两个相关构件之间的间隙。绞盘上面通常有两个小孔，使用尖头工具可以通过该两个小孔对绞盘进行调节。

外壳（case or casework）： 美国人又称为"橱柜"（cabinet）。这包括使钢琴看似一件"家具"的部分——所有外部木制构造，其主要功能是美化钢琴外观，为钢琴的机械零部件提供遮挡。

捕捉器（catcher）： 美国人将托木（backcheck）称为捕捉器。

塞莱斯特（celeste）： 是指一种较为原始的柔音踏板系统，一般可在在较旧式、较廉价的立式钢琴上看到这种系统。在此柔音踏板的作用下，一块毡垫升起来，挡在弦槌之前。从某些方面看，这种踏板与练习踏板颇为相似。

中心销钉（centre pins）： 是指一种镀镍小销钉，击弦器上的所有以关节连接的零件都以其为枢轴旋转。

托木（check）： 请参考托木（backcheck）条。

音域（compass）： 是指钢琴上所有弹奏音域，通常由A1（最低的低音）到C88（最高的高音）表示。

制音器（damper）： 是指一个当琴键被松开时为钢琴消音的系统。

制音器踏板（延音踏板）（"sustain pedal" 或 "damper pedal"）： 是指钢琴上位于右侧的踏板。踩下该踏板，可以一次性将所有制音器抬起，这样，所有被敲击的琴弦可以继续发音，直至乐音自然消除或者踏板被松开，而未被敲击的琴弦则可以自由地发生共振。这一踏板也被称为"延音"踏板，但是绝不能被称为"高声踏板"——或者，至少不能明目张胆地被这样称呼。

制音器勺钉（damper spoon）： 是指位于立式钢琴击弦器后部的一种装置；当弹奏一个音符时，此装置会使制音器抬离琴弦。

固定端（dead end）： 是指介于弦桥与挂弦钉之间的那一段不发声的琴弦。通常由一条穿过所有固定端的毛毡带消音。

复双重共鸣音阶（double duplex scaling）： 这一设计是施坦威（Steinway）的专利。不被弦槌敲击的琴弦两端（调音端与固定端）可以共振，而不是像大部分钢琴里那样专门用毡料固定消音。

双擒纵击弦器（double escapement action）： 所有现代卧式钢琴都采用这种类型的击弦器。这种击弦器设计使得无需完全松开琴键也可实现以最大力量重复进行弹奏。这种击弦器还有一种通俗的叫法——鼓轮式击弦器（roller action），这种叫法很广泛，而且也可以为人所接受。

下承受（downbearing）： 琴弦经过弦桥时所形成的折角称为"下承受"。

回跌螺丝（Drop screw）： 是指一颗穿过卧式钢琴弦槌轴架的螺丝钉。当琴键被下按时，该螺丝能够限制震奏杆的向上移动。

滴管式击弦器（dropper actions）： 美国人又称此种击弦器为"小型立式钢琴"（spinet）或"间接敲击击弦器"（indirect blow action）。这种击弦器位于琴键后端下面，这种击弦器设计上有很大缺陷，因此，其钢琴弹奏起来非常糟糕。

双重共鸣音阶（duplex scaling）： 通过这种设计，不被弦槌敲击的那部分琴弦可以共振。当只有琴弦的固定端可以共振时，这一设计称为"双重共鸣音阶"；当琴弦的固定端与调音端都可以共振时，这一设计称为"复双重共鸣音阶"。

擒纵（escapement）： 是指击弦器中的一种装置，可以将弦槌推向琴弦，但是只是正好在弦槌真正敲击琴弦之前才释放弦槌。因此，弦槌能够在空气中自由移动，敲击琴弦，并回弹。

降板（fall 或 fallboard）： 降板是技术术语，是一种较为专业的叫法；同一构件，大多数人将其称为键盘上的盖子（键盘盖）。严格地说，这是钢琴的盖子 —— 但是这些叫法上的区别并不需要刻意去记住，除非有人花钱请你去这么做。

降落板（fall plate）： 是指一种金属板，使得卧式钢琴的降板能够旋转，而且还可将降板的两端固定到钢琴上。

错拍（false beat）： 当单一琴弦有拍音时所产生的声音。如果一台钢琴中只是有一两个错拍，那么这可能是由于琴弦生产时的参差不齐所导致的。如果一台钢琴中有许多错拍，那么弦桥的制作可能非常糟糕。

轴架（flange）： 是指一种硬木小架子，可让钢琴击弦器零件安装到其上，并以中心销钉为轴枢转动。

顶杆（fly）： 请参考顶杆（jack）。

悬空式制音器（fly damper）： 在一些品质较好的立式钢琴里，在交叉弦列间断区（overstringing break）附近的较短制音器上还附加了另外一个制音器，这就是悬空式制音器。这一制音器为这个区域里原本较小的制音器提供了额外的制音效果。

框架（frame）： 在美国又称"金属板"（plate）。在任何钢琴上，框架都是主要的结构构件。由于琴弦的拉伸完全依靠此框架，因此，此框架必须足够坚固，以能够承受琴弦拉伸时所产生的所有拉力。在所有现代钢琴中，此框架是由铸铁制成。

前板（front board）：是指钢琴外壳前面可以拆卸部分，正好位于键盘上方。

前轨（front rail）：是指键盘框前部的条状部件，上面装有销钉，销钉可插入琴键的前端底部，以防止琴键左右摇摆。

全框架（full frame）：是指一种铸铁框架，与立式钢琴同高，或者与卧式钢琴长度相同，覆盖了整块扣弦板（wrest plank）。请参考四分之三框架（three-quarter frame）或半金属板框架（half plate frame）。

滑鼓（glides）：是指卧式钢琴键盘框底部的圆顶金属零件，其圆顶从键盘框底部伸出一小部分。当踩下una corda踏板时，键盘框组件就能够在圆顶上作横向移动。

半敲击（half-blow）：是指一种为所有现代立式钢琴所采用的柔音踏板系统，这种系统能够减缓弦槌的加速度，因此减小所产生的音符音量。一些旧式的卧式钢琴采用半敲击系统作为较una corda踏板系统更为廉价的替代系统。

半金属板框架（half plate frame）：同"四分之三框架（three-quarter frame）"，但是美国人更喜欢使用这一术语，尽管那些比较保守的人士坚持认为，从数学上而言，"四分之三框架"的叫法更为精确。

弦槌轨（hammer rail）：同背档/弦槌停留轨（hammer rest rail），美国人更喜欢这种称谓。

弦槌柄（hammer shank）：是指一根连接弦槌转击器与弦槌本体的硬木杆（通常为枫木）。在用力过度时或经过长期使用后，通常会折断。

挂弦钉（hitch pin）：是指安插在接近铸铁框架底部位置的钢质销钉或突出构件，可供琴弦在其上缠绕、扎牢。（在大多数钢琴上，各根高音琴弦在绕过挂弦钉后，会被再拉回来，用作第二根琴弦。）

"受控制"（in check）：是指当弹奏某一音符，按着琴键不放时，弦槌所处的位置。当弦槌处于此位置时，松开（至少是部分松开）琴键，可以重复弹奏一个音。

顶杆（jack）：是指安装在联动器上的击弦器构件；下按琴键时，将弦槌往前推，但就在弦槌敲击琴弦之前，顶杆会与弦槌脱离。

琴键下降冲程（key dip）：是指琴键被充分下按时从静止时的停留位置向下移动的距离。这一距离通常约为9.5毫米到11.1毫米（3/8英寸到7/16英寸）。

琴键放松钳子（key casing pliers）：此种钳子有两个抓头，可平行移动。当琴键衬套过紧时，需要使用这一种工具。较小的一半抓头用于挤压衬套，较大的一半抓头则用于将钳子所施加的负荷分散到琴键的侧面各处，以防止琴键被挤压破裂。

中盘托（keybed）：是指钢琴内部的一块平展部分，用于停放键盘框与键盘。

键侧木（key blocks）：是指位于键盘两端的木块，用于填补钢琴末端与键盘末端之间的空隙。在卧式钢琴中，这一零件还起着固定键盘框组件上的突出部件的作用，使得在踩下una corda踏板时，键盘框组件可以做横向运动，而不是向其他方向运动。

键盘框（keyframe）：是指为琴键提供支持的木框，由三条横轨构成：即前轨、平衡轨与背触。

键档（keyslip）：是指正好位于键盘之下的装饰木条。在立式钢琴中，这一装饰木条通常是固定的；而在卧式钢琴中，如果我们要将键盘框组件取出，得先将这一木条拆卸下来。

琴键条木（keystrip）：在美国，又称为压键档（keystop rail）。这一零件只用于卧式钢琴，如果不拆卸降板，是无法看到此零件的。这是一条窄窄的木条，底部装有毡料条，横跨所有琴键，正好悬浮于琴键之上。当琴键受到猛烈弹奏时，琴键条木起着缓冲保护作用，防止琴键回弹得过远；而且在搬运过程中侧放钢琴时，该琴键木条还可以防止琴键脱落。

鼓轮（roller）：是指一种内装木芯的皮革小圆筒，安装在卧式钢琴弦槌柄底部。当下按琴键时，顶杆会将此小圆筒往上推，进而将弦槌抬起。

调音端（live end）：是指介于调音弦轴与顶端弦桥之间的不发音的一段琴弦。

失位（lost motion）：是指击弦器构成零件无法正常运转的任何情况，通常是由于零件磨损或收缩所导致。这种问题常常是指琴键与击弦器之间的空隙，但是有时也可适用于任何活动零件。

踏板座（lyre）：是卧式钢琴踏板系统的正式称

谓。英文中之所以采用"lyre"（"lyre"原本意思是"七弦竖琴。"——译注）一词表示踏板座，是因为在早期卧式钢琴中，踏板座的形状与古希腊的七弦竖琴非常相似。

踏板座斜杆（lyre rod）：是指位于卧式钢琴踏板系统（或称"踏板座"（lyre））后部的金属或木质支撑装置。该装置用于冲抵演奏者踩踏钢琴踏板时所产生的作用力。如果踏板座斜杆缺失，而钢琴的使用频率很高，那么钢琴的踏板系统很快就会从钢琴上脱落下来。

单和弦（monochord stringing）：是指每一音符由一根琴弦发出，而不是由两根（双和弦）或三根（三和弦）琴弦发出。在钢琴上，只有低音区使用单和弦。

谱架（music desk）：是指钢琴上的折叠式构件，可供弹奏者摆放乐谱。现代立式钢琴上的谱架有时会被一些人蔑称为托盘（tray）。

名称牌条（nameboard tape）：是指铺设于钢琴外壳与琴键之间毡垫条，用于将键盘及紧贴于其上的钢琴外壳隔开。当今钢琴的名称牌条几乎一律采用红色的毡垫条，但是在过去是允许使用绿色与蓝色毡垫条的。在立式钢琴中，该名称牌条同时起着功能性与装饰性作用：在钢琴受到猛烈弹奏时，它能够防止琴键在回弹时发出噪声。

针刺（needling）：是指用针扎入弦槌带毡料的一端，以将毡料扎松，这属于钢琴开声工作的一部分。这项工作需要高超的技艺，否则会损坏弦槌毡料。

斜弦列框架（oblique strung frame）：本质上，这是一种直弦列框架，只是琴弦较垂线稍微有所倾斜，以增加琴弦的长度。很少钢琴采取这种设计，一般认为，与直弦列框架相比，这种设计并无明显的优势。

上式制音击弦器（overdamper action）：在美国，又称为"松鼠笼"（squirrel cage）。是指一种将制音器置于弦槌之上（而不是置于弦槌之下）的击弦器设计。这种是一种理应被淘汰的设计。这种设计之所以过时，是因为其所产生的和声过于刺耳，而且乐音消音时间过长。

交叉弦列间断区（overstringing break）：是指钢琴弦列中介于低音区琴弦与高音区琴弦之间的间隙。

交叉弦列框架（overstrung frame）：是指一种框架设计，在此种框架设计中，大约中央C音下行一个八度以下的低音琴弦斜跨在高音琴弦之上。相对于钢琴的高度而言，这样的设计增加了低音琴弦的长度，使得我们能够将低音弦桥安装在音板底部边沿之外的位置上。这种设计几乎在各个方面都远远优胜于直弦列框架，因此，所有现代钢琴都采用此种设计。

水手呢（pilot cloth）：是指一种毛毡材料，通常用在劣质廉价钢琴上，用于覆盖琴键中的调节螺丝钉。然而，每当在工作表面之间使用这种毡料，以减少噪声和磨损时，我们都可以将该毡料成为水手呢。

扣弦板（pin block）：英国英语中的"wrest plank"，美式英语中的"pin block"，都是指"扣弦板"。

素弦（plain strings）：是指没有铜丝缠绕的琴弦。

金属板（plate）：等同于英式英语中的"铸铁框架"（cast iron frame），这是美式英语中的称谓。

练习踏板（practice pedal）：是指现代立式钢琴中的一种踏板系统，类似于塞莱斯特（celeste）踏板系统。踩下可锁定的中间踏板，可以拉下一块薄薄的毡垫，隔在弦槌与琴弦之间，以减小乐音的音量，进而尽量减少钢琴练习者对家庭与邻居所造成的干扰。这也许就是练习踏板这一名称的来由。

调节（regulation）：是指对能影响钢琴性能表现的钢琴内部众多零件的调整状态。这一术语最常指的键盘与击弦器之间相互作用关系的正确调整状态，但是也可以指击弦器或踏板系统的其他方面的调整状态。

震奏杆（repetition lever）：卧式钢琴击弦器的一部分。当按压琴键并稍微松开琴键时，这一装有弹簧的零件会将弦槌稍微抬起。这使得顶杆能够回到鼓轮下面，从而实现快速重复弹奏。

震奏杆弹簧（repetition spring）：是指各根震奏杆之下的弹簧，当琴键被稍微松开时，该弹簧将震奏杆向上推。

背档/弦槌停留轨（rest rail）：是指弦槌柄后面一条由毡料覆盖着的轨道。在立式钢琴中，当弦槌柄静止时，它应当刚刚好接触到停留轨。在卧式钢琴中，当弦槌柄静止时，它应当留在停留轨之上3.1毫米（1/8英寸）的位置；只有在琴键受到猛烈弹奏，弦槌从琴弦上回弹时，弦槌柄才会触碰到停留轨。对于这一构件，美国人更喜欢称之为弦槌轨（hammer rail）。

鼓轮（roller）：请参考"鼓轮（knuckle）"。

鼓轮式击弦器（roller action）：请参考"双擒纵击弦器（double escapement action）"。

"发射点"或"发出点"（set-off 或 let-off）：是指击弦器运转周期中的一点，在该点上，弦槌脱离顶杆，可自由地敲击琴弦并回弹。在立式钢琴中，发射点通常被设定为距离琴弦3.1毫米（1/8英寸）处；在卧式钢琴中，发射点则被设定为距离琴弦1.5毫米（1/16英寸）处。

柄（shank）：请参考弦槌柄（hammer shank）。

架子式弦桥（shelf bridge）：是指一种特殊的低音弦桥。一般的弦桥是直接安装在钢琴音板上的，而该种弦桥却是安装在固定于音板上的一个架子上的。这种设计的优胜之处在于能够改善音质，因为这一设计使得弦桥与音板的接触点更接近音板的中部（一般认为，这样能够改善钢琴的音质）。

单式击弦器（simplex action）：请参考"弹簧与线圈击弦器（spring and loop action）"。

单一双重共鸣音阶（single duplex）：请参考"双重共鸣音阶（duplex scaling）"。

拍击轨道（slap rail）：是指立式钢琴击弦器中位于制音器之后的一根由毛毡覆盖的木条，用于防止制音器移动距离过大。

柔音踏板（soft pedal）：请参考"半敲击（half-blow）"与"塞莱斯特（celeste）"。

中踏板（sostenuto）：主要在配有三个踏板的卧式钢琴中才能看到此种踏板，是位于中间的踏板。其作用与延音踏板类似，不同的是，利用卧式钢琴的中踏板，能够进行选择性延音，也即当踩下中踏板时，可以只延续正在被下按的琴键的音，而踩下中踏板时未被下按的琴键的音并不能得到延续。

音板（soundboard）：是指琴弦下的一大块云杉木板（通常是云杉木），可供安装弦桥。音板能够将琴弦所产生的音放大。

发音部分（speaking length）：是指介于弦桥之间那一段被弦槌敲击的琴弦。请参考"固定端（dead end）"、"调音端（live end）"与"共鸣弦系统（Aliquot Stringing）"。

弹簧与线圈击弦器（spring and loop action）：一般地，本术语有两层意思。第一层意思是指一种立式钢琴击弦器，已经在1870年前后被淘汰了，然而我们偶尔还可遇到装有这种击弦器的钢琴；第二层意思是指一种由赫伯格·布鲁克斯（Herrburger Brooks）以及其他厂家于1885年（当时这种击弦器就已经被淘汰了）至20世纪50年代前后所生产的卧式钢琴击弦器。这种击弦器又称为"单式击弦器（simplex action）"，主要是指一种立式钢琴击弦器，与卧式钢琴上特有的双擒纵击弦器（double escapement action）不同。这种击弦器使得钢琴弹奏变得令人难受，但是其制造成本较低。

松鼠笼（squirrel cage）：在美国，上式制音击弦器（overdamper action）又被称为"松鼠笼"。

连接杆（sticker）：如果由于立式钢琴过高，击弦器无法安置在键盘旁边，那么就需要借助连接杆（"连接杆"这一叫法或多或少地反映了此零件的功能）将各个琴键与其对应的击弦器零件连接起来。

直弦列框架（straight-strung frame）：是指一种立式钢琴框架设计，在此种框架中，所有琴弦都相互平行，并垂直于地面。这一种设计早已经被淘汰；为交叉弦列框架所取代。

延音（sustain）：当敲击并按住琴键不放时，一根琴弦所产生的音所能持续的时间长度。请参考"制音器踏板（damper pedal）"。

延音踏板（sustain pedal）：请参考"制音器踏板（damper pedal）"。

冲压（swaging）：是指通过破坏琴键衬套周围的木质构件，以试图将损坏的琴键衬套弄紧，这一修复衬套的做法实在非常拙劣。

共振（sympathetic vibration）：是指来自某一声源的声波，可导致琴弦或其他物体产生振动，并产生一个或更多的其他声源。在双重共鸣音阶（duplex scaling）中会故意地制造这种效果；但是，最常见的发生共振的情况是：在弹奏一些音符时，钢琴上或钢琴里面一个物体，或者房间里其他地方的一个物体同时也产生声音，这时就会产生共振。共振问题有时可以是很烦人的，因为要找到声源是比较困难的。

四分之三框架（three-quarter frame）：在美国又称为"半金属板框架（half plate frame）"。在这种设计中，铸铁框架没有延伸至钢琴的顶部，只达到扣弦板之下。因此，扣弦板上的许多负荷落在钢琴的木质框架上。这一种框架设计早已经被淘汰，但是市面上还有许多四分之三框架钢琴。

顶板(Top Board)：请参考"前板（front board）"。

三和弦弦列（trichord stringing）：是指在钢琴的高音部分，各个音符是由弦槌同时敲击被调至同一音准的三根琴弦而产生。

调音弦轴（tuning pin 或 wrest pin）：是指钢琴调音的方式。每根钢琴线的一端都缠绕在一颗调音弦轴之上；在钢琴制作或重构时，每颗调音弦轴都由锤子钉入扣弦板上相应的小孔中。

调音弦轴衬套（tuning pin bushings）：是指可供插入铸铁框架上调音弦轴孔内的环状（状似油炸圈饼）硬木插栓。安装时，先将该种衬套插入弦轴孔中，再将调音弦轴钉入。这一设计可使调音弦轴更牢固地安装到弦轴孔中，也使得旋转调音弦轴变得更容易，进而也使得钢琴的调音工作可以更容易进行。

一根弦（una corda）踏板：是指大多数卧式钢琴都拥有的柔音踏板（左踏板）装置。当踩下此踏板时，整个中盘托组件稍微向右移动【伊巴赫（Rud lbach）卧式钢琴是一个例外，在该种钢琴上，中盘托组件稍微向左移动】。这样，在三和弦与双和弦部分，弦槌比正常情况下少敲击一根琴弦，从而降低对应音符的音量。在此过程中，单和弦仍然受到敲击，但是由弦槌的另外一个位置敲击，因此也能够产生较柔和的音质。

下式制音击弦器（underdamper action）：在所有现代立式钢琴中，制音系统都位于弦槌之下，因此，与已经被淘汰的上式制音击弦器（overdamper action）相比，下式制音器更接近琴弦的中部，因此当琴键被松开时，下式制音器的消音作用更为有效。

垂直弦列框架（vertically-strung frame）：请参考"直弦列框架（straight-strung frame）"。在英国，"垂直（vertical）"这一术语专门用于表示直弦列。而在美国，"垂直（vertical）"这一术语泛指各类立式钢琴，无论是直弦列还是交叉弦列钢琴，都可以用"垂直"这一术语表示。因此，在英语中使用"vertical"可能会导致混淆。

开声（voicing）：是指一种对弦槌毛毡进行针刺的技术。使用该技术可以使得钢琴所产生的乐音变得更柔和。如果当一些音符听上去比其他音符刺耳，使用该技术，可以使得钢琴的乐音变得更和谐。

联动器（whippen）：是指钢琴击弦器中的一个移动装置。该装置可将琴键后端的向上移动转化为弦槌的移动。

缠弦（wound strings）：是指经拉伸的钢芯外面以铜丝缠绕所构成的低音琴弦。这一设计使得琴弦变得更粗，从而降低了琴弦的振动速度。如果纯粹以钢材制成与缠弦同样粗细的线以作为低音琴弦，那么这样的琴弦过硬，柔韧性不好，根本无法振动。

扣弦板（wrest plank）：是指一种层压板块。在钢琴制作或翻修过程中，可以使用锤子将调音弦轴钉入扣弦板中。